MANNING　深度学习系列

U0103643

深度强化
学习实战

Deep Reinforcement
Learning in Action

[美] 亚历山大·扎伊（Alexander Zai）
　　　　　　　　　　　　　　　　著
[美] 布兰登·布朗（Brandon Brown）

李晗◎译　　　　武强◎审校

人民邮电出版社
北　京

图书在版编目（CIP）数据

深度强化学习实战 / （美）亚历山大·扎伊
(Alexander Zai)，（美）布兰登·布朗
(Brandon Brown) 著；李晗译. -- 北京：人民邮电出
版社，2023.4
（深度学习系列）
ISBN 978-7-115-57636-1

Ⅰ．①深… Ⅱ．①亚… ②布… ③李… Ⅲ．①机器学
习 Ⅳ．①TP181

中国版本图书馆CIP数据核字(2021)第206275号

版权声明

- ◆ 著　　　〔美〕亚历山大·扎伊（Alexander Zai）
　　　　　　〔美〕布兰登·布朗（Brandon Brown）
　　译　　　李　晗
　　审　校　武　强
　　责任编辑　吴晋瑜
　　责任印制　王　郁　焦志炜
- ◆ 人民邮电出版社出版发行　　北京市丰台区成寿寺路 11 号
　　邮编　100164　　电子邮件　315@ptpress.com.cn
　　网址　https://www.ptpress.com.cn
　　北京市艺辉印刷有限公司印刷
- ◆ 开本：800×1000　1/16
　　印张：19.5　　　　　　　　　　2023 年 4 月第 1 版
　　字数：428 千字　　　　　　　　2023 年 4 月北京第 1 次印刷
　　著作权合同登记号　图字：01-2020-3619 号

定价：119.80 元

读者服务热线：**(010)81055410**　印装质量热线：**(010)81055316**
反盗版热线：**(010)81055315**
广告经营许可证：京东市监广登字 20170147 号

内容提要

  本书先介绍深度强化学习的基础知识及相关算法，然后给出多个实战项目，以期让读者可以根据环境的直接反馈对智能体加以调整和改进，提升运用深度强化学习技术解决实际问题的能力。

  本书涵盖深度 Q 网络、策略梯度法、演员−评论家算法、进化算法、Dist-DQN、多智能体强化学习、可解释性强化学习等内容。本书给出的实战项目紧跟深度强化学习技术的发展趋势，且所有项目示例以 Jupter Notebook 样式给出，便于读者修改代码、观察结果并及时获取经验，能够带给读者交互式的学习体验。

  本书适合有一定深度学习和机器学习基础并对强化学习感兴趣的读者阅读。

序

2015 年，DeepMind 公布了一种能以超越人类表现玩转"雅达利 2600"游戏的算法，让深度强化学习走进大众视野。人工智能似乎终于取得了一些实质性进展，而我们也想参与其中。

我们两个都有软件工程背景，都对神经科学感兴趣，而且很长一段时间以来，我们一直对更广泛的人工智能领域怀有兴趣（事实上，我们当中的一个人在读高中之前就已经用 C#编写了自己的第一个神经网络）。早期的经历并没有给我们带来什么"红利"，因为这些事大约发生在 2012 年深度学习革命之前，而彼时深度学习的表现并不那么可圈可点。在看到深度学习取得了惊人的成功之后，我们重新投身于深度学习以及深度强化学习令人兴奋和蓬勃发展的领域，并以各种方式更广泛地将机器学习融入我们的事业。

Alexander 开始了他的机器学习工程师职业生涯，并在一些领域取得了成就，而我则在学术神经科学研究中开始使用机器学习。当深入研究强化学习时，我们不得不在数十本教科书和主要研究论文中挣扎，以解析高等数学和机器学习理论。然而，我们发现，从软件工程背景来看，深度强化学习的基础知识实际上相当简单。相关的数学知识可以很容易地转换成程序员们可以理解的语言。

于是，我们开始撰写博客文章，分享我们在机器学习领域学到的东西，以及在工作中接触到的项目。我们获得了大量积极的反馈，这促使我们萌生了合作撰写一本书的想法。我们认为，大多数资源要么过于简单，忽略了主题最值得关注的方面，要么是不具备深厚数学背景的人所无法理解的。对于本书，我们努力把它写成能让那些只有编程背景和掌握神经网络基础知识的人学懂的读物，而不是只有领域内专家才能读懂的学术作品。为此，我们采用了一些新颖的教学方法，希望能让你更快地理解书中的内容，让你从基础知识学起，最终能实现由行业研究团体（如 DeepMind 和 OpenAI）和强大的学术实验室［如伯克利人工智能研究（BAIR）实验室和伦敦大学学院］发明的算法。

致谢

撰写本书所耗费的时间超出了我们的预期，非常感谢 Candace West 和 Susanna Kline 编辑在本书出版过程中的各个阶段给予我们的帮助，让我们得以渐入佳境。在撰写本书时，有很多细节的动态是需要了解和及时获悉的，没有专业编辑人员的支持，我们的写作之路可能会遇到更多"拦路虎"。

还要感谢技术编辑 Marc-Philippe Huget 和 Al Krinker，以及所有花时间阅读我们的手稿并为我们提供重要反馈的审稿人。特别感谢审稿人员 Al Rahimi、Ariel Gamiño、Claudio Bernardo Rodriguez、David Krief、Brett Pennington、Ezra Joel Schroeder、George L. Gaines、Godfred Asamoah、Helmut Hauschild、Ike Okonkwo、Jonathan Wood、Kalyan Reddy、M.Edward (Ed) Borasky、Michael Haller、Nadia Noori、Satyajit Sarangi 和 Tobias Kaatz。还要感谢曼宁出版社每一位参与本书出版的工作人员，他们是开发编辑 Karen Miller、评审编辑 Ivan Martinović、项目编辑 Deirdre Hiam、文字编辑 Andy Carroll 以及校对员 Jason Everett。

在当今时代，很多图书都是通过各种在线服务自行出版的，我们最初也被这种选择所吸引。然而，在经历了整个出版过程之后，我们看到了专业编辑人员的巨大价值。特别感谢文字编辑 Andy Carroll，他富有洞察力的反馈极大地提高了本书内容的可读性。

Alexander 要着重感谢一下 Jamie——他在本科低年级时，Jamie 就建议他了解机器学习的相关知识。

Brandon 特别感谢他的妻子 Xinzhu，感谢她能包容自己熬夜写作和疏于陪伴家人，也感谢她为自己养育了两个可爱的孩子 Isla 和 Avin。

前言

目标读者

本书旨在带你从强化学习中最基础的概念出发，最终引导你实现新型的算法。书中各章会围绕一个项目来阐释相应的主题或概念。我们将所有项目设计成能在现代笔记本电脑上高效运行的程序，所以昂贵的 GPU 或云计算资源不是必需的（尽管有这些资源确实会让项目运行得更快）。

本书面向的读者为拥有编程背景（特别是有一定 Python 编程经验）的人，以及那些对神经网络（深度学习）至少有基本理解的人。所谓"基本理解"，是指即使你没有完全理解其中的原理至少也尝试过用 Python 实现一个简单的神经网络。虽然本书的宗旨是使用神经网络实现强化学习，但也会涉及很多有关深度学习的新事物——它们可以应用于强化学习以外的其他问题上。在投身深度强化学习领域之前，你不需要成为一名深度学习方面的专家。

本书内容

本书分为两部分，共 11 章。

第一部分介绍深度强化学习的基础知识。

第 1 章对深度学习、强化学习和深度强化学习进行宏观介绍。

第 2 章介绍强化学习的基本概念，这些概念将在本书后续章节中反复出现。在本章中，我们还将实现第一个真正的强化学习算法。

第 3 章介绍深度 Q 网络，它是深度强化学习中两类重要算法之一。该算法是 2015 年 DeepMind 用于在雅达利 2600 游戏中超越人类玩家的算法。

第 4 章描述另一类深度强化学习算法——策略梯度法。我们将用它训练算法来玩一个简单游戏。

第 5 章展示如何将第 3 章的深度 Q-learning 和第 4 章的策略梯度法加以组合，以得到一个名为"演员-评论家"的组合算法。

第二部分在第一部分的基础上,介绍近年来深度强化学习方面取得的重大进展。

第 6 章展示如何实现进化算法。这种算法使用生物进化原理来训练神经网络。

第 7 章描述一种通过融合概率概念来显著提高深度 Q-learning 性能的方法。

第 8 章介绍一种让强化学习算法在没有任何外部线索的情况下探索环境的好奇心方法。

第 9 章展示如何将在训练单个智能体的强化学习算法时学到的知识扩展到具有多个交互智能体的系统中。

第 10 章描述如何通过使用注意力机制使深度强化学习算法更具可解释性且更高效。

第 11 章通过讨论深度强化学习中令人兴奋的领域(本书未能涵盖,但你可能感兴趣)来对本书进行总结。

对于第一部分的章节,读者应该按顺序阅读,因为每一章都是以前一章的概念为基础的。对于第二部分的章节,读者可酌情按照适合自己的顺序阅读,但我们仍然建议读者按顺序阅读。

关于代码

我们已经在本书正文中给出了运行项目所必需的代码。一般来说,我们以内嵌代码形式给出较短的代码段,而使用带有独立编号的代码清单给出较长的代码段。

截至结稿时,我们确信书中所有代码能够正常运行,但长远来看并不能保证代码一直有效(尤其是读者阅读已出版图书时),因为深度学习领域及其工具库仍在快速发展。此外,代码也被精简到保证项目工作前提下的最少必要代码,因此强烈推荐读者使用本书 GitHub 仓库(http://mng.bz/JzKp)中的代码来学习书中的项目。我们打算持续更新 GitHub 上的代码,包括其他的注释和用以生成书中很多图形的代码。因此,读者最好同时阅读本书和 GitHub 仓库中对应的 Jupyter Notebook 格式的代码。

我们相信本书将帮助你理解深度强化学习的概念,而不仅仅是如何用 Python 编写代码。即便在你学完本书后 Python 语言因某种原因而不能起作用,你也能够通过其他语言或框架来实现相关算法,因为你已经理解了它们的基本原理。

作者简介

　　Alexander Zai 曾担任 Codesmith（一个沉浸式的编码训练营）首席技术官和技术顾问、Uber 软件工程师、Banjo 和亚马逊 AI 机器学习工程师，他也是开源深度学习框架 Apache MXNet 的贡献者。此外，他还是两家公司的联合创始人，其中一家曾是 Y-combinator 的参与者。

　　Brandon Brown 从很小的时候就开始编程，大学期间做过兼职软件工程师，但最终选择投身医疗行业（在此期间，他在医疗保健科技领域担任软件工程师）。受深度强化学习的启发，他近期专注于计算精神病学的研究。

封面插画简介

本书封面上的人物插画名为"伊斯特里亚女子"或"来自伊斯特里亚的女子"。该插画选自 Jacques Grasset de Saint-Sauveur（1757—1810）于 1797 年在法国出版的图书 *Costumes de Différents Pays*。此书收集了各国服饰图，书中每幅插画都是手工精心绘制和着色的。Jacques Grasset de Saint-Sauveur 的藏品种类丰富，生动地再现了 200 多年前世界上各个地区间的文化差异和地域差异。人们说着不同的语言或方言。无论在城市还是乡村，很容易通过人们的衣着来辨别他们来自哪里，以及各自的职业和社会地位。

后来，人们的穿着发生了变化，曾经丰富的区域多样性也日渐式微。现在，就连不同大陆的居民都难以区分，更不必说不同的国家、地区或城镇了。或许我们已经将文化多样性转变为更加多样化的个人生活，当然还有更加多样和快节奏的科技生活。

在这个计算机图书日渐趋同的时代，借着将 200 多年前地区生活的丰富多样性重新带回当下的 Jacques Grasset de Saint-Sauveur 的插画，曼宁出版社通过将其作为图书封面来颂扬计算机行业的创新性和主动性。

资源与支持

本书由异步社区出品，社区（https://www.epubit.com）为您提供相关资源和后续服务。

提交勘误

作者、译者和编辑尽最大努力来确保书中内容的准确性，但难免会存在疏漏。欢迎您将发现的问题反馈给我们，帮助我们提升图书的质量。

当您发现错误时，请登录异步社区，按书名搜索，进入本书页面，单击"发表勘误"，输入错误信息，单击"提交勘误"按钮即可，如下图所示。本书的作者和编辑会对您提交的错误信息进行审核，确认并接受后，将赠予您 100 积分。积分可用于在异步社区兑换优惠券、样书或奖品。

扫码关注本书

扫描下方二维码,您将会在异步社区微信服务号中看到本书信息及相关的服务提示。

与我们联系

我们的联系邮箱是 contact@epubit.com.cn。

如果您对本书有任何疑问或建议,请您发邮件给我们,并请在邮件标题中注明本书书名,以便我们更高效地做出反馈。

如果您有兴趣出版图书、录制教学视频,或者参与图书翻译、技术审校等工作,可以发邮件给我们;有意出版图书的作者也可以到异步社区投稿(直接访问 www.epubit.com/contribute 即可)。

如果您所在的学校、培训机构或企业想批量购买本书或异步社区出版的其他图书,也可以发邮件给我们。

如果您在网上发现有针对异步社区出品图书的各种形式的盗版行为,包括对图书全部或部分内容的非授权传播,请您将怀疑有侵权行为的链接通过邮件发送给我们。您的这一举动是对作者权益的保护,也是我们持续为您提供有价值的内容的动力之源。

关于异步社区和异步图书

"异步社区"是人民邮电出版社旗下 IT 专业图书社区,致力于出版精品 IT 图书和相关学习产品,为作译者提供优质出版服务。异步社区创办于 2015 年 8 月,提供大量精品 IT 图书和电子书,以及高品质技术文章和视频课程。更多详情请访问异步社区官网 https://www.epubit.com。

"异步图书"是由异步社区编辑团队策划出版的精品 IT 图书的品牌,依托于人民邮电出版社几十年的计算机图书出版积累和专业编辑团队,相关图书在封面上印有异步图书的 LOGO。异步图书的出版领域包括软件开发、大数据、人工智能、测试、前端、网络技术等。

异步社区

微信服务号

目录

第一部分

基础篇

第一部分由 5 章组成，介绍深度强化学习的基本知识。学完这部分内容，你可以按照任意顺序学习第二部分中的各章内容。

我们将在第 1 章对深度强化学习进行宏观介绍，阐释其主要概念及使用方法。在第 2 章中，我们将创建一些用以阐释强化学习基本思想的实际项目。在第 3 章中，我们将实现一个深度 Q 网络——与 DeepMind 以超越人类的水平玩雅达利游戏所用的相同类型的算法。

我们将在第 4 章和第 5 章实现常见的强化学习算法（策略梯度法和演员-评论家算法），并与深度 Q 网络进行对比，总结这些方法的优缺点。

第1章 什么是强化学习

本章主要内容

- 机器学习知识回顾。
- 强化学习子领域。
- 强化学习基本框架。

未来的计算机语言将更关注目标，而不太关注由程序员指定的过程。

———马文·明斯基（Marvin Minksy），1970 年 ACM 图灵讲座

如果你正在阅读本书，那么应该比较了解深度神经网络是如何应用于图像分类或预测等场景的（若非如此，请参考附录 A.3 节）。**深度强化学习**（Deep Reinforcement Learning，DRL）是机器学习的一个子领域，它将深度学习模型（神经网络）应用于强化学习（Reinforcement Learning，RL）任务（见 1.2 节）中。在图像分类任务中，我们有大量对应着一组离散类别的图像，如不同种类动物的图像，我们希望运用机器学习模型来解析图像，并对图像中的动物进行分类，如图 1.1 所示。

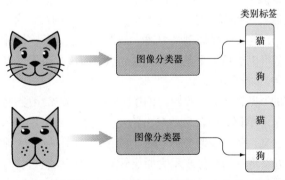

图 1.1 图像分类器是一个函数或学习算法，它接收一幅图像并返回一个类别标签，将图像分类到数量有限的可能类别中

1.1 深度强化学习中的"深度"

深度学习模型只是众多用于图像分类的机器学习模型之一。通常来说,我们只需要某种类型的函数,用于接收一幅图像并返回一个类别标签(在前文提到的示例中,标签说明了图像中描述了哪种类别的动物)。通常该函数拥有固定的可调**参数**集,我们把这类深度学习模型称为**参数模型**(parametric model)。首先,我们将参数模型的参数初始化为随机值,这将为输入图像生成随机的类别标签;然后,利用**训练**过程对参数进行调整,使该函数在正确分类图像的任务上表现得越来越好。在某种程度上,这些参数将处于一组最优值集合,这意味着模型无法在分类任务上变得更优。参数模型也可用于**回归**(regression),我们试着用模型拟合一组数据,以对未知数据进行预测(见图 1.2)。如果模型有更多参数或更好的内部架构,那么更复杂的方法可能取得更好的结果。

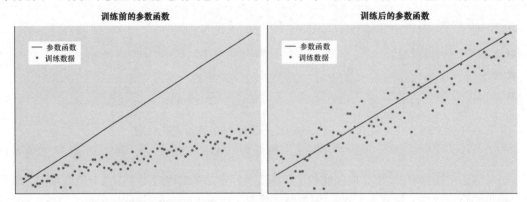

图 1.2　$f(x) = mx + b$ 这样的线性函数就算得上最简单的机器学习模型,其中参数为 m(斜率)和 b(截距)。由于它有可调参数,因此此称为**参数函数**或模型。如果已有一些二维数据,那么可以从一个随机初始化的参数集开始,例如[$m = 3.4, b = 0.3$],然后利用训练算法优化参数来拟合训练数据。在本例中,最优的参数集接近于[$m = 2, b = 1$]

深度神经网络之所以如此流行,是因为在很多情况下,它们都是特定任务下(例如图像分类)准确率最高的参数化机器学习模型,这很大程度上归因于它们的数据表示方式。深度神经网络包含很多层(故谓之"深"),这会引导模型学习输入数据的分层表示。这种分层表示是一种**组合**形式,这意味着复杂的数据可以表示为更基本的组件组合,而这些组件可以进一步分解成更简单的组件,以此类推,直至得到原子单元。

人类语言是组合式的(见图 1.3),例如,书由章节组成,章节由段落组成,段落由句子组成,以此类推,直至分解到单个单词,即含义的最小单元。然而,每个单独的层面都会传达含义,也就是说,整本书会传达含义,各个段落会传达更小的含义。同样,深度神经网络也可以学习数据的组合表示,例如,它可以将一幅图像表示为原始轮廓和纹理的组合,而这两者是由基本形状组成的,以此类推,直至得到完整、复杂的图像。深度学习之所以如此强大,很大程度上依赖于它利用组合表示法处理复杂问题的能力。

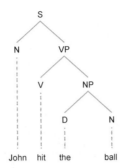

图 1.3 像 "John hit the ball" 这样的句子可以分解成越来越简单的部分, 直至分解到单个单词。在本例中, 我们可以将句子 (以 S 表示) 分解成一个主语名词 (N) 和一个动词短语 (VP)。然后, VP 可以进一步分解为一个动词 (V) "hit" 和一个名词短语 (NP)。最后, NP 可以分解成单独的单词 "the" 和 "ball"

1.2 强化学习

正确区分问题及其解决方案非常重要。换句话说, 正确区分我们想要解决的问题和我们设计用来解决这些问题的算法很重要。深度学习算法能够应用于很多类型的问题和任务。图像分类和预测任务是深度学习的常见应用, 鉴于图像的复杂性, 深度学习之前的自动图像处理能力非常有限。但有很多其他类型的任务希望实现自动化, 例如驾驶汽车或平衡股票与其他资产的投资组合。驾驶汽车涉及一些图像处理任务, 但更重要的是算法需要学习如何行动, 而不仅是分类或预测。这类必须做出决策或采取某些动作的问题统称为**控制任务**(control task)。

强化学习是表示和解决控制任务的通用框架, 在该框架中, 我们可以自由选择应用于特定控制任务的算法 (见图 1.4)。深度学习算法是很自然的选择, 因为它能够有效地处理复杂数据, 这就是我们将关注**深度**强化学习的原因, 但在本书中你将更多地学习用于控制任务的通用强化框架 (见图 1.5)。然后, 我们将带你学习如何设计合适的深度学习模型以适应这些框架, 进而解决控制任务, 这意味着你将学到很多关于强化学习的知识, 还可能学到一些关于深度学习的新知识。

从图像处理到控制任务领域的另一个复杂之处是新增的时间因素。在图像处理中, 我们通常在固定的图像数据集上训练深度学习算法。经过足够的训练, 我们通常会得到一个可应用于某些新的、未知图像的高性能算法。我们可以将数据集看作一个数据"空间", 在这个抽象空间中, 相似的图像靠得更近, 而不相似的图像离得更远 (见图 1.6)。

在控制任务中, 我们同样有一个要处理的数据空间, 但每个数据块也有一个时间维度——数据存在于时间和空间中, 这意味着算法在某一时刻的决定会受前一时刻所发生事情的影响, 而对于普通的图像分类和类似的问题来说, 情况则并非如此。时间的流逝使得训练任务动态化——训练算法的数据集不是固定的, 而是会根据算法做出的决策而变化的。

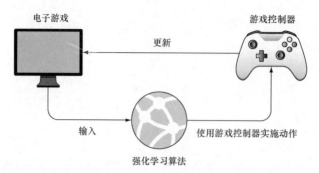

图 1.4 与图像分类器不同，强化学习算法需要与数据动态交互。它不断消耗数据，并决定要采取什么动作，而这些动作将改变反馈给它的后续数据。强化学习算法可以将显示在电子游戏屏幕上的图像作为输入数据，然后决定使用游戏控制器实施何种动作（例如，玩家移动或发射武器），进而使游戏得以更新

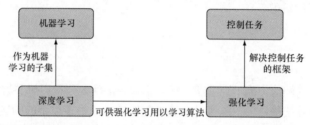

图 1.5 深度学习是机器学习的一个子领域，可以为强化学习解决控制任务提供支持

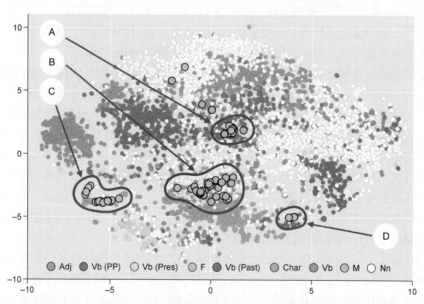

图 1.6 单词在二维空间中的图形化描述将每个单词显示为一个点（颜色各异，实际显示为彩色非黑白）。相似的单词聚在一起，不相似的单词则离得较远。数据很自然地存在于某种"空间"中，其中相似的数据靠得更近。标签 A、B、C 和 D 表示具有某种语义的特定单词簇

像图像分类这样的普通任务属于**监督学习**（supervised learning）的范畴，因为我们都是通过所给出的正确答案来训练，使之正确地分类图像。这类算法会先采用随机猜测方法，然后反复修正，直至学习到对应正确标签的图像特征。这就要求我们事先知道正确答案是什么，但这可能比较困难。如果你想训练一个深度学习算法，以正确分类不同种类植物的图像，就不得不煞费苦心地获取成千上万幅这类图像，手动关联图像与类别标签，并以机器学习算法可以操作的格式准备数据（通常为某种类型的矩阵）。

与此相反，在强化学习中，我们并不知道在每一步中正确的做法是什么，而只需知道最终目标是什么以及要避免做什么。如何教狗玩游戏？你得给它好吃的。类似地，正如其名称所表示的，通过激励强化学习算法达到某种高水平的目标，并抑制它做你不想让它做的事情，以此来对它进行训练。在无人驾驶汽车的例子中，这种高水平的目标也许是"在不发生碰撞的情况下从点 A 到达点 B"。如果它完成了任务，我们就予以奖励；如果它失败了，我们就予以惩罚。当然，我们将在模拟器中完成这一切，而不是在真正的道路上，因此我们可以让它反复尝试，直到它学会并获得奖励。

> **小贴士**
>
> 在自然语言中，"奖励"总是意味着正向或积极的东西，而在强化学习术语中，它是一个需要优化的数字量。因此，奖励可以是正向的，也可以是负向的。如果它是正向的，就与自然语言中的含义是一致的；如果它是负向的，就对应着自然语言中的"惩罚"一词。

强化学习算法只有一个目标，即最大化其奖励。为了做到这一点，强化学习算法必须学习更多基本技能来实现主要目标。当算法选择做我们不想让它做的事情时，我们也可以提供负奖励，因为它在尝试最大化奖励，所以会学习避免导致负奖励的动作，这就是它被称为"强化学习"的原因——我们使用奖励信号来正向/负向地强化某些动作（见图1.7）。这与动物的学习方式非常相似：它们学习做那些"让自己感觉舒适或满足"的事情，并避免做那些"导致痛苦"的事情。

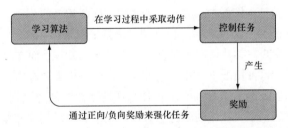

图1.7　在强化学习框架中，某种学习算法决定对控制任务（例如控制机器人吸尘器）采取何种动作，该动作导致正奖励或负奖励，而该奖励将正向或负向强化该动作，从而实现训练学习算法的目的

1.3　动态规划与蒙特卡洛

现在我们知道，可以通过为任务的完成分配高额奖励（正向强化）和为不希望它做的事情分

配负奖励来训练算法，使之完成一些高级任务。具体来说，假设高级目标是训练机器人（吸尘器）从室内某个房间移动到厨房里的基座上。机器人可以做出 4 种动作：左移、右移、前移和旋转。在每个时间点，机器人需要决定采取这 4 种动作中的哪一种。如果到达基座，它将获得+100 的正奖励；如果在途中撞到任何东西，它将获得−10 的负奖励。假设机器人知道房子的完整三维地图以及基座的精确位置，但它还不知道采取怎样的动作序列才能到达基座。

解决上述问题的一种方法是**动态规划**（Dynamic Programming, DP），这种方法最早由 Richard Bellman 于 1957 年提出。动态规划将问题不断分解成更小的子问题，直到分解成不需要进一步信息就可以解决的简单子问题，以此来解决复杂的高级问题。从这个角度来讲，动态规划或许更应该称为**目标分解**（goal decomposition）。

与其让机器人想出一长串能够使其到达基座的原始动作，倒不如让它先将问题分解为"待在这个房间"和"离开这个房间"。因为有房子的完整三维地图，所以它知道需要离开这个房间——基座位于厨房内。然而，它还不知道离开这个房间的动作序列，所以进一步将问题分解为"移向房门"或"远离房门"。房门距离基座更近，而且可以从房门到达基座，因此机器人知道它需要移向房门，但是它同样不知道移向房门的原始动作序列。最后，它需要决定是左移、右移、前移还是旋转。它知道房门在前方，因此会向前移动。如果为了到达基座必须做更多的目标分解，它就会不断重复这一过程，直到离开这个房间。

这就是动态规划的本质。它是一种解决特定类型问题的通用方法，这类问题的特点是可以将问题不断分解成子问题以及子问题的子问题。动态规划已经应用于很多领域，包括生物信息学、经济学和计算机科学。

为了使用 Bellman 的动态规划，我们必须能够将问题分解成自己知道如何解决的子问题。但即便这种看似无伤大雅的假设，在现实世界中也很难实现。如何将无人驾驶汽车实现高级目标——"在不发生碰撞的情况下从点 A 到达点 B"的问题分解成较小的无碰撞子问题？孩子是否通过先解决更容易的走路子问题学习走路？在强化学习中，我们经常会遇到可能包含一些随机性元素的微妙情况，而且不能像 Bellman 所描述的那样应用动态规划。事实上，我们可以将动态规划看作解决问题的极端做法，而另一种极端做法是随机试错。

还有一种方式是，我们在某些情况下掌握了环境的最多知识，而在另一些情况下掌握了环境的最少知识，这就需要在每种情况下采用不同的策略。如果你需要在自己家里上厕所，那么当然很清楚（至少是无意识地）从任何起始位置通过什么样的动作序列可以到达厕所（动态规划式的）。这是因为你非常了解你的房子，在你的脑海中有一个近乎完美的房子**模型**。但是，如果你到从未去过的房子里参加聚会，你可能得四下探查一番才能找到厕所（反复试错），因为你没有那座房子的一个好的"模型"。

试错策略通常属于**蒙特卡洛法**的范畴。蒙特卡洛法本质上是对环境进行随机抽样。在很多现实世界的问题中，我们至少对有关环境的运行原理有一些了解，所以最终会采用一种结合试错和利用已知环境信息的混合策略来直接解决简单的子问题。

有关混合策略的一个"愚蠢"示例是，如果我们蒙上你的眼睛，让你站在房子里的一个未知位置，并告知你需要通过"扔石子，听声辨位"这种方法找到厕所，那么你可能会先将这个高级目标（找到厕所）分解成一个更容易实现的子目标：弄清楚你此刻位于哪个房间。为了达到这个子目标，你可能会随机朝一些方向扔石子，借此判断房间的大小——这也许会给你提供足够的信息来推断当前处于哪个房间，例如卧室。然后，你需要转向另一个子目标：导航到门口。这样你就可以移至走廊。然后你再次开始扔石子，但由于你记得上次随机扔石子的结果，因此可以将目标对准自己不太确定的区域。你将重复上述过程，直至找到厕所。在本示例中，你会同时用到动态规划的目标分解和蒙特卡洛法的随机抽样。

1.4 强化学习框架

Richard Bellman 将动态规划作为解决某类控制或决策问题的通用方法，但动态规划只是强化学习一系列方法中的极端之举。可以说，Bellman 更重要的贡献是推动了强化学习框架的开发。强化学习框架本质上是一组核心术语和概念（每个强化学习问题都可以用这些术语和概念来表述），它不仅提供了一种与其他工程师和研究人员沟通的标准化语言，还迫使我们以一种类似动态规划问题分解的方式来确定问题。这样我们就可以迭代地优化局部子问题，并朝着实现全局高级目标前进。

为了具体说明这个框架，我们考虑构建一个强化学习算法，使之学会尽量减少大数据中心的能源使用。计算机需要持续降温才能正常运行，因此大数据中心可能会因冷却系统而产生巨额成本。一种"天真"的方法是一直保持空调运转，保证所有服务器不出现过热情况，这不需要用到任何复杂的机器学习。但是，这种方法效率很低，其实我们可以做得更好，因为不太可能出现所有服务器在同一时间处于过热状态的情况，而且大数据中心的使用也不大可能一直处于相同水平。如果你把降温措施用在最重要的地方和时间，就可以用更少的钱获得同样的效果。

在强化学习框架中，首先要做的是定义总体目标。本示例的总体目标是在保证大数据中心内的所有服务器不超过温度阈值的情况下，尽量减少花在降温上的费用。虽然这看起来是两个目标，但我们可以将它们合并成一个新的复合**目标函数**（objective function）。这个函数返回一个误差值，可以表示在给定当前成本和服务器温度数据的情况下，我们在满足这两个目标方面的偏离程度。目标函数返回的实际数值并不重要，我们只想让它尽可能小。因此，我们需要通过强化学习算法来最小化该目标（误差）函数在给定输入数据下的返回值，其中输入数据肯定包括运营成本和温度数据，但也可能包括其他有助于算法预测数据中心内服务器使用情况的有用上下文信息。

输入数据由**环境**生成。一般来说，强化学习或控制任务的环境是产生与实现目标相关数据的任意动态过程。虽然我们将"环境"用作一个技术术语，但它与日常用法并没有太大不同。就一个非常先进的强化学习算法实例而言，你总是处于某些环境中，你的眼睛和耳朵不断地"消费"着环境产生的信息，这样你才能实现每天的目标。环境是一个**动态过程**（一个时间函数），所以可能会产生不同大小和类型的连续数据流。为了使事情对算法友好，我们需要接收这些环境数据并将其封装成离散（互不关联）的包（我们称之为**状态**），然后在每个离散的时间步上将其传递给算法。状态反映了我们在某个特定时间下对环境的认识，就像数码相机在某一时刻捕捉到的某个场景的离散快照（并生成格式一致的图像）。

到目前为止，我们定义了一个目标函数（通过优化温度来最小化成本），它是一个环境（大数据中心以及任何相关过程）状态（当前成本、当前温度数据）的函数。模型的最后一部分是强化学习算法本身，它可以是**任意**一种参数化算法，能够从数据中学习并通过修改其参数来最小化或最大化目标函数。强化学习**不需要**是深度学习算法，它是一个独立的领域，与任何特定的学习算法无关。

如前所述，强化学习（或控制任务）和普通的监督学习之间的一个关键区别是：在控制任务中，强化学习算法需要做出决策和采取动作，这些动作会影响将来发生的事情。在强化学习框架中，采取动作是一个关键词，它的含义或多或少是你所期望的。不过，所采取的每个动作都是分析当前环境状态和尝试基于该信息做出最佳决策的结果。

强化学习框架的最后一个概念是，采取每个动作后，算法会得到一个**奖励**（reward）。奖励是局部信号，用于表示学习算法在实现总体目标方面的表现如何。虽然我们将其称为"奖励"，但它可以是正向信号（做得好，继续保持），也可以负向信号（不要那样做）。

当学习算法自我更新，希望在下一个环境状态中表现得更好时，奖励信号是唯一的"提示牌"。在大数据中心的例子中，只要算法的动作减小了误差，我们就可以给予算法+10（任意值）的奖励。更合理地说，我们可以根据减小误差的程度给予相应的奖励。如果算法增大了误差，我们就会给它负奖励。

最后，我们为该学习算法取个好听的名字，称之为**智能体**（agent）。在任何强化学习问题中，智能体指的就是采取动作或做出决策的学习算法。综上所述，强化学习算法的标准框架如图 1.8 所示。

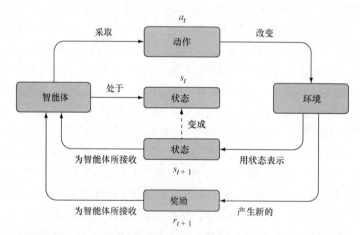

图 1.8　强化学习算法的标准框架。智能体在环境中采取一个动作，例如移动一枚棋子，然后更新环境状态。对于采取的每个动作，它都会获得一个奖励（赢得游戏时奖励为+1，输掉游戏时奖励为-1，其他情况时奖励为 0）。强化学习算法以最大化长期奖励为目标，不断重复该过程，直至学会环境的工作原理

在大数据中心这个示例中，我们希望智能体学会如何降低成本。除非我们能向它提供环境的完整知识，否则它将不得不采取一定程度的试错法。幸运的话，智能体可能会学习得足够好，并可以用在不同的环境中，而不仅仅是它最初训练的环境。智能体是学习者，所以我们会用某种学习算法实现它。又因为这是一本关于**深度强化学习**的书，所以我们会用**深度学习**（deep learning）算法（也称为**深度神经网络**，见图 1.9）来实现智能体。但请记住，强化学习更多的是关于问题的类型和解决方案，而非关于任何特定的学习算法，所以你当然可以使用深度神经网络的其他替代方法。事实上，在第 3 章中，我们会先用一个非常简单的非神经网络方法，然后在该章结束时用一个神经网络替代它。

智能体

输入数据
（状态）

动作

神经网络

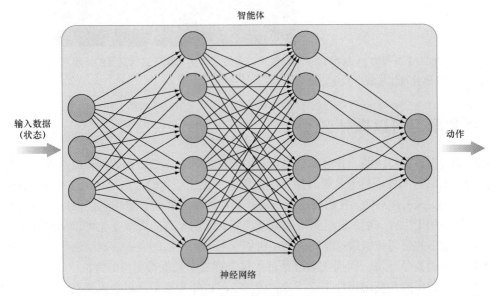

图 1.9　智能体（在本书中实现为深度神经网络）接收输入数据（某个时间点的环境状态），然后评估数据以采取动作。本图展示的过程比实际的要简单一些，但足以说明其本质

智能体的唯一目标是使其长期期望奖励最大化。它会重复这个循环：处理状态信息，决定采取什么动作，查看是否得到奖励，观察新状态，采取另一动作，等等。如果我们正确设置了这些内容，那么智能体最终将学会理解其环境，并在每一步做出可靠的优秀决策。这种通用机制可应用于自动驾驶汽车、聊天机器人、工业机器人、自动股票交易、医疗保健以及其他领域。我们将在 1.5 节及其他章节探索其中的一些应用。

在本书中，我们会用大量的篇幅来阐述如何在标准模型中构造问题，以及如何实现足够强大的学习算法（智能体）以解决难题。我们无须构造环境，而会利用现有环境（例如游戏引擎或其他 API）。例如，OpenAI 发布了一个 Python Gym 库，它提供了大量可与学习算法交互的环境和直接接口。图 1.10 中左侧的代码显示了设置和使用其中一种环境是多么简单——加载一款赛车游戏仅需要 5 行代码。

```
import gym
env = gym.make('CarRacing-v0')
env.reset()
env.step(action)
env.render()
```

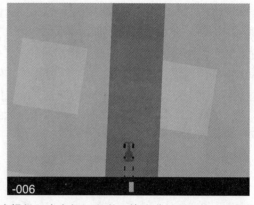

图 1.10　OpenAI 发布的 Python Gym 库提供了许多便于和学习算法进行交互的环境和接口。我们仅用 5 行代码就可以加载一款赛车游戏

1.5　强化学习可以做什么

在本章开头，我们回顾了普通监督机器学习算法的基本知识，例如图像分类器。尽管最近在监督学习上取得的成果显著且很有用，但监督学习无法带我们走向通用人工智能（Artificial General Intelligence，AGI）。我们最终寻求的是通用的学习算法，希望它能够以最小甚至无须监督的代价应用于多种问题，并且可以跨领域应用。数据丰富的大型企业可以从监督方法中获益，但规模较小的公司和组织可能缺乏利用机器学习强大功能的资源。通用的学习算法将为每个人创造公平的竞争环境，而强化学习是目前这类算法中最值得期待的方法。

强化学习的研究和应用仍处于有待成熟阶段，但近年来有了许多令人兴奋的发展。谷歌的 DeepMind 研究团队展示了一些令人印象深刻的成果，引起了国际社会的关注。第一次在 2013 年，当时他们展示的算法能以超越人类的水平玩一系列雅达利游戏。之前创建智能体玩这些游戏的尝试，需要通过微调底层算法来理解具体的游戏规则，这通常称为**特征工程**（feature engineering）。这些特征工程方法能够很好地作用于特定的游戏，但无法将任何知识或技能转用到新的游戏或领域。DeepMind 的深度 Q 网络（Deep Q-Network，DQN）算法已经足够健壮，不需要任何特定于游戏的调整就能正常工作于 7 款游戏上（其中一些见图 1.11）。DQN 算法只用屏幕上的原始像素作为输入，且仅被告知要最大化分数，但它学会了如何超越人类的专业水平。

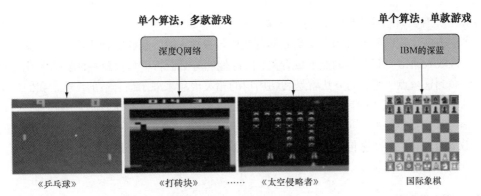

图 1.11 DeepMind 的 DQN 算法成功学会了玩 7 款雅达利游戏，而仅仅将原始像素作为输入，并将玩家的分数作为最大化的目标。之前的算法，如 IBM 的深蓝（Deep Blue），则需要经过微调才能玩特定的游戏

近年来，DeepMind 的 AlphaGo 和 AlphaZero 算法在围棋比赛中击败了世界最佳棋手。专家们认为，人工智能至少在未来 10 年内还无法下围棋，因为围棋具有算法通常处理不好的特征。人工智能玩家并不知道在特定轮次中什么才是最佳走法，并且只有在游戏结束时才能收到有关自己动作的反馈。很多高水平棋手认为自己是艺术家而不是工于算计的谋略家，他们认为获胜的走法应该是漂亮或优雅的。由于存在多达 1 万余个合规的棋盘位置，因此暴力算法（IBM 的深蓝用在国际象棋中的算法）并不可行。AlphaGo 之所以能做到这一点，很大程度上是因为它玩过数百万次模拟的围棋游戏，并学习了哪些动作可以最大限度地获得玩好游戏的奖励。与玩雅达利游戏的情况类似，AlphaGo 只能获得与人类玩家相同的信息，即棋子在棋盘上的位置。

虽然能够以超越人类水平玩游戏的算法确实很了不起，但是强化学习的前景和潜力远不止于创造更好的游戏机器人。DeepMind 创建了一个模型，将谷歌大数据中心为服务器降温的成本降低了 40%，即我们在本章前面部分中探索的例子。自动驾驶汽车使用强化学习来学习哪些动作（加速、转弯、刹车、发送信号）可以让乘客准时到达目的地，并学习如何避免事故。研究人员也在训练机器人，使之能够完成某些任务，例如学习奔跑，而无须明确编程复杂的运动技能。

其中的很多例子存在高风险，例如自动驾驶汽车，所以我们不能让机器通过反复试错来学习如何开车。幸运的是，逐渐有越来越多的让学习机器在无害的模拟器中放宽试错的成功案例，一旦案例在模拟器中得以顺利实现，我们就可以让它们在现实世界中试用真正的硬件。我们将在本书中探讨的一个例子是算法交易。在所有股票交易中，有相当一部分是由计算机执行的，很少有人工操作员的输入。这些"算法交易员"大多被管理着数十亿美元资产的大型对冲基金管理公司所操控。然而，在过去几年里，我们看到越来越多的个体交易者对构建交易算法感兴趣。实际上，Quantopian 提供了一个平台，让个体交易者可以使用 Python 编写交易算法，并在一个安全的模拟环境中进行测试。如果算法表现良好，就可以用于真正的股票交易。很多交易者通过简单的启发式和基于规则的算法取得了相对的成功。股票市场是动态变化且不可预测的，而持续学习的强化学习算法具有实时适应不断变化的市场条件的优势。

在本书开头,我们要解决的一个实际问题是广告投放。很多互联网企业从广告中获得大量收入,而广告收入通常与其获得的点击量有关,因此他们势必会将广告投放在能够最大化点击量的地方。要做到这一点,有效的方法就是利用用户的相关信息来展示最合适的广告。我们通常不知道用户的哪些特征与正确的广告选择有关,但是可以利用强化学习技术取得一些进展。如果我们给强化学习算法提供一些可能有用的用户信息(我们称之为环境或环境状态),并告诉它需要让广告点击量最大化,那么它将学习如何将输入数据与目标进行关联,最终学会对于特定用户来说哪些广告将产生最大点击量。

1.6 为什么是深度强化学习

我们给出了使用强化学习的充分理由,但为什么是**深度**强化学习呢? 强化学习早在深度学习兴起之前就已经存在。事实上,最早的一些方法(出于学习目的,我们将研究这些方法)只是将经验存储在查找表中(例如 Python 字典),并在算法的每次迭代中更新该表。其思想是让智能体在环境中活动,查看发生了什么,并将发生的情况(经验)存储到某种数据库中。经过一段时间,你可以回顾这个知识数据库,观察哪些经验有用、哪些经验没用。这里并没有用到神经网络或其他复杂的算法。

对于非常简单的环境,这种方法确实非常有效。例如,在井字棋(Tic-Tac-Toe)中有 255168 个有效的棋盘位置。**查找表**(又称为**内存表**)会有非常多的条目,这些条目将每个状态映射到特定的操作(见图 1.12)和观察到的奖励(未描述)。在训练过程中,算法能够学习哪种移动会使位置更有利,并在内存表中更新该条目。

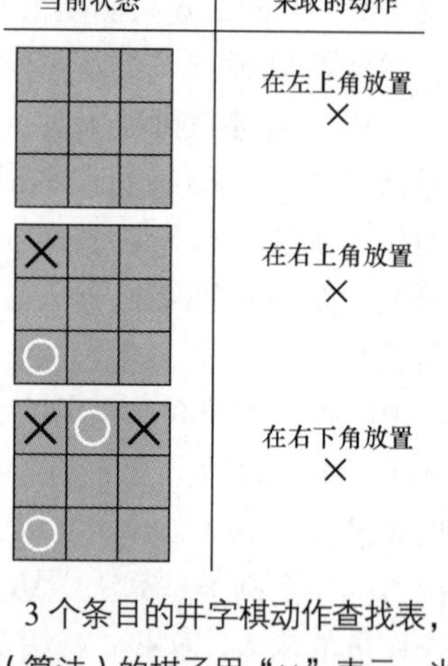

一旦环境变得更加复杂,使用内存表将变得比较棘手。例如,电子游戏的每个屏幕配置都可以视为不同的状态(见图 1.13)。想象一下,存储电子游戏屏幕上显示的有效像素值的每个可能组合将会多么棘手! 在玩雅达利游戏时,DeepMind 的 DQN 算法在每一步都会接收 4 幅 84 像素×84 像素的灰度图像,这将导致 256^{28224} 种不同的游戏状态(每个像素具有 256 种不同的灰度,4×84×84= 28224 个像素)。这个数字比可观测宇宙中原子的数量要大得多,计算机内存肯定装不下,而且这还是在原来的 210 像素×160 像素的彩色图像缩减尺寸之后的情况下。

游戏玩法查找表

键 当前状态	值 采取的动作
	在左上角放置 ×
	在右上角放置 ×
	在右下角放置 ×

图 1.12 3 个条目的井字棋动作查找表,其中"玩家"(算法)的棋子用"×"表示。当玩家获得一个棋盘位置时,查找表将决定下一步的行动。游戏中每个可能的状态都有一个条目

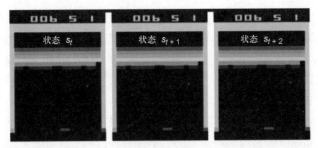

图 1.13　3 帧《打砖块》游戏的图像，其中球的位置在每一帧中略有不同。如果你使用查找表，那么这等同于在表中存储 3 个不同的条目。此时使用查找表将行不通，因为有太多的游戏状态需要存储

存储每个可能的状态是不现实的，但我们可以试着对这种可能性加以限制。在《打砖块》游戏中，你控制着屏幕底部的一个可以左右移动的桨，使球偏转方向并尽可能多地打破屏幕顶部的块。在这个示例中，我们可以定义约束——只查看球返回桨时的状态，因为等待球从屏幕顶部回落时，我们的动作并不重要。我们也可以提供自己的特征——仅提供球、桨以及剩余砖块的位置，而非提供原始图像。然而，这些方法要求程序员理解游戏的底层策略，且无法应用到其他环境中。

这就轮到深度学习登场了。深度学习算法能够通过学习对具体的像素分布细节进行抽象，并学习状态的重要特征。由于深度学习算法具有有限数量的参数，因此我们可以用它将任何可能的状态压缩成我们能够有效处理的任何量，然后用这种新的表征来做出决策。因此，使用神经网络，雅达利 DQN 只有 1792 个参数（包含 16 个 8×8 的过滤器、32 个 4×4 的过滤器和一个有 256 个节点的全连接隐藏层的卷积神经网络），而不需要存储整个状态空间的 256^{28224} 个键值对。

在《打砖块》游戏的例子中，深度神经网络本身可能会学习与在查找表方法中程序员必须手动处理的相同的高级特征。也就是说，它可以学习如何"看"球、桨和块，并识别球的方向。鉴于它只需要用到原始像素数据，其效果还是相当惊人的。更有趣的是，学习到的高级特征有可能迁移到其他游戏或环境中。

深度学习是让最近所有强化学习"梦想照进现实"的秘诀。截至本书成稿，其他算法尚未展示出如深度神经网络般强大的表征能力、高效性和灵活性。此外，神经网络实际上是相当简单的！

1.7　教学工具：线图

虽然强化学习的基本概念已经确立了几十年，但该领域的发展非常迅速，因此任何特定的新结果可能很快就会过时。这就是为什么本书专注于教学技能，而不是很快就会过时的细节内容。本书的确提到了该领域的一些最新进展，而这些进展在不久的将来肯定会被取代，但我们这样做只是为了帮助你掌握新技能，而并非因为这些特定的主题是经过时间考验的技术。我们相信，即使所举的一些例子过时了，但你所学到的技能也不会过时，这会为你后续解决强化学习问题奠定基础。

　　此外，强化学习是一个需要学习很多知识的庞大领域，因此我们不可能在本书中涵盖全部内容。我们的宗旨是让你掌握强化学习的基础知识，以及了解该领域的一些激动人心的新发展，而不是提供详尽的强化学习参考资料或全面的课程。我们希望你能够消化并吸收所学到的知识，轻松跟上强化学习中在诸多领域的发展步伐。在第 11 章中，我们还会给出相关领域的学习路线图，以供你在学完本书后参考。

　　本书注重教学且力求严谨。强化学习和深度学习从根本上来说都与数学密不可分，如果你去读这些领域的论文，那么可能会遇到不熟悉的数学符号和公式。数学能够让我们对事物的本质以及事物之间的联系做出精确的陈述，并就事物如何运作以及为什么运作给出了严谨的解释。我们可以在不使用任何数学知识而仅使用 Python 的情况下教强化学习，但这种方法有碍你理解未来的进展。

　　所以，我们认为数学很重要。但正如编辑所指出的那样，在出版界有一个常见的说法，"书中每出现一个公式，读者就减少一半"，这可能确实有几分道理。除非你是整天读、写数学公式的专业数学家，否则在解复杂的数学方程时，必然要费一番功夫。我们想要呈现对深度强化学习严谨的阐述以给读者带来一流的理解，同时又想惠及尽可能多的人，为此采用了自认为是本书一个显著特点的工具。事实证明，即使是专业的数学家，也可能对传统的包含大量符号的数学公式感到厌倦。在高等数学一个名为**范畴论**（category theory）的特定分支中，数学家们已经开发出一种名为**线图**（string diagram）的图形语言。线图看起来非常像流程图和电路图，相当直观，但像主要基于希腊和拉丁字母的传统数学符号一样严谨和精确。

　　图 1.14 所示的是某种线图的一个简单例子，它从宏观上描述了一个包含两层神经网络的线图。机器学习（特别是深度学习）涉及大量的矩阵和向量操作，而线图尤其适合图形化描述这种类型的操作。线图也非常适合描述复杂过程，因为我们可以在不同的抽象层次上描述过程。图 1.14 的上半部分展示了表示神经网络两个网络层的两个矩形，但我们可以"放大"（深入盒子内部）第一层，以更详细地查看其内部操作，如图 1.14 下半部分所示。

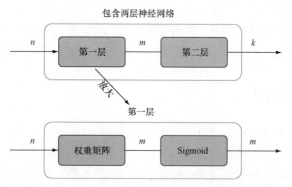

图 1.14　包含两层神经网络的线图。从左向右看，上面的线图表示一个神经网络，它接收一个 n 维的输入向量，并乘以一个 $n×m$ 的矩阵，然后返回一个 m 维的向量，最后将非线性激活函数 Sigmoid 作用于 m 维向量的每个元素。接下来，新向量以同样的步骤通过第二层，并产生神经网络的最终输出，即一个 k 维向量

在整本书中，我们将频繁地用线图来阐释从复杂数学方程到深度神经网络架构的所有内容。我们将在第 2 章描述这种"图形语法"，并在本书其他章节继续完善和创建它。在某些情况下，这种"图形语法"对于我们想要解释的内容来说有点大材小用了，因此我们将采用平铺直叙的表述以及给出 Python 代码或伪代码的方式加以阐释。大多数情况下，我们还将使用传统的数学符号，以便你能够以某种方式学习基础的数学概念，无论是图表、代码，还是你使用得最多的、普通的数学符号。

1.8　后续内容概述

在第 2 章中，我们会先介绍所采用的一些教学方法，然后深入介绍强化学习的核心内容，其中包括很多核心概念，例如探索和利用之间的平衡、马尔可夫决策过程、价值和策略函数。

在本书后续章节中，我们会介绍深度强化学习核心算法——许多最新的研究都是以这些算法为基础的，从深度 Q 网络到策略梯度法，再到基干模型的算法。我们主要利用 OpenAI 的 Gym 训练算法，使之理解非线性动态、控制机器人以及玩游戏（见图 1.15）。

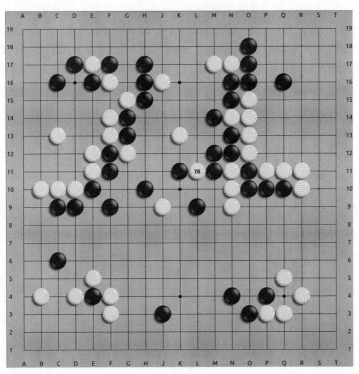

图 1.15　对围棋棋盘的描述，这是一种传统的中国游戏，谷歌 DeepMind 团队将其作为 AlphaGo 强化学习算法的测试平台。职业围棋选手李世石（Lee Sedol）在与 AlphaGo 的 5 局对弈中仅赢得 1 局，标志着强化学习迎来一个转折点，因为长期以来，人们一直认为围棋不受国际象棋算法推理的影响

在后续章节中，我们大多会用一个主要问题或项目来说明重要的概念和技能。随着内容的深入，我们可能会就最初的问题增加复杂性或细微差别，以深入探究某些原理。例如，在第 2 章中，我们将从老虎机的奖励最大化问题开始，通过解决该问题来回顾强化学习的大部分基础知识。随后，我们会增加该问题的复杂性，并将环境转变为需要最大化广告点击量的商业领域，以诠释更多的核心概念。

虽然本书面向已经熟练掌握深度学习基础知识的读者，但是我们不仅希望能够教给读者有趣和有用的强化学习技术，还希望能够磨炼读者的深度学习技能。为了完成一些更具挑战性的项目，我们需要使用一些较新的深度学习技术，例如生成对抗网络、进化算法、元学习和迁移学习等。同样，这完全符合我们注重技能的教学模式，而这些新技术的细节并不是最重要的。

小结

- 强化学习是机器学习的一个子类。强化学习算法通过最大化在某些环境中的奖励进行学习，有助于解决涉及做出决策或采取动作的问题。原则上，强化学习算法可以采用任何统计学习模型，但使用深度神经网络已变得越发流行和高效。
- 智能体是所有强化学习问题的焦点。作为强化学习算法的一部分，智能体用于处理输入并决定采取哪种动作。在本书中，我们主要关注用深度神经网络实现的智能体。
- 环境是智能体采取动作的潜在动态条件。一般来说，环境是任何为智能体生成输入数据的流程。例如，一个智能体在飞行模拟器中驾驶飞机，那么此时模拟器就是环境。
- 状态是环境的"快照"，智能体可以访问并使用状态做出决策。环境往往是一组不断变化的条件，但我们可以从环境中采样，这些特定时间的样本就是提供给智能体的环境状态信息。
- 动作就是智能体做出的决策，它会对环境产生影响。移动一枚特定的象棋棋子就是一个动作，踩下汽车油门也是一个动作。
- 奖励是智能体做出动作后接收到环境向智能体提供的正向或负向信号。奖励是智能体收到的唯一学习信号，而强化学习算法（智能体）的目标就是使奖励最大化。
- 强化学习算法的一般流程是一个循环，其中智能体接收输入数据（环境状态），评估数据，从特定于当前状态的一组可能行为中选择一个动作，该动作会改变环境，然后环境发送一个奖励信号和新的状态信息给智能体，之后循环往复。当智能体被实现为深度神经网络时，每次迭代都基于奖励信号评估一个损失函数，并进行反向传播，以改善智能体的表现。

第 2 章　强化学习问题建模：马尔可夫决策过程

本章主要内容

■ 线图与本书的教学方法。
■ PyTorch 深度学习框架。
■ 解决多臂老虎机问题。
■ 平衡探索与利用。
■ 将问题建模为马尔可夫决策过程。
■ 实现一种神经网络来解决广告选择问题。

在本章中，我们会介绍强化学习所涉及的一些最基本的概念。这些内容是本书后续章节的基础。在介绍这些概念之前，我们先来回顾本书反复使用的一些教学方法，最明显的就是第 1 章中提到的"线图"。

2.1　线图与本书的教学方法

根据以往的经验，在讲授一些复杂的东西时，大多数人倾向于按照与主题本身发展相反的顺序进行教学。他们会给出很多定义、术语、描述甚至定理，然后他们会说："好了，既然我们讲完了所有理论，就来看一些实际问题吧。"在我们看来，这恰恰与事情应该呈现的顺序相反。大多数好的想法都是作为现实问题或者至少是想象出来的问题的解决方案出现的。问题解决者偶然发现一个可能的解决方案，对其加以测试、改进，然后最终将它形式化，甚至可能将其数学化。术语和定义则是在问题的解决方案被开发出来之后才出现的。

我们认为，当你站在原创意提出者的角度（他思考了如何解决某个特定问题）考虑问题时，学习才是最具激励作用且最有效的。只有解决方案具体化了，才能将其形式化，这对于确保其正确性以及如实地将其分享给该领域的其他人确实非常必要。

虽然我们也非常想用倒序的教学模式，但是会竭力不这么做。本着这一宗旨，我们将根据需要引入新的术语、定义和数学符号。例如，我们将像下面这样使用"标注"。

> **定义**　　"神经网络"是一种由多个"层"组成的机器学习模型，这些层会执行矩阵–向量乘法，然后应用一个非线性"激活"函数。神经网络的矩阵是模型的可学习参数，通常称为神经网络的"权重"。

在本书中，对于每个术语，这样的定义模式你只会看到一次，但我们会经常以不同的方式重复定义，以确保你真正理解并记住它。如果我们认为记住一些事情很重要，就会反复提及它们。

每当需要引入一些数学知识时，我们通常会用表来展示同一基本概念的数学公式和 Python 伪代码。举一个简单的例子，如果要引入直线方程，那么我们会像表 2.1 所示的这样给出。

表 2.1　我们在本书中同时给出数学公式和伪代码的例子

数学公式	伪代码
| $y = mx + b$ | ```
def line(x,m,b):
    return m*x + b
``` |

我们还将给出大量内嵌代码（简短代码段）和代码清单（较长代码示例），以及完整项目的代码。书中所有代码以 Jupyter Notebook 形式提供，并按章分类，存储在本书的 GitHub 仓库中。如果你积极跟随本书学习并创建书中的项目，我们强烈建议你关注本书 GitHub 的仓库代码，而不是一键复制其中的代码，因为我们会持续更新 GitHub 中的代码，并尽力保证其中没有 bug，所以书中的代码有可能会过时（所使用的 Python 库会更新）。另外，GitHub 中的代码也更完整些（例如，向你展示如何生成书中包含的图片），而书中的代码则保持尽可能简短，以确保让你仅关注基本概念。

由于强化学习涉及许多相互关联的概念，如果仅用文字描述，很容易让人混淆，为此我们将使用很多不同种类的图表和框图。其中，我们用到的最重要的图是**线图**。这个名字或许显得很奇怪，但它源自一个很简单的想法。它改编自数学中的一个分支——范畴论，其倾向于用大量的图表对传统的符号表示加以补充或替代。

在第 1 章介绍通用的强化学习框架时，你已经见过类似于图 2.1 所示的线图。其中，方框表示名词或名词短语，而箭头旁则标记动词或动词短语。这与典型的流程图略有不同，但让线图与语言描述之间的转换变得更容易。此外，箭头的功能也很清晰。这种特殊类型的线图也称为**本体论日志**（ontological log）或 **olog**（oh-log）。

多数情况下，线图（有时在其他来源中称为**路线图**）类似于流程图，它表示沿着线（直接或间接的箭头）进入流程（计算、函数、转换、过程等）中的输入数据流，其中流程以方框表示。线图和你见过的其他类似的流程图之间的重要区别是：线上的所有数据是显式类型化的（例如，形状为[10,10]的 NumPy 数组，或者一个浮点数），而且线图完全是组合化的。这里的"组合"意味着我们可以放大或缩小图，以看到更大、更抽象的图，或者探究计算细节。
```

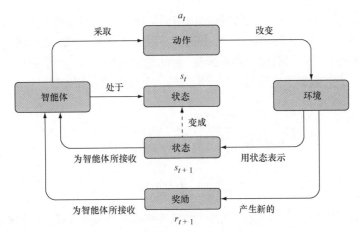

图 2.1　标准的强化学习框架,其中智能体在一个不断进化的环境中采取动作,而环境通过产生奖励来强化智能体的动作

如果我们展示一个宏观的描述,那么流程框可能只是用一个单词或短语来表示所发生流程的类型,但是我们也可以展示该流程框的一个放大视图,以显示所有内部细节,而这些细节由其子线和子流程集合组成。线图的组成逻辑也意味着我们可以将一个图的部分内容插入另一个图中以形成更复杂的图,只要所有线图的类型相互兼容。例如,图 2.2 所示的神经网络的单层线图。

从左向右看,我们看到某个类型为 n 的数据流入一个名为"神经网络层"的流程框,并产生了类型为 m 的输出。由于神经网络通常以向量作为输入,并产生向量作为输出,因此这些类型分别表示输入向量和输出向量的维度。也就是说,这个神经网络层接收一个长度或维度为 n 的向量,然后产生一个维度为 m 的向量。对于某些神经网络层来说,有可能 $n=m$。

这种**输入线**的方式是简化过的,我们只有在根据上下文可以明白类型含义时才会这样做。在其他情况下,我们可以采用数学符号来标识,例如使用 $\mathbb{R}$ 表示实数集——它在编程语言中通常会转化为浮点数。所以,对于一个维度为 n 的浮点数向量,我们可以输入线图,如图 2.3 所示。

图 2.2　神经网络的单层线图　　　　　　　　图 2.3　输入线图

现在,输入已经更加丰富,我们不仅知道输入向量和输出向量的维度,还知道它们都是实数或浮点数。虽然通常情况下都是这样,但有时我们也可能处理整数或二进制数。无论如何,神经网络层流程框都表示为一个黑盒,我们除了知道它将一个向量转换成另一个维度可能不同的向量,对其他的一无所知。我们可以放大该流程框来查看具体发生了什么,如图 2.4 所示。

现在我们可以看到原始流程框的内部信息,它由自己的一组子流程组成。可以看到,n 维向量乘一个维度为 $n×m$ 的矩阵,从而产生一个 m 维的向量。然后,该向量通过一个名为"ReLU"

的流程。你可能认出这就是一个标准的神经网络激活函数，即整流线性单元（Rectified Linear Unit）。如果我们愿意，那么可以继续放大 ReLU 子流程。任何能够称为**线图**的东西必须能够在任何抽象层次上进行详细查看且保持**类型兼容**（意味着进入和退出流程的数据类型必须兼容且合理——产生有序列表的流程不应该与另一个期望输入整数的流程相连接）。

图 2.4　具体流程

只要线图是类型兼容的，我们就可以将一组流程串成一个复杂系统。这使得我们可以仅构建一次组件，就能够在任何类型匹配的地方重用它们。在宏观层次上，我们可以这样描述一个简单的两层递归神经网络（Recurrent Neural Network，RNN），如图 2.5 所示。

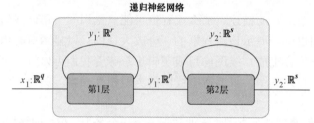

图 2.5　递归神经网络

这个递归神经网络接收一个向量 q 并产生一个向量 s。但是，我们可以看到内部的流程。它包含两层，每一层的功能看起来都一样。除了输出向量被复制并作为输入的一部分反馈到流程层中，每一层都接收一个向量并产生另一个向量，因此是递归方式。

线图是一种非常通用的图类型。除了绘制神经网络图，我们还可以用它绘制烘焙蛋糕的流程图。**计算图**（computational graph）是一种特殊类型的线图，其中的流程都表示计算机可以执行的具体计算，或者可以用某种编程语言（例如 Python）描述的计算。如果你在 TensorFlow 的 TensorBoard 中绘制过计算图，就会明白我们所说的意思。优秀线图的目标是，我们可以通过在高层次上查看一个算法或机器学习模型来获取整体蓝图，然后可以将其逐渐放大，直到线图详细到我们可以几乎完全基于图的知识来真正实现算法。

利用本书中的数学知识、简单 Python 代码和线图，你就可以理解如何实现一些相当高级的机器学习模型。

2.2　解决多臂老虎机问题

现在，我们准备开始研究一个真正的强化学习问题，并在此过程中了解解决该问题所需要的相关概念和技能。在创建类似 AlphaGo 的复杂事物之前，我们首先考虑一个简单的问题。假设你面前有 10 台老虎机，旁边有一块醒目的牌子，上面写着"免费游戏！最高奖励 10 美元！"。毋庸置疑的是，每台老虎机保证会给你 0～10 美元的奖励，但这 10 台老虎机的平均奖励各不相同。现在，我们来尝试找出哪台老虎机平均奖励最高。

顺便说一下，你知道老虎机的另一个名字是什么吗？单臂强盗！明白了吗？它有一只手臂（杠杆），而且通常会"偷"你的钱。我们可以称这种情况为 10 臂老虎机问题，或更通俗地称之为 n 臂老虎机问题，其中 n 是老虎机的数量。虽然到目前为止这个问题听起来很奇怪，但是稍后你将看到 n 臂老虎机（又称为多臂老虎机）问题确实有一些非常实际的应用。

我们更正式地重申一下这个问题。我们有 n 个可能的动作（这里 $n=10$），其中动作意味着拉动一台特定老虎机的臂（杠杆），在该游戏的每一轮（轮次 k）中，我们可以选择拉动单个杠杆。在采取动作（a）之后，我们将获得一个奖励 R_k（轮次 k 的奖励）。每个杠杆有唯一的奖励概率分布。例如，如果有 10 台老虎机，你玩了很多轮游戏，那么 3 号老虎机的平均奖励是 9 美元，而 1 号老虎机的平均奖励为 4 美元。当然，由于每一轮游戏的奖励是随机出现的，因此 1 号杠杆有可能在某次游戏中给出 9 美元的奖励。但如果进行很多轮游戏，我们就会发现 1 号老虎机的平均奖励低于 3 号老虎机。

我们的策略应该是玩几轮游戏，选择不同的杠杆并观察每个动作的奖励，然后只选择观察到的平均奖励最高的杠杆。因此，我们希望获悉基于之前轮次采取动作（a）的期望奖励。这个期望奖励 $Q_k(a)$ 的数学描述为"你向函数提供一个动作（假设我们处于轮次 k），它返回采取该动作时的期望奖励。"（见表 2.2）。

表 2.2　计算期望奖励

数学公式	伪代码
$$Q_k(a) = \frac{R_1 + R_2 + \cdots + R_k}{k_a}$$	```def exp_reward(action, history):
rewards_for_action = history[action]
return sum(rewards_for_action) /
len(rewards_for_action)```

也就是说，轮次 k 中动作 a 的期望奖励为之前采取动作 a 时收到的所有奖励的算术平均值。因此，之前的动作和观察值会影响未来的动作。甚至可以说，之前的一些动作**强化**了当前和未来的动作，但这种观点稍后再作讨论。函数 $Q_k(a)$ 被称为**价值函数**（value function），用于表示某物的价值。具体来说，它是一个动作-价值函数，用于表示我们采取特定动作的价值。我们通常用符号 Q 来表示这个函数，所以通常将其称为 Q 函数。之后我们会再次讨论价值函数并给出一个更复杂的定义，但目前的定义已经足够了。

2.2.1　探索与利用

第一次开始玩游戏时，我们需要玩游戏并观察从各台老虎机上获得的奖励。我们可以将这种策略称为**探索**（exploration），因为实际上是在随机探索动作的结果。这与我们可以采用的另一种名为**利用**（exploitation）的策略形成了鲜明对比。利用意味着使用现有的关于哪台老虎机可能产生最高奖励的知识，并一直玩这台老虎机。我们的总体策略涉及一定数量的利用（基于目前所知选择最佳杠杆）和一定数量的探索（随机选择杠杆来学习更多的知识）。利用和探索之间的合理平衡对于最大化奖励非常重要。

如何想出一个算法来找出哪台老虎机拥有最高的平均奖励呢？最简单的算法就是选择最高的 Q 值所对应的动作（见表 2.3）。

表 2.3　给定期望奖励时计算最佳动作

数学公式	伪代码

$\forall a_i \in A_k$	`def get_best_action(actions, history):`
	　`exp_rewards = [exp_reward(action, history) for action in`
	　　　`actions]`

$a* = \text{argmax}_a Q_k(a_i)$	`return argmax(exp_rewards)`

代码清单 2.1 用 Python 3 展示了该算法。

代码清单 2.1　用 Python 3 实现查找给定期望奖励下的最佳动作

```
def get_best_action(actions):
    best_action = 0
    max_action_value = 0
    for i in range(len(actions)):                          循环遍历所有
                                                           可能的动作
        cur_action_value = get_action_value(actions[i])    ◄
        if cur_action_value > max_action_value:            获取当前动作的
            best_action = i                                价值
            max_action_value = cur_action_value
    return best_action
```

我们将上述函数 $Q_k(a)$ 作用于所有可能的动作，并选择返回平均奖励最高的动作。$Q_k(a)$ 依赖于之前动作及其对应的奖励，所以该方法不会评估尚未探索的动作。因此，我们之前可能已经尝试过 1 号和 3 号杠杆，并观察到 3 号杠杆返回更高的奖励，但利用该方法，我们将永远不会想到尝试另一个不为我们所知的杠杆，例如 6 号杠杆，而它实际上提供了最高的平均奖励。这种简单地选择目前为止所知的最佳杠杆的方法称为**贪婪**（或利用）方法。

2.2.2　ε 贪婪策略

我们需要探索其他杠杆（其他老虎机）来发现真正的最佳动作。我们需要对之前算法做的一个简单修改是将其修改为一个 ε(epsilon) 贪婪算法，这样就可以根据概率 ε 随机选择一个动作 a，而其余时间（概率 $1-\varepsilon$）将基于当前从过去游戏中所知的信息选择最佳杠杆。大多数时候，我们会以贪婪方式玩游戏，但有时也会冒险随机选择杠杆来查看会发生什么。当然，这样得到的结果会影响未来的贪婪行为。我们看看能否用 Python 代码解决这个问题（见代码清单 2.2）。

代码清单2.2 用于动作选择的 ε 贪婪策略

```
import numpy as np
from scipy import stats
import random
import matplotlib.pyplot as plt

n = 10
probs = np.random.rand(n)
eps = 0.2
```

臂的数量

每个臂关联的隐藏
概率

用于 ε 贪婪动作
选择的 ε

在这个例子中,我们将解决一个 10 臂老虎机问题,所以 $n=10$。我们还定义了一个长度为 n 的 NumPy 数组,其中包含可以理解为概率的随机浮点数。数组 probs 中的每个位置对应一个臂,表示一个可能的动作。例如,第一个元素的索引位置为 0,所以动作 0 就是臂 0。每个臂有一个关联的概率,用来衡量它能得到的奖励。

我们选择以下方式来为每个臂实现奖励概率分布。每个臂有一个概率(例如 0.7),并且最高奖励是 10 美元。我们设置一个遍历到 10 的 for 循环,在每一步中,如果随机浮点数小于臂的概率,那么将奖励加 1。因此,在第一次循环中,生成了一个随机浮点数(例如 0.4)。0.4 小于 0.7,因此 reward+=1。在下一次迭代中,它将生成另一个也小于 0.7 的随机浮点数(例如 0.6),所以 reward+=1。这种情况将一直持续,直到完成 10 次迭代,然后返回最终的总奖励,如代码清单 2.3 所示。总奖励可以是 0 和 10 之间的任意值。在臂的概率为 0.7 的情况下,这样无限玩下去的平均奖励将是 7,但在任何一轮游戏中,这个值可大可小。

代码清单2.3 定义奖励函数

```
def get_reward(prob, n=10):
    reward = 0
    for i in range(n):
        if random.random() < prob:
            reward += 1
    return reward
```

运行上述代码,结果如下:

```
>>> np.mean([get_reward(0.7) for _ in range(2000)])
7.001
```

输出结果表明,以概率 0.7 运行这段代码 2000 次,最终返回的平均奖励值接近 7,如图 2.6 中的直方图所示。

我们要定义的下一个函数是选择目前为止最好的臂的贪婪策略。我们需要一种方法来追踪拉动了哪个臂,以及由此得到的奖励是什么。简单来说,我们可以使用一个列表,并向其添加像 (臂,奖励)这样的观察值,例如,(2,9) 表示选择了 2 号臂并获得了奖励 9。随着游戏的进行,这个列表会越来越长。

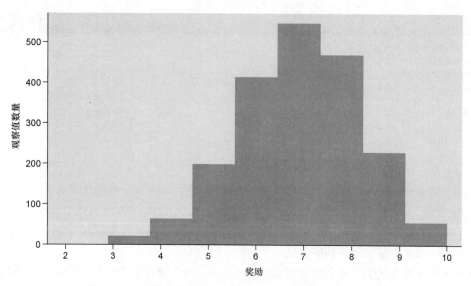

图 2.6 一个奖励概率为 0.7 的模拟多臂老虎机的奖励分布

由于只需要记录每个臂的平均奖励，并不需要存储每个观察结果，因此还有一种更简单的方法。回想一下，要计算一组数字 x_i（i 为索引）的平均值，只需将所有 x_i 相加，然后除以 x_i 的数量（用 k 来表示）。平均值通常用希腊字母 μ 来表示。

$$\mu = \frac{1}{k} \sum_i x_i$$

其中，大写的希腊符号 Σ 表示一种求和运算，下面的 i 表示对每个元素 x_i 求和。与其等价的 for 循环如下所示：

```
sum = 0
x = [4,5,6,7]
for j in range(len(x)):
    sum = sum + x[j]
```

如果我们有了某个特定臂的平均奖励 μ，在获取一个新的奖励时，就可以通过重新计算来更新这个平均值。基本上，我们需要撤销平均值，然后重新计算它。为了撤销它，我们用值的总数量 k 乘以 μ。当然，这仅仅给出了总和，而不是原始的一组值——不能撤销一个总和。但是，我们需要用总数量和一个新值来重新计算平均值，也就是说，把这个总和加上新值然后除以新的总数量 $k+1$。

$$\mu_{\text{new}} = \frac{k \cdot \mu_{\text{old}} + x}{k+1}$$

收集新数据时，我们可以用这个方程来不断更新在每个臂上观察到的平均奖励，这样只需要跟踪每个臂的两个数学量：k（观察值的数量）和 μ（当前运行的平均值）。我们可以将它存储在一个 10×2 的 NumPy 数组中（假设有 10 个臂），并将该数组称为 record。

```
>>> record = np.zeros((n,2))
array([[0., 0.],
       [0., 0.],
       [0., 0.],
       [0., 0.],
       [0., 0.],
       [0., 0.],
       [0., 0.],
       [0., 0.],
       [0., 0.],
       [0., 0.]])
```

该数组的第一列将存储每个臂被拉动的次数，第二列将存储由此得到的平均奖励。接下来我们编写一个用于在给定新动作和奖励时更新记录的函数，如代码清单 2.4 所示。

代码清单 2.4　更新记录

```
def update_record(record,action,r):
    new_r = (record[action,0] * record[action,1] + r) / (record[action,0] + 1)
    record[action,0] += 1
    record[action,1] = new_r
    return record
```

这个函数接收 record 数组、一个动作（臂的索引值）和一个新的奖励观察值。为了更新平均奖励，它只是实现之前描述的数学函数，然后通过增加计数器的值来记录臂被拉动的次数。

接下来我们需要实现一个函数来选择要拉动哪个臂。我们希望能选择与最高平均奖励关联的臂，所以需要找到数组 record 中第二列取最大值所对应的行。这用 NumPy 的内置 argmax 函数很容易做到，如代码清单 2.5 所示。argmax 函数接收一个数组，找出数组中的最大值，并返回其索引位置。

代码清单 2.5　计算最佳动作

```
def get_best_arm(record):
    arm_index = np.argmax(record[:,1],axis=0)  ◁—— 对数组 record 的第二列调用
    return arm_index                                NumPy 的 argmax 函数
```

现在我们可以进入多臂老虎机游戏的主循环了。如果一个随机数大于 ε 参数，那么只需使用 get_best_arm 函数计算最佳动作并采取该动作；否则，便会采取一个随机动作，以确保一定次数的探索。选择臂之后，执行 get_reward 函数并观察奖励值，然后使用这个新的观察值更新数组 record。多次重复该过程，数组 record 将不断更新。最终，有最高奖励概率的臂会被选择最多次，因为它提供最高的平均奖励。

在代码清单 2.6 中，我们将设置玩游戏的次数为 500，并显示平均奖励对应轮次的 Matplotlib 散点图。我们有望看到平均奖励随着玩游戏次数的增加而增加。

代码清单 2.6　解决多臂老虎机问题

```
fig, ax = plt.subplots(1,1)
ax.set_xlabel("Plays")
```

```
ax.set_ylabel("Avg Reward")              随机初始化每个臂的奖励概率
record = np.zeros((n,2))
probs = np.random.rand(n)
eps = 0.2                                将数组 record 元素初始化为 0
rewards = [0]
for i in range(500):                     以概率 0.8 选择最佳动作，也可以随机选择
    if random.random() > eps:
        choice = get_best_arm(record)
    else:
        choice = np.random.randint(1     计算选择臂的奖励
    r = get_reward(probs[choice])
    record = update_record(record,choice,r)     利用新数量和臂的奖励观察值
    mean_reward = ((i+1) * rewards[-1] + r)/(i+2)  更新数组 record
    rewards.append(mean_reward)
ax.scatter(np.arange(len(rewards)),rewards)
                                         跟踪运行的平均奖励来评估
                                         整体表现
```

从图 2.7 可以看出，经过很多轮次，平均奖励确实有所提高，这说明算法确实在**学习**，通过前面好的游戏轮次逐渐得到了强化，不过它仍然是一个比较简单的算法。

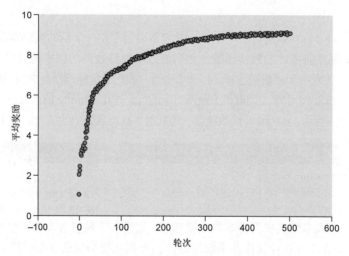

图 2.7　每次玩老虎机的平均奖励随着轮次的增加而增加，表明它成功地学会了如何解决多臂老虎机问题

这里我们考虑的问题是一个**平稳**问题，因为臂的潜在奖励概率分布不会随着时间发生变化。当然，我们可以考虑这个问题的一个变体——非平稳问题。在这种情况下，一种简单的修改方法是允许新的奖励观察值以一种倾斜的方式更新存储在记录中的平均奖励值，这样它将是一个加权平均值，朝着最新的观察值倾斜。这样，如果事情随着时间发生变化，从某种程度上讲，我们就能跟踪它们。这里我们不会实现这种稍显复杂的变体，但以后会在本书中遇到非平稳问题。

2.2.3 Softmax 选择策略

我们来看另一种类型的"老虎机"问题：一位新来的医生专门治疗心脏病患者。她有 10 种治疗方案，但针对每位病人她只能选择其中 1 种来进行治疗。出于某种原因，她只知道这 10 种治疗方案对治疗心脏病有不同的疗效和风险，但却不知道哪一种是最好的。此处我们可以使用前面方案中的多臂老虎机算法，但可能需要重新考虑每次随机选择治疗方案的 ε 贪婪策略。在这个新问题中，随机选择一种治疗方案可能会导致病人死亡，而不仅仅是损失钱。我们真的想确保不会选择最糟糕的治疗方案，但仍然希望有能力探索以找到最好的治疗方案。

这时候使用 Softmax 可能是最合适的。在探索期间，Softmax 提供了各个选项的概率分布，而非随机选择一个动作。概率最大的选项将等同于前面解决方案中的最佳动作，它也会提供一些关于次佳动作和次次佳动作的信息。这样我们就可以随机选择并探索其他选项，同时避免选择最差的选项——因为它们的概率会很小，甚至为 0。Softmax 的数学公式和伪代码如表 2.4 所示。

表 2.4 Softmax 的数学公式和伪代码

数学公式	伪代码
$Pr(A)=\dfrac{e^{Q_k(A)/\tau}}{\sum_{i=1}^{n} e^{Q_k(i)/\tau}}$	```def softmax(vals, tau): softm = pow(e, vals / tau) / sum(pow(e, vals / tau)) return softm```

函数 $Pr(A)$ 接收一个动作-价值向量（数组），并返回一个动作的概率分布，这样更高值的动作具有更高的概率。例如，如果动作-价值数组有 4 个可能的动作，并且它们目前都有相同的值，例如 A=[10,10,10,10]，那么 Pr(A)=[0.25,0.25,0.25,0.25]。换句话说，所有概率相同，且总和必须为 1。

分数的分子是动作-价值数组除以参数 τ 后取指数幂，生成一个与输入相同大小（长度）的向量。分母是对每个动作-价值除以 τ 后取指数幂求和，从而产生单个数值。

τ 是**温度**（temperature）的参数，用于对动作的概率分布进行缩放。较高的温度会导致概率非常相近，而较低的温度则会增大动作概率之间的差异。为这个参数选择一个值需要据理推测和进行试错。数学指数 e^x 是 NumPy 中对 np.exp(…) 的函数调用。它将对输入向量按元素逐个应用该函数。代码清单 2.7 所示的是在 Python 中编写的 softmax 函数。

代码清单 2.7　softmax 函数

```
def softmax(av, tau=1.12):
    softm = np.exp(av / tau) / np.sum( np.exp(av / tau) )
    return softm
```

在用 softmax 实现之前的 10 臂老虎机问题时，我们不再需要 get_best_arm 函数。Softmax 生成了可能动作的加权概率分布，所以我们可以根据动作对应的概率随机选择动作。

也就是说，我们会更频繁地选择最佳动作，因为它拥有最高的 softmax 概率，而选择其他动作的频率则比较低。

我们需要做的就是对数组 record 的第二列（列索引为 1）应用 softmax 函数，因为这一列存储了每个动作当前的平均奖励（动作-价值）。它会把这些动作-价值转化为概率。然后，我们使用 np.random.choice 函数。该函数接收一个任意的输入数组 x 和一个参数 p，其中 p 是一个对应于 x 中各个元素的概率数组。由于记录被初始化为 0，因此 softmax 起初将返回一个在所有老虎机上的均匀分布，但该分布很快就会倾向于最高奖励关联的动作。下面是一个使用 softmax 和随机选择函数的例子：

```
>>> x = np.arange(10)
>>> x
array([0, 1, 2, 3, 4, 5, 6, 7, 8, 9])
>>> av = np.zeros(10)
>>> p = softmax(av)
>>> p
array([0.1, 0.1, 0.1, 0.1, 0.1, 0.1, 0.1, 0.1, 0.1, 0.1])
>>> np.random.choice(x,p=p)
3
```

我们用 NumPy 的 arange 函数创建了一个元素值为 0～9 的数组，对应于每个臂的索引，所以随机选择函数将根据提供的概率向量返回一个臂的索引。这里我们可以使用与之前相同的训练循环，只需要改变臂选择部分，让它使用 softmax 而不是 get_best_arm，还需要去掉 ε 贪婪策略中的随机动作选择部分（见代码清单 2.8）。

代码清单 2.8　多臂老虎机的 Softmax 动作选择

```
n = 10
probs = np.random.rand(n)
record = np.zeros((n,2))
fig,ax = plt.subplots(1,1)
ax.set_xlabel("Plays")
ax.set_ylabel("Avg Reward")
fig.set_size_inches(9,5)
rewards = [0]
for i in range(500):
    p = softmax(record[:,1])          计算每个臂对应于
    choice = np.random.choice(np.arange(n),p=p)   其当前动作-价值的
    r = get_reward(probs[choice])     Softmax 概率
    record = update_record(record,choice,r)   通过 Softmax 概
    mean_reward = ((i+1) * rewards[-1] + r)/(i+2)   率加权随机选择
    rewards.append(mean_reward)       一个臂
ax.scatter(np.arange(len(rewards)),rewards)
```

从图 2.8 可以看出，在该问题上 Softmax 动作选择似乎比 ε 贪婪算法做得更好，似乎更快地收敛到一个最优策略。然而，Softmax 的缺点就是必须手动选择 τ 参数，这里的 Softmax 对 τ 非常敏感，而且需要一些时间来找到一个较好的值。显然，利用 ε 贪婪算法我们必须设置参数 ε，但选择该参数更加直观。

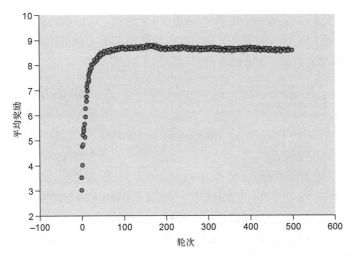

图 2.8　采用 Softmax 选择策略时，多臂老虎机算法在最高平均奖励上收敛更快

2.3　应用老虎机算法优化广告投放

老虎机的例子似乎并不是一个现实世界的问题，但如果我们添加一个元素，它就会变成一个实际的商业问题，一个比较典型的例子就是广告投放。每当你访问一个有广告的网站，投放广告的公司都想最大化你点击广告的可能性。

假设有 10 个电子商务网站，它们各自销售不同类别的零售商品，例如计算机、鞋子、珠宝等。我们希望把在其中一个网站上购物的顾客引向他们可能感兴趣的另一个网站，进而实现销量的提升。当一位顾客在其中某个网站结账时，我们就会展示另一个网站的广告，以引导他去那里购买别的东西。我们也可以在同一网站上放置其他产品的广告。然而，问题是不知道应该把顾客引导到哪些网站。我们可以尝试随机投放广告，但可能存在一种更有针对性的方法。

2.3.1　上下文老虎机

也许你已经明白广告投放是如何为多臂老虎机问题增加一层复杂性的了。在游戏的每个轮次（每次一位顾客在某个网站结账），我们有 $n = 10$ 种可能的动作，对应着可以投放的 10 种不同类型的广告。关键是最佳的投放广告可能取决于当前顾客处于哪个网站。例如，在珠宝网站结账的顾客可能更愿意购买一双鞋来搭配新钻石项链，而不是购买一台新的笔记本电脑。因此，问题就变成了"找出特定网站如何与特定广告关联"。

这就引出了**状态空间**（state space）的概念。我们提出的多臂老虎机问题有一个包含多个元素的**动作空间**（空间或所有可能动作的集合），但是并没有"状态"的概念。也就是说，环境中没有任何信息可以帮助我们选择一个好的臂。我们确定哪个臂比较好的唯一方法就是反复试错。

在广告投放问题中，我们知道顾客正在某个特定网站上购物，这可能会提供一些有关用户的偏好信息，并有助于指导我们决定投放哪个广告。我们将这种上下文信息称为一种状态，并将这种新类型的问题称为**上下文老虎机**，如图 2.9 所示。

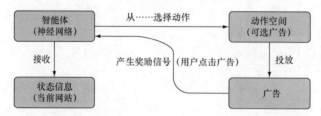

图 2.9　用于广告投放的上下文老虎机。智能体（一种神经网络算法）接收状态信息（本例中是用户所在的当前网站），并使用这些信息来选择应该在结账步骤中投放哪种广告。用户是否会点击广告，从而产生反馈给智能体进行学习的奖励信号

定义　游戏中（或者更普遍地说是在强化学习问题中）的**状态**是指环境中可用来做出决策的信息集。

2.3.2　状态、动作和奖励

在继续学习之前，我们巩固一下目前已经介绍的一些术语和概念。强化学习算法试图以计算机能够理解和计算的方式来模拟世界。特别是，强化学习算法模型世界好像仅涉及一组**状态** S（状态空间，一组关于环境的特征）、一组**动作** A（动作空间，可以输入某个给定状态）和**奖励** r（在特定状态下采取某个动作时产生）。当说起在特定状态下采取特定动作时，我们通常称之为状态-动作对 (s, a)。

注意　任何强化学习算法的目标都是在整个事件过程中最大化奖励。

由于最初的多臂老虎机问题没有状态空间，而只有动作空间，因此我们只需要了解动作和奖励之间的关系，可以使用一个查找表来存储从特定动作中获得奖励的经验来了解这种关系。我们存储了动作-奖励对 (a_k, r_k)，其中轮次 k 的奖励是与采取动作 a_k 相关的过去所有轮次下的奖励的平均值。

在多臂老虎机问题中只有 10 个动作，所以 10 行的查找表是非常合理的。但在上下文老虎机问题中引入状态空间时，我们开始会得到可能的状态-动作-奖励元组的组合性爆炸问题。例如，如果有一个包含 100 个状态的状态空间，并且每个状态与 10 个动作关联，那么需要存储和重新计算 1000 个不同的数据片段。在本书中，我们考虑的大多数问题的状态空间非常大，因此简单的查找表是不可行的。

深度学习在这里就有了用武之地。经过合适的训练，神经网络会变得很擅长学习抽象信息，摒弃没有价值的细节。它们可以学习数据中的组合模式和规律，从而能够在有效压缩大量数据的同时保留重要信息。因此，神经网络可以用来学习状态-动作对和奖励之间的复杂关系，而不必将所有这些经验作为原始记忆存储。通常，我们将强化学习算法中基于某些信息

做出决策的部分称为**智能体**。为了解决所讨论的上下文老虎机问题，我们用一个神经网络作为智能体。

接下来，我们先花一点儿时间介绍一个深度学习框架 PyTorch，因为我们会用它来创建神经网络。

2.4 利用 PyTorch 构建网络

目前，可用的深度学习框架已有很多，其中比较流行的有 TensorFlow、MXNet、PyTorch 等。在本书中，我们之所以选用 PyTorch，是因为其简单易用。PyTorch 可用于编写接近原生的 Python 代码，同时能够利用优秀框架的所有优势，例如自动微分和内置优化。在本节中，我们将快速介绍 PyTorch，并在接下来的过程中给出进一步阐释。如果你需要复习深度学习的基础知识，了解关于深度学习比较详细的介绍，以及对 PyTorch 更全面的介绍，请查阅附录。

如果你喜欢 NumPy 多维数组，那么几乎可以用 PyTorch 做 NumPy 能做的所有事情。例如，下面我们用 NumPy 实例化一个 2×3 的矩阵：

```
>>> import numpy

>>> numpy.array([[1, 2, 3], [4, 5, 6]])
array([[1, 2, 3],
       [4, 5, 6]])
```

下面是利用 PyTorch 实例化相同的矩阵：

```
>>> import torch

>>> torch.Tensor([[1, 2, 3], [4, 5, 6]])
1 2 3
4 5 6
[torch.FloatTensor of size 2x3]
```

PyTorch 代码与 NumPy 版本的基本相同，只是 PyTorch 中把多维数组称为**张量**（tensor）。这也是 TensorFlow 和其他框架中使用的术语，所以我们按照约定俗成的名称，将多维数组称为张量。我们可以参考**张量的阶**，也就是张量有多少索引维度。这有点儿令人费解，因为说到向量的维度时，我们指的是向量的长度，但是说到张量的阶时，我们指的是它有多少个索引。向量有 1 个索引，这意味着每个元素都可以通过单个索引值"寻址"，所以它是一个 1 阶张量或简称为 1-张量。矩阵有 2 个索引，其中每个维度 1 个索引，所以它是一个 2-张量。高阶张量可以称为 k-张量，其中 k 是阶数，它是一个非负整数。单个数是 0-张量，也称为**标量**，因为它没有索引。

2.4.1 自动微分

相比 NumPy，PyTorch 提供的重要特性是自动微分和优化。假设我们想创建一个简单的线性模型，用来预测一些感兴趣的数据，就可以使用普通的类似 NumPy 的语法轻松定义模型：

```
>>> x = torch.Tensor([2,4]) #input data
>>> m = torch.randn(2, requires_grad=True) #parameter 1
>>> b = torch.randn(1, requires_grad=True) #parameter 2
>>> y = m*x+b #linear model
>>> loss = (torch.sum(y_known - y))**2 #loss function
>>> loss.backward() #calculate gradients
>>> m.grad
tensor([ 0.7734, -90.4993])
```

只需要向计算梯度的 PyTorch 张量提供参数 requires_grad=True，然后在计算图的最后一个节点上调用 backward 方法——它将向所有具有 requires_grad=True 的节点反向传播梯度。接下来，我们可以利用自动计算的梯度实现梯度下降操作。

2.4.2　构建模型

在本书大部分内容中，我们不会直接处理自动计算的梯度，而会用 PyTorch 的 nn 模块轻松创建一个前馈神经网络模型，然后用内置的优化算法来自动训练神经网络，这样就不必手动指定反向传播和梯度下降机制了。下面是一个创建了优化器的简单两层神经网络：

```
model = torch.nn.Sequential(
    torch.nn.Linear(10, 150),
    torch.nn.ReLU(),
    torch.nn.Linear(150, 4),
    torch.nn.ReLU(),
)

loss_fn = torch.nn.MSELoss()
optimizer = torch.optim.Adam(model.parameters(), lr=0.01)
```

我们创建了一个包含 ReLU 激活函数的两层模型，定义了一个均方误差损失函数，并创建了一个优化器。如果我们有一些标记好的训练数据，那么要训练该模型，只需启动一个训练循环：

```
for step in range(100):
    y_pred = model(x)
    loss = loss_fn(y_pred, y_correct)
        optimizer.zero_grad()
        loss.backward()
        optimizer.step()
```

变量 x 是模型的输入数据。变量 y_correct 是一个代表标记的正确输出的张量。我们使用模型进行预测与计算损失，然后在计算图（通常为 loss 函数）的最后一个节点上使用 backward 方法计算梯度。接着在优化器上运行 step 方法，以执行一个梯度下降步骤。如果需要构建比顺序模型更复杂的神经网络架构，那么可以通过继承 PyTorch 的模块类来编写自己的 Python 类并使用：

```
from torch.nn import Module, Linear
```

```
class MyNet(Module):
    def __init__(self):
        super(MyNet, self).__init__()
        self.fc1 = Linear(784, 50)
        self.fc2 = Linear(50, 10)

    def forward(self, x):
        x = F.relu(self.fc1(x))
        x = F.relu(self.fc2(x))
        return x

model = MyNet()
```

为了提高效率，这里只给出你目前需要知道的 PyTorch 的相关内容。在后续章节中，我们还将讨论其他的附加功能。

2.5　解决上下文老虎机问题

我们已经为上下文老虎机创建了一个模拟环境，其中模拟器包括状态（一个 0～9 的数字代表 10 个网站中的其中一个）、奖励生成（广告点击）和选择动作的方法（10 个广告中的哪一个提供服务）。代码清单 2.9 展示了上下文老虎机环境的代码，但是不要花太多时间去思考代码，因为在这里我们仅演示如何使用它，而不是如何编写代码。

代码清单 2.9　上下文老虎机环境

```
class ContextBandit:
    def __init__(self, arms=10):
        self.arms = arms
        self.init_distribution(arms)
        self.update_state()

    def init_distribution(self, arms):  ◄
        self.bandit_matrix = np.random.rand(arms,arms)

    def reward(self, prob):
        reward = 0
        for i in range(self.arms):
            if random.random() < prob:
                reward += 1
        return reward
    def get_state(self):
        return self.state

    def update_state(self):
        self.state = np.random.randint(0,self.arms)

    def get_reward(self,arm):
        return self.reward(self.bandit_matrix[self.get_state()][arm])
```

为简单起见，状态的数量等于臂的数量。每一行代表一个状态，每一列代表一个臂

35

```
def choose_arm(self, arm):
    reward = self.get_reward(arm)
    self.update_state()
    return reward
```

选择一个臂，返回一个
奖励并更新状态

下面的代码演示了该环境的使用方法。唯一需要构建的部分是智能体，这通常是所有强化学习问题的关键，因为构建环境通常只涉及使用一些数据源设置输入/输出或者调用现有的 API。

```
env = ContextBandit(arms=10)
state = env.get_state()
reward = env.choose_arm(1)
print(state)
>>> 2
print(reward)
>>> 8
```

模拟器包含一个简单的 Python 类 ContextBandit,该类可以初始化为特定数量的臂。为简单起见，此处设定状态的数量等于臂的数量，但通常来说状态空间往往比动作空间大得多。该类有两个方法：一个是 get_state，调用时不需要参数，返回一个从均匀分布中随机抽样的状态（在大多数问题中，状态将来自一个更加复杂的分布）；另一个是 choose_arm,调用它会模拟投放一个广告的过程，并返回一个奖励（例如，与广告点击量成比例）。我们总是需要按顺序调用 get_state 和 choose_arm,以不断地获取新的数据进行学习。

ContextBandit 模块还包含一些辅助函数，例如 softmax 函数和**独热（one-hot）编码器**。独热编码的向量是除了 1 个元素其他元素都设置为 0 的向量，通过将唯一的非零元素设置为 1 来表示状态空间中的某个特定状态。

与使用 n 个动作上的单一静态奖励概率分布不同（例如我们最初的老虎机问题），上下文老虎机模拟器为每个状态的动作设置了不同的奖励分布。也就是说，对于每一种状态，都将有 n 种不同的动作上的 Softmax 奖励分布。因此，我们需要了解状态及其各自奖励分布之间的关系，然后了解在给定状态下哪个动作的概率最高。

与本书中的其他项目一样，我们会用 PyTorch 来构建神经网络。在这种情况下，我们将创建一个两层前馈神经网络，用 ReLU 作为激活函数。第一层接收一个包含 10 个元素的状态独热（也称为 1-of-K，其中除了 1 个元素，其他元素都为 0）编码向量；第二层返回一个包含 10 个元素的向量，表示在给定状态下每个动作的期望奖励。

图 2.10 展示了所描述算法的正向传递。与查找表方法不同，神经网络（智能体）将学习预测给定状态下每个动作会生成的奖励。然后，我们用 Softmax 函数给出动作的概率分布，并从该分布中抽样选择一个臂（广告）。选择一个臂会生成一个奖励，我们将用它来训练神经网络。

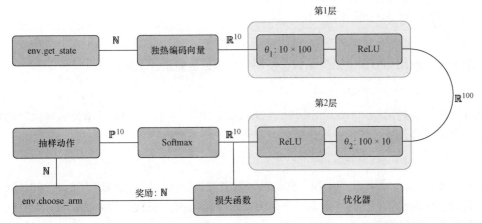

图 2.10　简单的 10 臂上下文老虎机计算图。get_state 函数返回一个状态值，该值被转换为一个独热编码向量，并会成为一个两层神经网络的输入。神经网络的输出是每个可能动作的预测奖励，它是一个稠密向量，它通过 Softmax 从结果动作概率分布中抽样一个动作，执行所选动作后将返回一个奖励并更新环境状态。θ_1 和 θ_2 分别表示每一层的权重参数。$\mathbb{N}$、$\mathbb{R}$ 和 $\mathbb{P}$ 分别表示自然数（0,1,2,3,…）、实数（就目的而言是一个浮点数）和概率。其中，上标表示向量的长度，所以 $\mathbb{P}^{10}$ 表示一个 10 元素向量，其中每个元素都是一个概率值（所有元素的总和为 1）

在状态 0 下，初始化神经网络会产生一个随机向量，例如 [1.4,50,4.3,0.31,0.43,11,121,90,8.9,1.1]。我们将对该向量运行 softmax 函数并选择一个动作，最可能选择动作 6（动作 0～动作 9），因为它在示例向量中具有最大值。选择动作 6 将生成一个奖励（例如 8）。然后训练神经网络来生成向量 [1.4,50,4.3,0.31,0.43,11,8,90,8.9,1.1]，由于这是获得的针对动作 6 的真正奖励，因此其余值会保持不变。神经网络下一次遇到状态 0 时，将为动作 6 生成一个接近 8 的奖励预测值。随着我们不断在很多状态和动作上重复该过程，神经网络最终将学会预测给定状态下每个动作的准确奖励。也就是说，算法将每次都能选择最佳动作，从而实现奖励最大化。

下面的代码导入了必要的库，并设置了一些**超参数**（hyperparameter，用于指定模型结构的参数）：

```
import numpy as np
import torch

arms = 10
N, D_in, H, D_out = 1, arms, 100, arms
```

在前面的代码中，N 是批大小，D_in 是输入维度，H 是隐藏维度，D_out 是输出维度。现在我们需要构建神经网络模型，即一个两层的简单序列（前馈）神经网络：

```
model = torch.nn.Sequential(
    torch.nn.Linear(D_in, H),
```

```
        torch.nn.ReLU(),
        torch.nn.Linear(H, D_out),
        torch.nn.ReLU(),
)
```

此处我们将使用均方误差损失函数，使用其他函数也能正常工作：

```
loss_fn = torch.nn.MSELoss()
```

现在，通过实例化 ContextBandit 类来设置一个新环境，并向其构造函数提供臂的数量。请记住，我们已经设置了环境，所以臂的数量将等于状态的数量：

```
env = ContextBandit(arms)
```

算法主要的 for 循环非常类似于最初的多臂老虎机算法，但是增加了运行神经网络和使用输出来选择动作的步骤。我们将定义一个名为 train 的函数（见代码清单 2.10），用于接收前面创建的环境实例、欲训练的轮次和学习率。

在函数中，我们为当前状态设置一个 PyTorch 变量，并需要使用 one_hot 编码函数对其进行独热编码。

```
def one_hot(N, pos, val=1):
    one_hot_vec = np.zeros(N)
    one_hot_vec[pos] = val
    return one_hot_vec
```

一旦进入主训练 for 循环，我们会用随机初始化的当前状态向量运行神经网络模型——返回的是一个向量，该向量表示模型对每个可能动作的猜测值。模型没有经过训练，因此会输出一堆随机值。

我们将对模型的输出运行 softmax 函数，以生成动作的概率分布，然后使用环境的 choose_arm 函数选择一个动作。choose_arm 函数将返回执行该动作所生成的奖励，还会更新环境的当前状态。我们将把奖励（一个非负整数）转换成一个独热编码向量，并将其用作训练数据，然后根据向模型提供的状态，利用该奖励向量运行一个反向传播步骤。由于我们以神经网络模型作为动作-价值函数，因此不再有任何形式的用于存储"记忆"的动作-价值数组——所有内容被编码到神经网络的权重参数中。代码清单 2.10 展示了主训练 for 循环。

代码清单 2.10　主训练 for 循环

运行神经网络，以获得　　　　　　　　　　获取环境的当前状态并转换
奖励预测　　　　　　　　　　　　　　　　为 PyTorch 变量

```
def train(env, epochs=5000, learning_rate=1e-2):
    cur_state = torch.Tensor(one_hot(arms,env.get_state()))
    optimizer = torch.optim.Adam(model.parameters(), lr=learning_rate)
    rewards = []
    for i in range(epochs):
        y_pred = model(cur_state)
```

```
av_softmax = softmax(y_pred.data.numpy(), tau=2.0)
av_softmax /= av_softmax.sum()
choice = np.random.choice(arms, p=av_softmax)
cur_reward = env.choose_arm(choice)
one_hot_reward = y_pred.data.numpy().copy()
one_hot_reward[choice] = cur_reward
reward = torch.Tensor(one_hot_reward)
rewards.append(cur_reward)
loss = loss_fn(y_pred, reward)
optimizer.zero_grad()
loss.backward()
optimizer.step()
cur_state = torch.Tensor(one_hot(arms,env.get_state()))
return np.array(rewards)
```

用softmax将奖励预测转换为概率分布

随机选择新的动作

采取行动，接收奖励

更新 one_hot_reward 数组，用作标记的训练数据

更新当前环境状态

对分布进行正态化，确保和为1

将 PyTorch 张量数据转换为 NumPy 数组

运行上述代码。当训练该网络达 5000 个轮次时，我们可以绘制出随训练次数增加而得到的奖励的移动平均值（见图 2.11，我们省略了生成该图的代码）。这个神经网络确实能够很好地理解上下文老虎机的状态、动作和奖励之间的关系。每个轮次的最大奖励均为 10，平均奖励接近8.5，这接近于这个老虎机的数学优化结果。我们的第一个深度强化学习算法可以运行了！虽然这不是一个层次非常深的网络，但是仍然值得高兴！

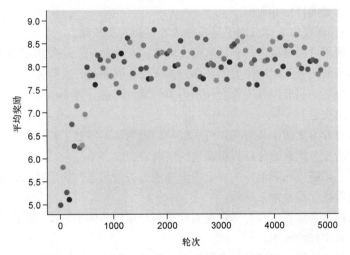

图 2.11　上下文老虎机模拟器平均奖励的训练，该模拟器使用一个两层神经网络作为其动作-价值函数。平均奖励在训练期间迅速增加，表明神经网络正在成功地学习

2.6　马尔可夫性质

在上下文老虎机问题中，神经网络引导我们在不参考任何先验状态的情况下选择给定状态下

的最佳动作。我们只需向其提供当前状态，神经网络就会为每个可能的动作产生期望的奖励。在强化学习中，这种重要的特性称为**马尔可夫性质**（Markov property）。我们把具有马尔可夫性质的游戏（或任何控制任务）称为**马尔可夫决策过程**（Markov Decision Process，MDP）。在 MDP 中，当前状态本身就包含了足够的信息来选择最优动作，以最大化未来奖励。将控制任务建模为 MDP 是强化学习的一个关键步骤。

MDP 极大地简化了强化学习问题，因为我们不需要考虑所有之前的状态或动作——不需要记忆，只需要分析当前情况。因此，我们总是想方设法将一个问题建模为（至少近似）一个马尔可夫决策过程。纸牌游戏"黑杰克"（也称为 21 点）就可以视为一个 MDP，因为只需知道当前状态（我们有什么牌，以及庄家的一张明牌），就可以成功地玩该游戏。

为了检验你对马尔可夫性质的理解，请考虑下列每个控制问题或决策任务，看看它是否具有马尔可夫性质。

- 驾驶汽车。
- 决定是否投资一只股票。
- 为病人选择一种治疗方案。
- 为病人诊断疾病。
- 预测足球比赛中哪个队会获胜。
- 选择到达某个目的地的最短路径（距离）。
- 用枪瞄准远处的目标并射击。

让我们看一下你做得怎么样。以下是我们的答案和简要解释。

- 驾驶汽车通常可以被认为具有马尔可夫性质，因为你不必知道 10 分钟前发生了什么，只需要知道当前所有东西的位置以及你想去哪里，就能很好地驾驶汽车。
- 决定是否投资一只股票并不符合马尔可夫性质的标准，因为你需要知道该股票过去的表现才能做出决定。
- 选择一种治疗方案似乎具有马尔可夫性质，因为你不需要了解一个人的生平就可以选择一种好的治疗方案来治疗目前折磨他的疾病。
- 相比之下，**诊断**（而非治疗）肯定需要知道过去的状态。为了做出诊断，了解病人症状的历史过程往往是非常重要的。
- 预测哪支球队会赢并不具有马尔可夫性质，与股票的例子一样，你需要知道球队过去的表现才能做出好的预测。
- 选择到达目的地的最短路径具有马尔可夫性质，因为你只需要知道不同路线到目的地的距离，并不依赖于昨天发生的事情。
- 用枪瞄准远处的目标并射击也具有马尔可夫性质，因为你只需要知道目标在哪里，可能还需要知道当前情况，例如风速和枪的具体情况，但是不需要知道昨天的风速。

我们希望你能意识到，对于其中的一些例子，你可以认同或不认同它具有马尔可夫性质。例如，在为病人诊断疾病的例子中，你可能需要知道他们最近的症状历史，但如果这些信息已保存在他们的就诊记录中，并且将完整的就诊记录作为当前状态时，就能有效地引入马尔可夫性质。记住这一点很重要：很多问题**原本**可能不具有马尔可夫性质，但通常可以通过向状态中插入更多信息来使其具有马尔可夫性质。

DeepMind 的深度 Q-learning（或深度 Q 网络）算法仅从原始像素数据和当前得分就学会了玩雅达利游戏。雅达利游戏具有马尔可夫性质吗？未必！在《吃豆人》游戏中，如果状态是当前帧的原始像素数据，就无法知道数块砖之外的敌人是正在接近还是远离我们，这会极大地影响我们选择要采取的动作。这就是为什么 DeepMind 的实现中实际输入的是游戏的最后 4帧，因为它能有效地将一个非 MDP 变成 MDP。通过最后 4 帧，智能体可以掌握所有玩家的方向和速度。

图 2.12 给出了一个轻松而好玩的 MDP 示例，其中用到了目前为止讨论过的所有概念。你可以看到存在一个包含 3 个元素的状态空间 S = {哭泣的宝宝,睡着的宝宝,微笑的宝宝}，以及一个包含两个元素的动作空间 A = {喂食,不喂食}。我们还注明了转移概率，即从一个动作到一个结果状态的概率映射。当然，在现实生活中，**智能体**并不知道转移概率是多少，否则我们就可以直接得到一个环境**模型**。稍后你将了解到，智能体有时可以访问环境模型，有时则不能。在智能体不能访问环境模型的情况下，我们可能想让智能体去学习环境模型（可能只是大概正确的底层模型）。

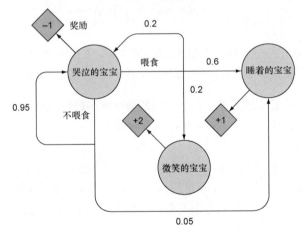

图 2.12　具有 3 个状态和两个动作的简化 MDP 示例。在本示例中，我们针对父母照顾宝宝的决策过程建模。如果宝宝哭泣，我们可以选择是否喂食，这样宝宝会以一定的概率进入一种新的状态，我们会收到一个值为−1、+1 或+2 的奖励（取决于宝宝的满意度）

2.7　预测未来奖励：价值和策略函数

不管你相信与否，实际上我们暗地里在前面的章节中引入了很多知识。我们建立多臂老虎机和上下文老虎机问题解决方案的方式就是标准的强化学习，也就是说，这背后有一大堆行业术语和数学知识支撑。我们引入了一些术语，例如状态和动作空间，但大多数时候只是以自然语言的方式对它们进行描述。为了让你了解最新的强化学习研究论文，以及确保后续章节不那么冗长，我们觉得有必要先带你熟悉一下行业术语和相关数学知识。

下面我们回顾并正式介绍一下到目前为止所学的内容（见图 2.13）。强化学习算法本质上构造了一个在环境中活动的**智能体**。**环境**通常是一种游戏，但普遍来说是任何产生状态、动作和奖励的过程。智能体可以访问当前的环境状态，即特定时间点上关于环境的所有数据 $s_t \in S$。利用状态信息，智能体会采取动作 $a_t \in A$，从而可能确定性地或概率性地将环境变成一个新状态 s_{t+1}。

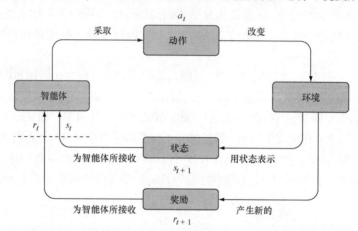

图 2.13　强化学习算法的一般过程。环境产生状态和奖励。在给定的状态 s_t 和时间 t 下，智能体采取动作 a_t 并获得奖励 r_t。智能体的目标是通过学习采取给定状态下的最佳动作来最大化奖励

通过采取动作将一种状态映射到一种新状态的概率称为**转移概率**（transition probability）。智能体会收到一个奖励 r_t，因为它在状态 s_t 中采取了动作 a_t，并产生了一个新状态 s_{t+1}。我们知道，智能体（强化学习算法）的最终目标是最大化它的奖励。实际上，真正产生奖励的是状态转换 $s_t \to s_{t+1}$，而不是动作本身，因为动作可能会以一定概率产生糟糕的状态。如果你处于一个动作电影中（没有双关语义），并从一个屋顶跳到另一个屋顶，那么你可能优雅地落在屋顶上，也可能没跳过去并跌落——真正重要的是你的安全（两种可能的结果状态），而不是你的跳跃（动作）。

2.7.1　策略函数

究竟如何利用当前的状态信息来决定采取什么动作呢？这就是关键概念**价值函数**（value function）和**策略函数**（policy function）发挥作用的地方，对此我们已经有了一些经验。首先，我们来解决策略问题。

总的来说，策略 π 是指智能体在环境中的策略。例如，在 21 点游戏中，庄家的策略就是一直拿牌，直到点数达到 17 或更多，这是一个简单的固定策略。在多臂老虎机问题中，我们的策略是 ε 贪婪策略。一般来说，策略是一个函数，可以将一个状态映射到该状态下一系列可能动作的概率分布上，如表 2.5 所示。

表 2.5　策略函数

数学公式	说明
$\pi, s \to Pr(A\|s)$，其中 $s \in S$	策略 π 是从状态到（概率性地）最佳动作的映射

在数学符号中，s 是一个状态，$Pr(A\|s)$ 是在给定状态 s 下一组动作 a 的概率分布，该分布中每个动作的概率是该动作产生最大奖励的概率。

2.7.2　最优策略

策略是强化学习算法的一部分，它根据当前状态来选择动作，然后就可以制订出**最优策略**（optimal policy），也就是使奖励最大化的策略，如表 2.6 所示。

表 2.6　最优策略

数学公式	说明
$\pi^*=\text{argmax } E(R\|\pi)$	如果知道执行任何可能的策略 π 的期望奖励，那么最优策略 π^* 就是执行时可能产生最高奖励的策略

记住，一个特定的策略就是一个映射或函数，所以有各种可能的策略，而最优策略就是将 argmax（选择最大值）作为函数作用在这些可能的策略上时产生的期望奖励。

再强调一下，强化学习算法（智能体）的整体目标是选择能够带来最大期望奖励的动作。有如下两种方法来训练智能体做到这一点。

- **直接方法**：可以直接教智能体学习在所处状态下哪个动作是最好的。
- **间接方法**：可以教智能体学习哪些状态是最有价值的，然后采取能够导致最有价值状态的动作。

间接方法让我们想到了价值函数的概念。

2.7.3　价值函数

价值函数是将状态或状态-动作对映射到处于某种状态或在某种状态下采取某种动作的**期望值**（期望奖励）的函数。你可能会从统计学的角度意识到，期望奖励仅仅是处于某种状态或采取某个动作后获得的长期平均奖励。当提到价值函数时，我们通常指的是状态-价值函数，如表 2.7 所示。

表 2.7　状态-价值函数

数学公式	说明
$V_\pi: s \to E(R\|s, \pi)$	价值函数 V_π 是一个将状态 s 映射到期望奖励的函数（假设从状态 s 开始并遵循某个策略 π）

该函数接收一个状态 s，返回始于该状态并根据策略 π 采取动作时的期望奖励。价值函数依赖于策略的原因可能并不是很明显。在上下文老虎机问题中，如果我们的策略是完全随机地选择动作（从均匀分布中抽样动作），那么状态的价值（期望奖励）可能会非常低，因为并没有选择最佳的可能动作。相反，我们希望使用这样的策略：它选择的动作并不服从均匀分布，而是服从会产生最大奖励的概率分布。也就是说，策略决定了观察到的奖励，而价值函数反映了观察到的奖励。

在多臂老虎机问题中，我们介绍了状态-动作-价值函数，这些函数通常称为 **Q 函数**或 **Q 值**（见表 2.8），这就是深度 Q 网络的来源，因为在第 3 章中你将看到，深度学习算法可以作为 Q 函数。

表 2.8　Q 函数

数学公式	说明
$Q_\pi : (s|a) \rightarrow E(R|a, s, \pi)$	Q_π 是一个函数，它将状态 s 和动作 a 组合的 (s, a) 对映射到通过策略 π 在状态 s 中采取动作 a 所获得的期望奖励

事实上，我们差不多实现了一个可以解决上下文老虎机问题（尽管这只是一个很浅的神经网络）的深度 Q 网络，因为它本质上是作为 Q 函数来用的。我们对其进行训练，使其准确估计在给定状态下采取动作的期望奖励。此外，我们的策略函数是作用于神经网络输出上的 `softmax` 函数。

通过多臂老虎机和上下文老虎机的例子，我们介绍了强化学习中的很多基本概念。在本章中，我们还介绍了深度强化学习的相关内容。接下来，我们将在第 3 章实现一个成熟的深度 Q 网络——类似于 DeepMind 以超越人类的水平玩雅达利游戏的算法。

小结

- 状态空间是系统可能处于的所有可能状态的集合。在国际象棋中，状态空间就是所有有效棋盘配置的集合。动作是一个将状态 s 映射到新状态 s' 的函数。动作可能是随机的，这样它会将一个状态 s 概率性地映射到一个新的状态 s'，新状态的选择可能服从某种概率分布。动作空间是特定状态下所有可能动作的集合。

- 环境是状态、动作和奖励的源头。如果我们构建一个玩游戏的强化学习算法，那么游戏就是环境。环境模型就是状态空间、动作空间和转移概率的近似。

- 奖励是由环境产生的"信号"，用于表明在给定状态下采取一个动作的相对成功程度。期望奖励是一个非正式地表示某个随机变量 X（在我们的例子中是奖励）长期平均值（以 $E[X]$ 表示）的统计概念。例如，在多臂老虎机例子中，$E[R|a]$（给定动作 a 的期望奖励）是采取各个动作的长期平均奖励。如果知道动作 a 的概率分布，那么对于一个 N 轮的游戏，我们就可以用 $E[R|a_i] = \sum_{i=1}^{N} a_i p_i \, r$ 来计算期望奖励的精确值，其中 N 表示游戏的轮次，p_i 表示动作 a_i 的概率，r 表示可能的最大奖励。

- 智能体是一个强化学习算法，能够在给定环境中学习最优表现，通常被实现为一个深度神经网络，其目标是最大化期望奖励，或者说趋向具有最高价值的状态。

- 策略是一种特定的对策。形式上，它是一个函数，要么接收一个状态并产生一个动作，要么产生一个给定状态下的动作空间的概率分布。一种常见的策略是 ε 贪婪策略，其中在状态空间中以概率 ε 随机抽取一个动作，而以概率 $1-\varepsilon$ 选择目前为止最佳的动作。

- 一般来说，价值函数是任何在给定某个相关数据时返回期望奖励的函数。在没有其他上下文时，它通常表示一个状态-价值函数。该函数接收一个状态，并返回一个始于该状态并根据某个策略执行动作的期望奖励。Q 值是给定状态-动作对时的期望奖励，而 Q 函数是一个产生给定状态-动作对时的 Q 值的函数。

- 马尔可夫决策过程是一种制订决策的过程，可用于在不参考历史状态的情况下做出最好的决策。

第 3 章　预测最佳状态和动作：深度 Q 网络

本章主要内容

■ 将 Q 函数实现为神经网络。

■ 使用 PyTorch 构建一个玩 Gridworld 游戏的深度 Q 网络。

■ 利用经验回放对抗灾难性遗忘。

■ 利用目标网络提高学习稳定性。

在本章中，我们会从深度强化学习革命的起点讲起：DeepMind 的深度 Q 网络，它学会了玩雅达利游戏。目前我们还不会用雅达利游戏作为测试平台，但将创建与 DeepMind 几乎相同的系统。我们会用一款名为"Gridworld"的简单控制台游戏作为环境。

Gridworld 实际上是一系列类似的游戏，它们通常都包含一个带有玩家（或智能体）的网格面板、一个目标贴图（"目标"），以及一个或更多表示界限或给出负向/正向奖励的特殊贴图。玩家可以向上、向下、向左或向右移动，最后到达目标，获得一个正向奖励。玩家不仅要到达目标，还要走最短的路径，可能还需要避开各种障碍。

3.1　*Q* 函数

我们会用到一个非常简单的 Gridworld 引擎——保存在本书的 GitHub 仓库第 3 章文件夹中。

图 3.1 中的 Gridworld 游戏展示了本章用到的简单版本的 Gridworld。我们将逐步解决难度更大的游戏变体。我们的初始目标是训练一个深度强化学习智能体，使它在 Gridworld 网格面板上每次都沿着最短路径到达目标。但是，在深入讨论该问题之前，我们先回顾一下第 2 章中的关键术语和概念，因为本章中还将用到它们。

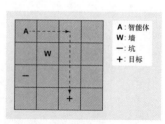

图 3.1　这是一个简单的 Gridworld 游戏。智能体（A）必须沿着最短路径到达目标（+），同时避免掉进坑里（−）

　　状态是智能体收到的用于决定采取什么动作的信息，可以是电子游戏的原始像素、自动驾驶汽车的传感器数据，也可以是 Gridworld 中代表网格上所有对象位置的张量。

　　策略（表示为 π）是智能体在收到一个状态时所遵循的对策。例如，21 点游戏的策略可能是查看手中的牌（状态），然后随机决定拿牌或停牌。虽然这是一个糟糕的策略，但此处要强调的重点是策略决定了要采取什么动作。更好的策略是一直拿牌，直到点数为 19。

　　奖励是智能体在采取动作后得到的反馈，会产生一个新状态。在象棋游戏中，智能体执行一个将军动作将得到+1 奖励，而执行导致自己被将军的动作将得到-1 奖励。由于不知道在其他状态下智能体是否会赢，因此这些情况下都可以得到奖励 0。

　　智能体基于它的策略 π 采取一系列的动作，并重复这个过程直到这一轮次结束，由此得到一系列的状态、动作和对应的奖励，如图 3.2 所示。

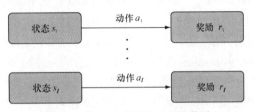

图 3.2　状态、动作和对应的奖励

　　我们把从起始状态 s_1 开始遵循某个策略得到的奖励的加权和称为状态-价值，用价值函数 $V_\pi(s)$ 来表示——该函数接收一个初始状态并返回预期的总奖励。

$$V_\pi(s) = \sum_{i=1}^{t} \omega_i r_i = \omega_1 r_1 + \omega_2 r_2 + \cdots + \omega_t r_t$$

其中，系数 ω_1、ω_2 等是在求和之前赋予奖励的权重。例如，我们通常希望赋予近期奖励比未来奖励更大的权重。这个加权和是一个期望值，它是很多量化领域常见的统计量，通常简明地表示为 $E[R|\pi,s]$，读作"给定策略 π 和起始状态 s 下的期望奖励"。类似地，还有一个动作-价值函数 $Q_\pi(s,a)$，用于接收一个状态 s 和一个动作 a，并返回在该状态下采取该动作的值，即 $E[R|\pi,s,a]$。一些强化学习算法或实现将使用二者之一。

　　重要的是，如果将算法基于学习状态-价值（而非动作-价值），那么必须记住状态-价值完全取决于策略 π。以 21 点为例，如果处于点数为 20 的状态，那么我们有两种可能的动作（拿牌或停牌），只有当策略说要停牌时，这个状态的价值才会高。如果点数为 20 时策略说要拿牌，那么我们很可能会失败并输掉比赛，所以那个状态的价值就会很低。换句话说，一个状态的价值实际上就是该状态下所采取的最佳动作的价值。

3.2　Q-learning 导航

　　2013 年，DeepMind 发表了一篇题为"Playing Atari with Deep Reinforcement Learning"的论

文，描述了他们如何通过修改旧算法来实现性能的提升——其在 7 个雅达利 2600 游戏的 6 个中超过了之前所有的方法。关键在于，这篇论文中所用的算法仅依赖于对游戏原始像素数据的分析，就像人类玩家一样。这篇论文真正引爆了深度强化学习领域。

他们修改的旧算法名为 Q-learning，该算法已经存在了几十年。为什么花费这么短的时间就能取得如此显著的进展？这很大程度上源于几年前人工神经网络（深度学习）因使用 GPU（允许训练更庞大的网络）而得到了普遍提升。不过，这要归功于 DeepMind 为解决强化学习算法难以处理的一些其他问题而实现的特定新功能，也就是本章将涵盖的内容。

3.2.1　Q-learning 是什么

你可能会问，什么是 Q-learning。如果你觉得它与前面描述的动作-价值函数 $Q_\pi(s, a)$ 有关，那么你猜对了，不过这仅仅是其内涵的一小部分。虽然学习最优动作-价值的方法有很多，但 Q-learning 是其中的一种特别方法。也就是说，价值函数和动作-价值函数是会在很多地方出现的强化学习中的一般概念，而 Q-learning 则是使用这些概念的一种特别方法。

在第 2 章中创建神经网络来优化广告投放问题时，我们差不多已经实现了一个 Q-learning 算法。Q-learning 的主要思想是，算法预测一个状态-动作对的值，然后将该预测值与稍后观察到的累积奖励进行比较并更新算法的参数，以便下次做出更好的预测。这基本上就是我们在第 2 章中所做的，即神经网络预测给定状态下每个动作的期望奖励（值），观察实际奖励，并相应地更新网络。这是更广泛的一类 Q-learning 算法的特殊而简单的实现，通过表 3.1 所示的更新规则描述。

表 3.1　Q-learning 更新规则

	更新后的Q值　　当前的Q值　　　　观察到的奖励　　　　所有动作的最大Q值
数学	$$Q(s_t, a_t) = Q(s_t, a_t) + \alpha[\, r_{t+1} + \gamma \max Q(s_{t+1}, a) - Q(s_t, a_t)]$$ 步长大小　　贴现因子
| 伪代码 | ```
def get_updated_q_value(old_q_value, reward, state, step_size, discount):
    term2 = (reward + discount * max([Q(state, action) for action in
        actions]))
    term2 = term2 - old_q_value
    term2 = step_size * term2
    return (old_q_value + term2)
``` |
| 说明 | 假设从当前状态最优化地玩游戏，那么 t 时刻的 Q 值会被更新为当前预测的 Q 值加上期望值的结果 |
```

3.2.2 应用于 Gridworld 游戏

你已经看到了 Q-learning 的公式。接下来，我们把该公式应用到 Gridworld 游戏上。在本章中，我们从头开始训练一个神经网络，用它来玩一个简单的 Gridworld 游戏。智能体都能访问网格面板，这与人类玩家一样，并没有信息上的优势。此外，算法起初是没有经过训练的，所以它实际上对世界一无所知，也没有关于游戏运作原理的先验信息，我们唯一能为其提供的就是达到目标的奖励。能让算法从一无所知到学会玩游戏，这的确很了不起。

与人类生活在一个似乎是连续时间流中的情况不同，算法存在于一个离散世界中，所以事情发生在每个离散的时间步上。在时间步 1 上，算法将"查看"网格面板，并决定采取什么动作。然后，网格面板将得到更新，等等。

现在，我们将这个过程的细节描述出来。Gridworld 游戏的事件顺序如下所示。

（1）在某个状态（称为 s_t）下开始玩游戏，该状态包含游戏的所有信息。就 Gridworld 游戏这个例子来说，游戏状态表示为一个 4×4×4 的张量。在实现该算法时，我们会更详细地讨论网格面板的特定细节。

（2）将 s_t 数据和一个候选动作输入深度神经网络（或其他复杂的机器学习算法），它会预测在该状态下采取该动作的价值（见图 3.3）。

图 3.3　Q 函数可以是任何接收一个状态和动作并返回在该状态下
采取该动作时产生价值（期望奖励）的函数

记住，算法并不是预测采取特定动作后获得的奖励，而是预测期望值（期望奖励），即在一个状态下采取动作并继续按照策略 π 进行时所获得的长期平均奖励。我们可以对几个（也可能是所有）该状态下可能的动作执行该操作。

（3）采取一个动作，这里可能采取神经网络预测的具有最高价值的动作，也可能采取一个随机动作。我们将该动作标记为 a_t。现在，我们处于游戏的一个新状态（称为 s_{t+1}），并得到或观察到一个奖励（以 r_{t+1} 标记）。我们想更新该学习算法，以反映采取预测的最佳动作后得到的实际奖励——也许会得到一个负向奖励，也许会得到一个非常大的正向奖励，以便我们据此提高算法预测的准确性（见图 3.4）。

（4）用 s_{t+1} 作为输入来运行算法，并找出算法预测的哪个动作具有最高价值，并称这个值为 $Q(s_{t+1}, a)$。明确地说，这是单一值，它反映了给定新状态和所有可能动作时预测的最高 Q 值。

（5）有了更新算法参数所需的所有数据，我们将使用某个损失函数（例如均方误差）执行一次迭代训练，以减小算法的预测值和目标预测值 $Q(s_t, a_t) + \alpha[r_{t+1} + \gamma \max Q(s_{t+1}, a) - Q(s_t, a_t)]$ 之间的差异。

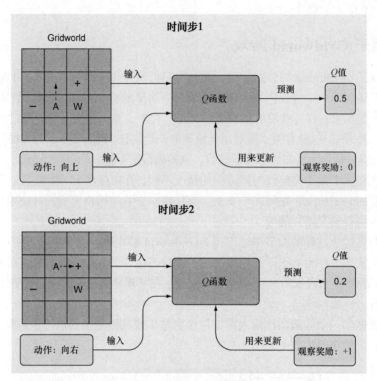

图 3.4 将 Q-learning 应用于 Gridworld 游戏。Q 函数接收一个状态和一个动作，并返回该状态–动作对的期望奖励（值）。采取动作后，我们观察奖励，更新公式，并利用这个观察值来更新 Q 函数，以做出更好的预测

3.2.3 超参数

参数 γ 和 α 称为**超参数**，它们会影响算法的学习方式，但并不参与实际的学习。参数 α 是**学习率**（learning rate），也是用于训练许多机器学习算法的超参数，它控制着我们希望算法从每一步中学习的速度：其值较小意味着算法在每一步中只会进行较小的更新，其值较大则意味着算法可能会进行较大的更新。

3.2.4 贴现因子

参数 γ 称为**贴现因子**（discount factor），是一个介于 0 和 1 之间的变量，控制着智能体在做决策时对未来奖励值的贴现程度。举一个简单的例子，智能体需要做出选择，要么选择一个先导致+0 奖励然后导致+1 奖励的动作，要么选择一个先导致+1 奖励然后导致+0 奖励的动作，如图 3.5 所示。

之前，我们将轨迹的值定义为期望奖励。虽然图 3.4 中的两条轨迹都提供了+1 的整体奖励，但是算法会更喜欢哪个动作序列呢？如何打破僵局？如果贴现因子 γ 小于 1，那么对未来奖励的

贴现要大于对当前奖励的贴现。在这个例子中，尽管两条轨迹都提供了+1 的整体奖励，但动作 b 获得+1 奖励要比动作 a 晚，即对更远的未来动作进行了贴现处理，因此我们会更喜欢动作 a。将动作 b 中的+1 奖励乘一个小于 1 的权重因子，就会让奖励从+1 降低（例如 0.8），所以算法无疑会选择动作 a。

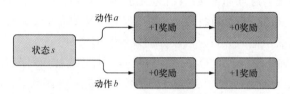

图 3.5 一个选择轨迹的例子，它们最终会获得相同的总奖励，但可能会有
不同的价值，因为较近的奖励通常比较远的奖励更有价值

和强化学习一样，我们在现实生活中也会用到贴现因子。假设有人要么现在给你 100 美元，要么一个月后给你 110 美元，相信大多数人更愿意现在就拿到钱，因为我们会对未来进行一定程度的"贴现"。这是有一定道理的，因为未来是不确定的。（如果要给你钱的人两周后去世了呢？）在现实生活中，你的贴现因子取决于一个月后这个人会给你多少钱，才能让你对选择这种方案而不是现在就得到 100 美元。如果你一个月后收 200 美元而不是现在的 100 美元，那么贴现因子就是 100 美元/200 美元=0.5（每月），这就意味着这个人必须在两个月后给你 400 美元，你才会选择这种方案，而不是现在就得到 100 美元，因为第一个月的贴现因子为 0.5，第二个月的贴现因子还是 0.5，也就是两个月的贴现因子为 $0.5 \times 0.5 = 0.25$，$100 = 0.25x$，所以 $x = 400$。也许你会发现贴现模式是时间上的指数形式。贴现因子为 $\gamma([0,1])$ 时，某物在 t 时刻的值为 γ^t。

贴现因子的值必须在 0 和 1 之间，并且不应该设置它刚好等于 1，因为如果根本不贴现，那么将不得不考虑遥遥无期的未来奖励，而实际上这是不可能的。即使将贴现因子设置为 0.99999，最终也会有一个时间点，超过该时间点，我们就不再考虑任何数据，因为它将贴现为 0。

Q-learning 会面临同样的决策：在学习预测 Q 值时，需要考虑多少个未来的观察奖励？这个问题没有明确的答案，也没有设置任何可以控制的超参数。我们只能尝试一下，然后根据经验查看哪种方法最有效。

需要指出的是，大多数游戏是**情景式**（episodic）的，这意味着在游戏结束之前有很多次机会采取动作，许多游戏（例如象棋）除输或赢之外不会自然分配得分。因此，这些游戏中的奖励信号很稀疏，导致基于试错法很难可靠地学习任何东西，因为它需要频繁地使用奖励。

在 Gridworld 游戏中，我们将这样设计："未获胜的移动都会获得-1 奖励，获胜的移动将获得+10 奖励，失败的移动将获得-10 奖励"。只有在游戏的最后一步，算法才会说："啊哈！现在我明白了！"在 Gridworld 游戏的每一轮次中，玩家都可以用相当少的步数获胜，所以奖励稀疏的问题并不是太糟糕，但在其他游戏中，这是一个非常严重的问题，即使是最先进的强化学习算法，也无法达到人类水平。解决这一问题的一种方法是，不再依赖最大化期望奖励的目标，而是指导算法去做好奇心驱动的探索（见第 8 章），以了解环境。

3.2.5　构建网络

在本节中，我们深入探讨如何为这个游戏构建深度学习算法。回想一下，神经网络有着特定的架构或网络拓扑。当构建一个神经网络时，我们必须确定它应该有多少层，每一层有多少个参数（层的"宽度"），以及各层如何连接。Gridworld 游戏非常简单，因此我们不需要创建任何复杂的东西。利用典型的 ReLU 激活函数，我们使用仅有几层的简单前馈神经网络就能成功，唯一需要仔细考虑的是如何表示输入数据，以及如何表示输出层。

首先，我们将介绍输出层。在对 Q-learning 的讨论中，我们说 Q 函数是一个接收某个状态和某个动作并计算这一状态-动作对的值 $Q(s,a)$ 的函数，这就是 Q 函数最初的定义。正如我们在第 2 章提到的，还存在一个状态-价值函数，通常以 $V_\pi(s)$ 表示，它会在假设你遵循某个特定策略 π 的情况下计算某个状态的值。

一般来说，我们之所以想使用 Q 函数，是因为它可以告诉我们在某种状态下采取一个动作的价值，让我们可以据此采取具有最高预测值的动作。但是，单独计算每个可能动作在给定状态下的 Q 值则相当浪费，尽管 Q 函数最初是以这种方式定义的。一种更高效的过程，就是 DeepMind 在对深度 Q-learning 的实现中所采用的方式：将 Q 函数彻底修改成一个向量–值函数，这意味着将为某个给定状态下的所有动作计算 Q 值并返回所有 Q 值组成的向量，而非为单个状态-动作加以计算并返回单个 Q 值。所以，我们可以用 $Q_A(s)$ 来表示这个新版本的 Q 函数，其中下标 A 表示所有可能动作的集合（见图 3.6）。

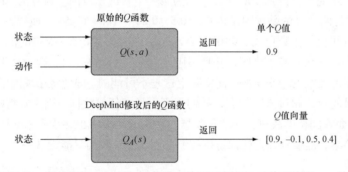

图 3.6　原始的 Q 函数接收一个状态–动作对，并返回该状态-动作对的值——单个 Q 值。DeepMind 使用了一个修改后的向量-值 Q 函数，该函数接收一个状态，并返回一个对应给定输入状态下的所有可能动作的状态-动作-价值的向量。由于只需要为所有动作计算一次函数，因此向量-值 Q 函数更有效

现在，很容易就能使用神经网络作为 $Q_A(s)$ 版本的 Q 函数，最后一层将生成一个 Q 值的输出向量——对应每个可能的动作。在 Gridworld 游戏的例子中，只有 4 个可能的动作（向上、向下、向左和向右移动），因此输出层将生成一些四维向量。然后，我们就可以直接使用神经网络的输出并利用某个动作选择过程来决定采取什么动作，例如简单的 ε 贪婪算法或 Softmax 选择策略。在本章中，我们将像 DeepMind 一样使用 ε 贪婪算法（见图 3.7），不过并非像第 2 章一样使用一

个静态的 ε 值，而是把它初始化为一个较大的值（例如 1，所以开始时将完全随机选择动作），然后慢慢减小它，这样在一定数量的迭代之后，ε 值将稳定在某个较小的值上。通过这种方式，我们将允许算法在开始时进行更多的探索和学习，但之后它就会利用自己学到的东西来实现奖励最大化。我们会设置上述递减过程，以避免算法探索过度或探索不足，但这必须通过经验来检验。

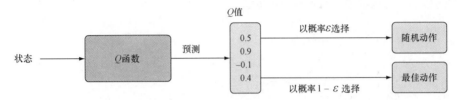

图 3.7　在 ε 贪婪算法中，设置 ε 参数为某个值（例如 0.1），并利用此概率随机选择一个动作（完全忽略预测的 Q 值），或以概率 $1-\varepsilon=0.9$ 选择与最高的预测 Q 值关联的动作。另一种有效的方法是从一个较大的 ε 值（例如 1）开始，然后在训练迭代过程中慢慢减小这个值

我们已经明确了输出层，现在来处理其余部分。在本章中，我们将构建一个只有 3 层的网络，使其宽度分别为 164（输入层）、150（隐藏层）和 4（输出层）。你可以尝试添加更多的隐藏层或调整隐藏层的大小——通过更深的网络，你应该能获得更好的结果。不过，这里选择实现一个相当浅的网络，以便你可以用自己的 CPU 来训练模型。

我们已经讨论了为什么输出层的宽度是 4，但是还没有讨论输入层。不过，在此之前，我们需要介绍要用到的 Gridworld 游戏引擎。

3.2.6　介绍 Gridworld 游戏引擎

在本章的 GitHub 仓库中，你会找到一个名为 Gridworld.py 的文件，请将该文件复制到所要使用的文件夹中。你可以通过运行 from Gridworld import * 来将它导入 Python 会话中。Gridworld 模块包含一些运行 Gridworld 游戏实例的类和辅助函数。要创建一个 Gridworld 游戏实例，需要运行代码清单 3.1 中的代码。

代码清单 3.1　创建一个 Gridworld 游戏实例

```
from Gridworld import Gridworld
game = Gridworld(size=4, mode='static')
```

Gridworld 游戏的网格面板总是正方形的，因此其大小指的是单条边的尺寸——在本例中，我们将创建一个 4×4 的网格。有 3 种方法可以初始化面板：第一种，静态初始化，如代码清单 3.1 所示，这样网格面板上的对象会初始化在相同的预定位置；第二种，设置 mode='player'，这样只有玩家可以初始化在网格面板上的随机位置；第三种，用 mode='random' 来初始化，这样所有对象会随机放置（这种方式对于算法来说比较难学习）。我们最终会用到所有这 3

种方法。

　　既然创建了游戏，就让我们来玩一下。调用 display 方法显示网格面板，调用 makeMove 方法进行移动。移动以单个字母进行编码：u 表示向上，l 表示向左，等等。每移动一步，你就应该查看效果。此外，每次移动后，你需要调用 reward 方法来查看动作的奖励或输出。在 Gridworld 游戏中，每个未获胜的移动都将获得−1 奖励，获胜的移动（达到目标）将获得+10 奖励，失败的移动（落入坑中）将获得−10 奖励。

```
>>> game.display()
array([['+', '-', ' ', 'P'],
       [' ', 'W', ' ', ' '],
       [' ', ' ', ' ', ' '],
       [' ', ' ', ' ', ' ']], dtype='<U2')
>>> game.makeMove('d')
>>> game.makeMove('d')
>>> game.makeMove('l')
>>> game.display()
array([['+', '-', ' ', ' '],
       [' ', 'W', ' ', ' '],
       [' ', ' ', 'P', ' '],
       [' ', ' ', ' ', ' ']], dtype='<U2')
>>> game.reward()
-1
```

　　由于需要将游戏状态输入神经网络中，因此现在我们看一下游戏状态实际上是如何表示的。执行如下命令：

```
>>> game.board.render_np()
array([[[0, 0, 0, 0],
        [0, 0, 0, 0],
        [0, 0, 1, 0],
        [0, 0, 0, 0]],

       [[1, 0, 0, 0],
        [0, 0, 0, 0],
        [0, 0, 0, 0],
        [0, 0, 0, 0]],

       [[0, 1, 0, 0],
        [0, 0, 0, 0],
        [0, 0, 0, 0],
        [0, 0, 0, 0]],

       [[0, 0, 0, 0],
        [0, 1, 0, 0],
        [0, 0, 0, 0],
        [0, 0, 0, 0]]], dtype=uint8)

>>> game.board.render_np().shape
(4, 4, 4)
```

　　状态被表示为一个 4×4×4 的张量，其中第一个维度指的是大小为 4×4 的 4 个矩阵的集合。

你可以将其理解为拥有**高度**和**宽度**的**帧**，每个矩阵是一个由多个 0 和单个 1 组成的 4×4 的网格，其中的每个 1 表示特定对象的位置。每个矩阵编码了 4 个对象中其中一个的位置：玩家、目标、坑和墙。如果将调用 display 方法的结果与游戏状态进行对比，就可以发现第一个矩阵编码了玩家的位置，第二个矩阵编码了目标的位置，第三个矩阵编码了坑的位置，最后一个矩阵编码了墙的位置。

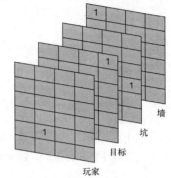

图 3.8 这就是 Gridworld 网格面板表示为 NumPy 数组的方式。它是一个 4×4×4 的张量，由 4×4 网格的 4 个"切片"组成。每个网格切片代表一个单独的对象在网格面板上的位置，并包含单个的 1，而其他元素均为 0，1 的位置表示该切片对象的位置

换句话说，这个 3-张量的第一个维度被分为 4 个单独的网格平面，每个平面代表某个元素的位置。图 3.8 展示了一个例子，其中玩家处于网格位置 (2,2)，目标是 (0,0)，坑是 (0,1)，墙是 (1,1)，而平面表示成 (行，列)，其他元素均为 0。

虽然原则上我们可以创建一个能够操作一个 4×4×4 张量的神经网络，但将它展平成一个 1-张量（一个向量）则更容易。一个 4×4×4 的张量共有 $4^3 = 64$ 个元素，所以神经网络的输入层必须相应地调整尺寸。神经网络必须了解这些数据的含义，以及这些数据是如何与最大化奖励相关联的。记住，算法刚开始绝对一无所知。

3.2.7 构建 Q 函数的神经网络

下面我们构建一个 Q 函数的神经网络。在本书中，我们用 PyTorch 来处理所有深度学习模型，如果你更喜欢其他框架（例如 TensorFlow 或 MXNet），那么迁移模型也相当简单。

图 3.9 展示了所要构建模型的总体架构，图 3.10 以线图形式对其进行了展示。

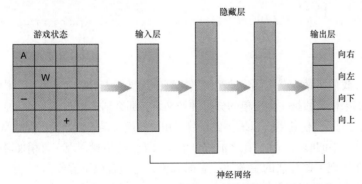

图 3.9 用于玩 Gridworld 游戏的神经网络模型。该模型包含一个可接收长度为 64 的游戏状态向量的输入层、一些隐藏层（我们用到 1 个，但考虑到通用性，这里展示了 2 个）以及一个输出层，它为每个动作生成了一个给定状态下长度为 4 的 Q 值向量

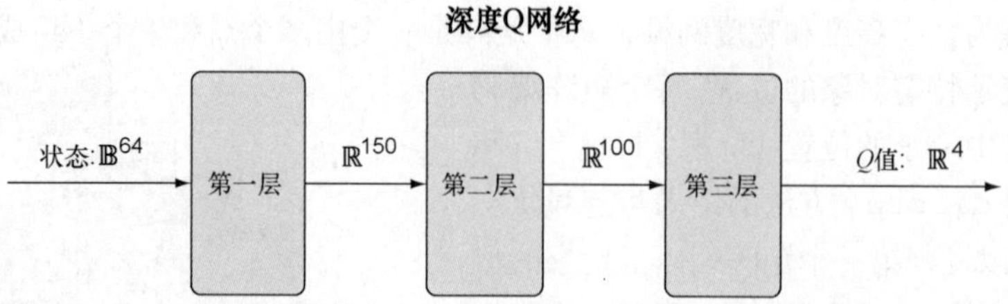

深度Q网络

图 3.10　DQN 线图。输入是一个长度为 64 的布尔向量，输出是一个长度为 4 的实数 Q 值向量

为了用 PyTorch 实现上述模型，我们会用到代码清单 3.2 中的 nn 模块。nn 模块是 PyTorch 的高级接口，类似于 TensorFlow 的 Keras。

代码清单 3.2　神经网络 Q 函数

```
import numpy as np
import torch
from Gridworld import Gridworld
import random
from matplotlib import pylab as plt

l1 = 64
l2 = 150
l3 = 100
l4 = 4

model = torch.nn.Sequential(
    torch.nn.Linear(l1, l2),
    torch.nn.ReLU(),
    torch.nn.Linear(l2, l3),
    torch.nn.ReLU(),
    torch.nn.Linear(l3,l4)
)
loss_fn = torch.nn.MSELoss()
learning_rate = 1e-3
optimizer = torch.optim.Adam(model.parameters(), lr=learning_rate)

gamma = 0.9
epsilon = 1.0
```

到目前为止，我们所做的就是创建神经网络模型、定义损失函数和学习率、构建优化器，以及定义一些参数。如果构建的是一个简单的分类神经网络，那么到这里差不多就完成了。只需设置一个 for 循环来迭代地运行优化器，以最小化与数据相关的模型误差。然而，强化学习则更加复杂，这可能就是你阅读本书的原因。我们在之前部分中介绍了主要步骤，现在再稍加说明一下。

代码清单 3.3 实现了该算法的主循环。总的来说，它包含以下操作。

（1）设置一个执行指定数量轮次的 for 循环。

（2）在循环中，设置一个 while 循环（在游戏进行过程中）。

（3）正向运行 Q 网络。

（4）用一个 ε 贪婪算法实现，所以在 t 时刻会以概率 ε 来选择一个随机动作。另外，以概率 $1-\varepsilon$ 从神经网络中选择最大 Q 值所对应的动作。

（5）采取步骤（4）中所确定的动作 a，并观察新的状态 s' 和奖励 r_{t+1}。

（6）使用 s' 向前运行网络，并存储最大的 Q 值（称之为最大 Q）。

（7）训练网络的目标值为 $r_{t+1}+\gamma\max Q_A(s_{t+1})$，其中 γ 是一个值为 0~1 的参数。如果采取动作 a_t 后游戏结束，就没有合法的 s_{t+1}，所以此时 $\gamma\max Q_A(s_{t+1})$ 无效，为此我们可以将它设置为 0，目标就变成 r_{t+1}。

（8）考虑到有 4 个输出，但我们只希望更新（训练）与刚刚执行动作相关的输出，也就是说，除了将与该动作关联的输出改变成使用 Q-learning 公式计算得到的结果，目标输出向量与第一次运行的输出向量相同。

（9）在该样本上训练模型，然后重复步骤（2）~步骤（9）。

确切来说，当第一次运行我们的神经网络并得到像这样的动作-价值输出时

```
array([[-0.02812552, -0.04649779, -0.08819015, -0.00723661]])
```

一次迭代的目标向量看起来可能会像下面这样：

```
array([[-0.02812552, -0.04649779, 1, -0.00723661]])
```

这里，我们只是将单个条目修改为想要更新的值。

在继续之前，我们还需要在代码中加入另一个细节。Gridworld 游戏引擎的 makeMove 方法需要接收一个字符（例如 u）来进行移动，但 Q-learning 算法只知道如何生成数，所以需要一个从数值键到动作字符的简单映射：

```
action_set = {
    0: 'u',
    1: 'd',
    2: 'l',
    3: 'r',
}
```

下面我们开始编写主训练循环（见代码清单 3.3）。

代码清单 3.3　Q-learning：主训练循环

主训练循环　　　　　　创建一个列表来存　　在每个轮次中，　　创建游戏之后，
　　　　　　　　　　　储损失值，以便稍后　开始一个新游戏　　提取状态信息并
　　epochs = 1000　　绘制趋势图　　　　　　　　　　　　　　添加少量噪声
　　losses = []
  for i in range(epochs):
将 NumPy
数组转换
为 PyTorch
张量，再
转 换 为
PyTorch
变量

```
    game = Gridworld(size=4, mode='static')
    state_ = game.board.render_np().reshape(1,64) \
            + np.random.rand(1,64)/10.0
    state1 = torch.from_numpy(state_).float()
    status = 1
    while(status == 1):
```

用状态变量来跟踪游戏是否仍在进行中

若游戏仍在进行，就一直玩到结束，然后开始一个新的轮次

继续运行 Q 网络，
以获得所有动作
的预测 Q 值

```
qval = model(state1)
qval_ = qval.data.numpy()
if (random.random() < epsilon):          ←── 用ε贪婪算法选择一个动作
    action_ = np.random.randint(0,4)
else:
    action_ = np.argmax(qval_)
```

将数字动
作转换成
Gridworld
游戏所期
望的其中
一个动作
字符

```
action = action_set[action_]
game.makeMove(action)                     ←──── 用ε贪婪算法选择一个动作，然后采取该动作
state2_ = game.board.render_np().reshape(1,64) +
np.random.rand(1,64)/10.0                        采取动作后获得游戏的新
    state2 = torch.from_numpy(state2_).float()    状态
    reward = game.reward()
    with torch.no_grad():
        newQ = model(state2.reshape(1,64))        查找从新状态预测的
    maxQ = torch.max(newQ)                        最大 Q 值
```

计算目标
Q 值

```
    if reward == -1:
        Y = reward + (gamma * maxQ)
    else:
        Y = reward
    Y = torch.Tensor([Y]).detach()               创建 qval 数组的一个副本，然后
    X = qval.squeeze()[action_]            ←──    更新与所采取动作对应的元素
    loss = loss_fn(X, Y)
    optimizer.zero_grad()
    loss.backward()
    losses.append(loss.item())
    optimizer.step()
    state1 = state2                               如果奖励为-1，则表示游戏尚未
    if reward != -1:                       ←──    胜利或失败，仍在进行中
        status = 0
if epsilon > 0.1:                          ←──    每一个轮次中都减小ε的值
    epsilon -= (1/epochs)
```

注意 为什么要向游戏状态中添加噪声？因为这有助于防止"死亡神经元"，使用 ReLU 作为激活函数时就会出现这种情况。实质上，由于游戏状态数组中的大部分元素为 0，而 ReLU 理论上在 0 处不可微分，因此它们并不能与 ReLU 较好地配合。为此，我们添加一点点的噪声，这样状态数组中就没有完全为 0 的值。这也有助于解决**过拟合**（overfitting）问题。过拟合是指模型通过记忆数据中的虚假细节学习，而不是学习数据的抽象特征，最终阻碍在新数据上的泛化。

这里需要注意在计算下一个状态 Q 值时使用的 torch.no_grad 上下文。每当我们利用一些输入运行 PyTorch 模型，它就会隐式地创建一个计算图。每个 PyTorch 张量不仅存储了张量数据，还记录了为了生成它而执行的计算。通过使用 torch.no_grad 上下文，我们告诉 PyTorch 不要在上下文内为代码创建计算图，当不需要计算图时，这样就能够节省内存。当计算 state2 的 Q 值时，我们只是使用 torch.no_grad 上下文作为训练目标。如果没有使用 torch.no_grad 上下文，那么将不会反向传播本应创建的计算图。我们只希望反向传播调用 model(state1) 时创建计算图，因为要训练的是 state1 对应的参数，而不是 state2 对应的参数。

下面是一个线性模型的简单例子：

```
>>> m = torch.Tensor([2.0])
>>> m.requires_grad=True
>>> b = torch.Tensor([1.0])
>>> b.requires_grad=True
>>> def linear_model(x,m,b):
>>>     y = m @ x + b
>>>     return y
>>> y = linear_model(torch.Tensor([4.]), m,b)
>>> y
tensor([9.], grad_fn=<AddBackward0>)
>>> y.grad_fn
<AddBackward0 at 0x128dfb828>
>>> with torch.no_grad():
>>>     y = linear_model(torch.Tensor([4]),m,b)
>>> y
tensor([9.])
>>> y.grad_fn
None
```

我们创建两个可训练的参数 m 和 b——通过将它们的 requires_grad 属性设置为 True 来实现，这意味着 PyTorch 将把这些参数作为计算图中的节点，并将存储它们的计算历史。对于任何使用 m 和 b 创建的新张量（例如本例中的 y），我们也将其 requires_grad 属性设置为 True，即也将记录它们的计算历史。可以看到，当第一次调用线性模型并输出 y 时，它返回一个带有数值结果的张量，并展示一个属性 grad_fn=<AddBackward0>。我们也可以直接通过输出 y.grad_fn 来查看该属性。结果表明这个张量是由名为 AddBackward0 的加法运算创建的，因为它实际上存储了加法函数的"衍生物"。

如果在给定一个输入的情况下调用该函数，那么它会返回两个输出，就像加法的相反操作——加法接收两个输入并返回一个输出。由于加法函数涉及两个变量，因此对这两个变量分别求一个偏导数。$y = a + b$ 对 m 的偏导数是 $\frac{\partial y}{\partial a} = 1$ 和 $\frac{\partial y}{\partial b} = 1$；如果 $y = ab$，那么 $\frac{\partial y}{\partial a} = b$ 和 $\frac{\partial y}{\partial b} = a$。这些是求导的基本规则。当从一个给定节点进行反向传播时，我们需要它返回所有的偏导数，这就是 AddBackward0 梯度函数返回两个输出的原因。

我们可以通过调用 y 上的 backward 方法来验证 PyTorch 确实像预期那样计算梯度：

```
>>> y = linear_model(torch.Tensor([4.]), m,b)
>>> y.backward()
>>> m.grad
tensor([4.])
>>> b.grad
tensor([1.])
```

这就是我们在脑海中或在纸上计算这些简单偏导数时得到的结果。为了有效进行反向传播，PyTorch 会跟踪所有正向计算并存储它们的偏导数，最终在计算图的输出节点上调用 backward 方法时，它将逐个节点反向传播这些梯度函数，直到输入节点。这就是我们得到模型中所有参数的梯度的方式。

注意，我们还会对 Y 张量调用 detach 方法。实际上这是不必要的，因为在计算 newQ 时使用了 torch.no_grad，但我们还是这样做了，这是因为从计算图中分离节点将在本书其余部分中多次出现，而在训练模型时没有正确地分离节点是常见的错误来源。如果调用 loss.backward (X, Y)，其中 Y 与自己包含的可训练参数的计算图进行关联，那么将反向传播到 Y 和 X，从而训练过程将通过更新 X 的计算和 Y 的计算图中的可训练参数来学习最小化损失，然而我们只希望更新 X 的计算图。因此，我们将 Y 节点从图中**分离**出来，这样它就只会作为数据，而不会作为计算图节点。你不需要太仔细地考虑细节，但是确实需要注意实际上是在向图的哪些部分反向传播，并确保没有反向传播到错误的节点。

你可以继续运行训练循环——1000 个轮次足够了，一旦完成，就可以通过绘制损失图来查看训练是否成功以及模型是否收敛。损失值应该随着训练时期或多或少地减小并最终趋于稳定。首个 Q-learning 算法的损失图如图 3.11 所示。

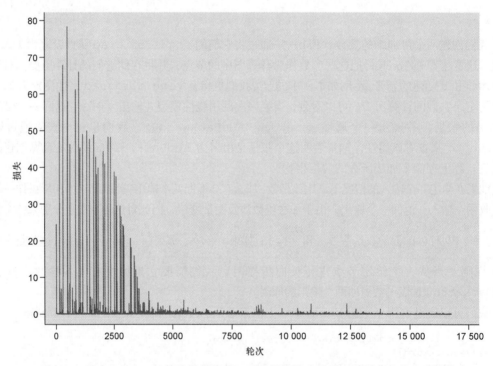

图 3.11 首个 Q-learning 算法的损失图，随着训练轮次的增多呈现明显的下降趋势

损失图相当嘈杂，但它的移动平均（moving average）值明显趋于 0。这样，我们就有信心相信训练工作了，但只有测试之后才能确信这一点。我们在代码清单 3.4 中编写了一个简单的函数，以便能在单个游戏上测试模型。

代码清单 3.4 Q 网络测试结果

```python
def test_model(model, mode='static', display=True):
    i = 0
    test_game = Gridworld(mode=mode)
    state_ = test_game.board.render_np().reshape(1,64) +
     np.random.rand(1,64)/10.0
    state = torch.from_numpy(state_).float()
    if display:
        print("Initial State:")
        print(test_game.display())
    status = 1
    while(status == 1):                               游戏进行期间
        qval = model(state)
        qval_ = qval.data.numpy()                     采取 Q 值最高的动作
        action_ = np.argmax(qval_)
        action = action_set[action_]
        if display:
            print('Move #: %s; Taking action: %s' % (i, action))
        test_game.makeMove(action)
        state_ = test_game.board.render_np().reshape(1,64) +
     np.random.rand(1,64)/10.0
        state = torch.from_numpy(state_).float()
        if display:
            print(test_game.display())
        reward = test_game.reward()
        if reward != -1:
            if reward > 0:
                status = 2
                if display:
                    print("Game won! Reward: %s" % (reward,))
            else:
                status = 0
                if display:
                    print("Game LOST. Reward: %s" % (reward,))
        i += 1
        if (i > 15):
            if display:
                print("Game lost; too many moves.")
            break
    win = True if status == 2 else False
    return win
```

测试函数本质上与训练循环中的代码相同，它不做任何损失计算或反向传播，只是正向运行网络来获得预测值。我们看看它是否学会了玩 Gridworld 游戏！

```
>>> test_model(model, 'static')
Initial State:
[['+' '-' ' ' 'P']
 [' ' 'W' ' ' ' ']
 [' ' ' ' ' ' ' ']
 [' ' ' ' ' ' ' ']]
Move #: 0; Taking action: d
```

```
     [['+' '-' ' ' ' ' ' ']
      [' ' 'W' ' ' ' ' 'P']
      [' ' ' ' ' ' ' ' ' ']
      [' ' ' ' ' ' ' ' ' ']]
     Move #: 1; Taking action: d
     [['+' '-' ' ' ' ' ' ']
      [' ' 'W' ' ' ' ' ' ']
      [' ' ' ' ' ' ' ' 'P']
      [' ' ' ' ' ' ' ' ' ']]
     Move #: 2; Taking action: l
     [['+' '-' ' ' ' ' ' ']
      [' ' 'W' ' ' ' ' ' ']
      [' ' ' ' ' ' 'P' ' ' ' ']
      [' ' ' ' ' ' ' ' ' ']]
     Move #: 3; Taking action: l
     [['+' '-' ' ' ' ' ' ']
      [' ' 'W' ' ' ' ' ' ']
      [' ' 'P' ' ' ' ' ' ']
      [' ' ' ' ' ' ' ' ' ']]
     Move #: 4; Taking action: l
     [['+' '-' ' ' ' ' ' ']
      [' ' 'W' ' ' ' ' ' ']
      ['P' ' ' ' ' ' ' ' ']
      [' ' ' ' ' ' ' ' ' ']]
     Move #: 5; Taking action: u
     [['+' '-' ' ' ' ' ' ']
      ['P' 'W' ' ' ' ' ' ']
      [' ' ' ' ' ' ' ' ' ']
      [' ' ' ' ' ' ' ' ' ']]
     Move #: 6; Taking action: u
     [['+' '-' ' ' ' ' ' ']
      [' ' 'W' ' ' ' ' ' ']
      [' ' ' ' ' ' ' ' ' ']
      [' ' ' ' ' ' ' ' ' ']]
     Reward: 10
```

请为 Gridworld 游戏玩家热烈鼓掌！Gridworld 游戏玩家显然知道自己在做什么——它直奔目标而去了！

但不要太激动，这只是游戏的静态版本，非常简单。如果以参数 mode='random' 来使用测试函数，你会感到些许失望：

```
>>> testModel(model, 'random')
Initial State:
[[' ' '+' ' ' 'P']
 [' ' 'W' ' ' ' ']
 [' ' ' ' ' ' ' ']
 [' ' ' ' ' '-' ' ' ']]
Move #: 0; Taking action: d
[[' ' '+' ' ' ' ']
 [' ' 'W' ' ' 'P']
 [' ' ' ' ' ' ' ']
 [' ' ' ' ' '-' ' ' ']]
Move #: 1; Taking action: d
```

```
[[' ' '+' ' ' ' ']
 [' ' 'W' ' ' ' ']
 [' ' ' ' ' ' 'P']
 [' ' ' ' '_' ' ']]
Move #: 2; Taking action: l
[[' ' '+' ' ' ' ']
 [' ' 'W' ' ' ' ']
 [' ' ' ' 'P' ' ']
 [' ' ' ' '_' ' ']]
Move #: 3; Taking action: l
[[' ' '+' ' ' ' ']
 [' ' 'W' ' ' ' ']
 [' ' 'P' ' ' ' ']
 [' ' ' ' '_' ' ']]
Move #: 4; Taking action: l
[[' ' '+' ' ' ' ']
 [' ' 'W' ' ' ' ']
 ['P' ' ' ' ' ' ']
 [' ' ' ' '_' ' ']]
Move #: 5; Taking action: u
[[' ' '+' ' ' ' ']
 ['P' 'W' ' ' ' ']
 [' ' ' ' ' ' ' ']
 [' ' ' ' '_' ' ']]
Move #: 6; Taking action: u
[['P' '+' ' ' ' ']
 [' ' 'W' ' ' ' ']
 [' ' ' ' ' ' ' ']
 [' ' ' ' '_' ' ']]
Move #: 7; Taking action: d
[[' ' '+' ' ' ' ']
 ['P' 'W' ' ' ' ']
 [' ' ' ' ' ' ' ']
 [' ' ' ' '_' ' ']]

# we omitted the last several moves to save space

Game lost; too many moves.
```

这真的很有趣。仔细看看正在进行的移动。游戏开始时，玩家（智能体）距离目标只有两块砖。如果智能体**真的**知道如何玩游戏，就会通过最短的路径到达目标。但是，智能体开始向下和向左移动，就像在静态游戏模式中一样。看起来模型只是记住了训练时特定的网格面板，而没有进行归纳。

也许我们需要将游戏模式设置为随机来进行训练，然后智能体就会真正学习。那就试一试吧，通过随机模式重新训练它。也许你会比我们幸运，但图 3.12 显示了随机模式下首个 Q-learning 算法的损失图与训练轮次，看起来并不太好。种种迹象表明，随机模式下模型并没有进行任何有效的学习（我们不会展示这些结果，但该模型似乎**确实**学会了如何在"玩家"模式下玩游戏，即只有玩家被随机放置在网格面板上）。

这是一个严重的问题。如果强化学习所能做的仅仅是学习如何记忆或较弱地学习，那么它就没有任何价值。这就是 DeepMind 团队曾面临的一个问题，也是他们解决了的问题。

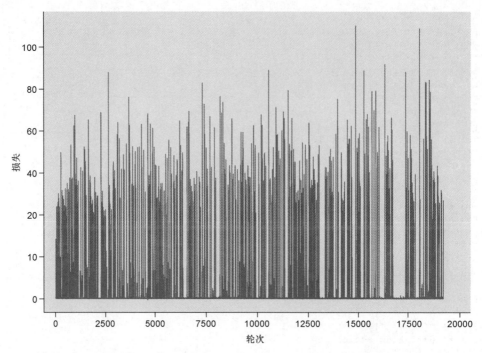

图 3.12   随机模式下首个 Q-learning 的损失图，没有显示出任何收敛的迹象

3.3   防止灾难性遗忘：经验回放

我们正在慢慢提升技能，希望算法能够在难度更大的游戏变体上进行训练，即每个新游戏的所有面板碎片随机放置在网格上。该算法不能像以前那样只记住一系列要执行的步骤，它需要做到无论初始面板的配置是什么，都能以最短路径到达目标（不能落入坑中），为此需要构建一个更复杂的环境表示。

3.3.1   灾难性遗忘

在 3.2 节中，我们尝试以随机模式训练模型时遇到的主要问题有一个名称：**灾难性遗忘**（catastrophic forgetting）。实际上，灾难性遗忘是在线训练中与基于梯度下降的训练方法相关的一个非常重要的问题。**在线训练**就是我们一直在做的事情：在玩游戏时，每次移动后都进行反向传播。

假设算法在图 3.13 中的游戏 1 上进行训练（学习 Q 值）。玩家被放置在坑和目标之间，其中目标在右侧、坑在左侧。玩家使用 ε 贪婪策略进行随机移动，在偶然的步骤中玩家向右移动并达到目标。算法通过更新其权重学会 "这个状态–动作对与一个高值的正向奖励相关联，这样输出将更接近目标值（通过反向传播）"。

现在，游戏 2 已经初始化，玩家再次处于目标和坑之间，但这次目标在**左侧**、坑在右侧。也许对于原始的算法来说，该状态和游戏 1 **看起来**很相似。由于上一次向右移动获得了一个高值的正向奖励，因此玩家会再次选择向右移动，但这一次它会落入坑中并获得-1 奖励。玩家会想："这是怎么回事？根据以前的经验，我认为向右移动是最好的决定。"它会再次进行反向传播来更新其状态-动作对，但由于这个状态-动作对非常类似于上次学到的状态-动作对，因此它可能会覆盖之前学到的权重。

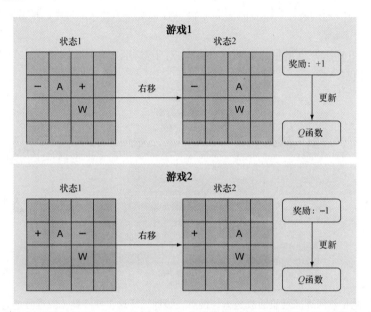

图 3.13　灾难性遗忘的思想是，当两种游戏状态非常相似但会导致截然不同的结果时，Q 函数将感到"困惑"且无法学习该怎么做。在该例子中，发生灾难性遗忘的原因是 Q 函数从游戏 1 中学习到向右移动将获得+1 奖励，但在游戏 2（看起来非常相似）中，向右移动却获得-1 奖励。结果，算法忘记了它之前学到的关于游戏 1 的东西，导致基本上没有获得任何有效的学习

这就是灾难性遗忘的本质。非常相似的状态-动作对（但目标不尽相同）却会产生完全不同的结果，最终导致算法无法正常学习任何东西。通常，在监督学习领域不会有这个问题，因为那里做的是随机批大小学习，直到迭代了训练数据的一些随机子集并计算了各批次的总和或平均梯度后才会更新权重，这样就对目标进行了平均，从而稳定了学习过程。

3.3.2　经验回放

对于静态版本的游戏来说，我们可能不需要担心灾难性遗忘的问题，因为目标总是固定的，而且模型确实成功地学会了如何玩这个游戏。但在随机模式中，我们就需要考虑这一点，这也是需要实现**经验回放**（experience replay）的原因。经验回放基本上可以让我们在在线学习方案中进行批量更新，实现起来也没什么大问题。

经验回放的工作原理（见图 3.14）如下。

（1）在状态 s 下采取动作 a ，观察奖励 r_{t+1} 和新状态 s_{t+1} 。

（2）将其作为一个元组 (s, a, r_{t+1}, s_{t+1}) 存储在一个列表中。

（3）继续将每个经验存储在该列表中，直到将列表填充到特定长度为止（取决于你的定义）。

（4）如果经验回放内存已满，就随机选择一个子集（同样，你需要定义子集的大小）。

（5）遍历子集并计算每个子集的值更新，将其存储在一个目标数组（例如 Y ）中，并存储 X 中每条经验的状态 s 。

（6）使用 X 和 Y 作为小批量进行批量训练。对于数组已满的后续轮次，只需覆盖经验回放内存数组中的旧值。

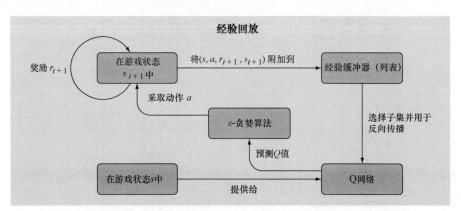

图 3.14 经验回放的工作原理。经验回放是一种缓解在线训练算法主要问题（灾难性遗忘）的方法。其理念是存储过去的经验，然后使用这些经验的随机子集来小批量更新 Q 网络，而非只使用最近的一条经验

因此，除了学习刚刚所采取动作的动作-价值，还需要使用过去经验的随机样本来进行训练，以避免灾难性遗忘问题的出现。

代码清单 3.5 展示了与代码清单 3.4 中相同的训练算法，只是添加了经验回放功能。记住，此次训练的是难度更大的游戏变体，所有的面板碎片随机地放置在网格中。

代码清单 3.5 带经验回放的 DQN

```
from collections import deque
epochs = 5000
losses = []                          设置经验回放
                                     内存的总大小
mem_size = 1000                                           将经验回放创建为
batch_size = 200         ◄──────────── 设置小批量大小    一个 deque 列表
replay = deque(maxlen=mem_size)
max_moves = 50           ◄──────────── 设置游戏结束前的最大移动次数
h = 0
for i in range(epochs):
    game = Gridworld(size=4, mode='random')
    state1_ = game.board.render_np().reshape(1,64) +
```

```
   np.random.rand(1,64)/100.0
state1 = torch.from_numpy(state1_).float()
status = 1
mov = 0
while(status == 1):                          从输入状态计算 Q 值来选择一个动作
    mov += 1
     qval = model(state1)  ◄────────────
    qval_ = qval.data.numpy()             使用ε贪婪策略选择一个动作
    if (random.random() < epsilon):  ◄────────────
        action_ = np.random.randint(0,4)
    else:
        action_ = np.argmax(qval_)
    action = action_set[action_]
    game.makeMove(action)
    state2_ = game.board.render_np().reshape(1,64) +
np.random.rand(1,64)/100.0
    state2 = torch.from_numpy(state2_).float()
    reward = game.reward()                      以元组形式创建一条状态、动
    done = True if reward > 0 else False        作、奖励和下一个状态的经验
    exp = (state1, action_, reward, state2, done)  ◄────────
    replay.append(exp)
    state1 = state2                          如果回放列表长度大于小批量
                                             大小，则开始小批量训练
    if len(replay) > batch_size:  ◄────────────
        minibatch = random.sample(replay, batch_size)
        state1_batch = torch.cat([s1 for (s1,a,r,s2,d) in minibatch])
        action_batch = torch.Tensor([a for (s1,a,r,s2,d) in minibatch])
        reward_batch = torch.Tensor([r for (s1,a,r,s2,d) in minibatch])
        state2_batch = torch.cat([s2 for (s1,a,r,s2,d) in minibatch])
        done_batch = torch.Tensor([d for (s1,a,r,s2,d) in minibatch])

        Q1 = model(state1_batch)  ◄───  重新计算小批量状态的 Q 值，以得到梯度
        with torch.no_grad():
            Q2 = model(state2_batch)  ◄──────  计算下一批状态的 Q 值，但不计算梯度

        Y = reward_batch + gamma * ((1 - done_batch) * torch.max(Q2,dim=1)[0])
        X = \
        Q1.gather(dim=1,index=action_batch.long().unsqueeze(dim=1)).squeeze()
        loss = loss_fn(X, Y.detach())
        optimizer.zero_grad()
        loss.backward()
        losses.append(loss.item())
        optimizer.step()

    if reward != -1 or mov > max_moves:  ◄───  如果游戏结束，则重置状态和移动次数
        status = 0
        mov = 0
losses = np.array(losses)
```

将经验添加到经验回放列表

随机抽样回放列表的子集

将每个经验的组成部分分离成单独的小批量张量

计算想让 DQN 学习的目标Q值

为了存储智能体的经验，我们用了 Python 内置库 collections 中的**双端队列**（deque）数据结构。它本质上是一个可以设置最大尺寸的列表，这样如果尝试向已满的列表追加项目，那么它将删除列表中的第一个项目，并将新项目添加到列表末尾，这意味着新的经验会取代最旧的

经验。经验本身是(状态 1,动作,奖励,状态 2,done)形式的元组，我们会将该元组附加到双端队列 replay 中。

经验回放训练的主要区别在于，如果回放列表已满，则会以小批量数据进行训练。从回放列表中随机选择一个经验子集，并将单独的经验组件分离为 state1_batch、action_batch、reward_batch 和 state2_batch。例如，state1_batch 的维度是 batch_size×64，或者本例中的 100×64。reward_batch 只是一个长度为 100 的整数向量。我们遵循与之前完全在线训练相同的训练公式，但现在处理的是小批量。我们使用张量的 gather 方法通过动作索引获取 Q1 张量（一个 100×4 张量）的子集，这样只选择与实际被选择的动作相关的 Q 值，从而得到一个长度为 100 的向量。

注意，若游戏结束，目标 Q 值 Y=reward_batch+gamma*((1-done_batch)*torch.max(Q2,dim=1)[0]) 使用 done_batch 来设置右侧项为 0。记住，如果游戏在采取某个动作后结束（称之为**结束状态**），就不存在下一个状态可以获取最大 Q 值，所以目标就变成了奖励 r_{t+1}。变量 done 是一个布尔值，但可以把它当作整数 0 或 1 来进行算术运算，所以我们进行 1 - done 运算，如果 done = True，那么 1 - done = 0，此时右侧项就为 0。

鉴于这是一个难度更大的游戏变体，这次我们训练了 5000 个轮次。Q 网络模型的其他方面与之前相同。测试时，该算法似乎能正确地玩大多数游戏。我们还额外编写了一个测试脚本，用于查看它在 1000 次游戏中获胜的概率（见代码清单 3.6）。

代码清单 3.6　测试经验回放的性能

```
max_games = 1000
wins = 0
for i in range(max_games):
    win = test_model(model, mode='random', display=False)
    if win:
        wins += 1
win_perc = float(wins) / float(max_games)
print("Games played: {0}, # of wins: {1}".format(max_games,wins))
print("Win percentage: {}".format(win_perc))
```

在训练过的模型（训练了 5000 个轮次）上运行上述代码时，准确率接近 90%，不过你获得的准确率也许会在 90% 上下波动。显然，这表明它已经学会如何玩这个游戏，但如果算法真的知道它在做什么（虽然你可能通过更长的训练时间来提高准确率），那么上述的准确率显然不是我们期望的结果。一旦真正知道如何玩游戏，算法应该能赢得每一场游戏。

需要注意的是，有些初始化的游戏实际上不可能获胜，所以获胜率可能永远达不到 100%，因为没有逻辑来防止目标落在角落里、卡在墙和坑的后面，从而使得游戏无法获胜。Gridworld 游戏引擎确实可以防止大多数不可能的面板配置，但还是会漏掉一些不可能获胜的情况。这不仅意味着算法不可能赢得每一场游戏，还意味着其学习过程会受到轻微破坏，因为它会尝试遵循通常有效的策略，但却会在一场无法获胜的游戏中失败。我们想维持游戏逻辑的简单性，以便专注于阐述概念，因此不会通过编程实现复杂的逻辑来确保游戏

100%可获胜。

还有一个原因导致了其不能达到95%以上的准确率，如图 3.15 所示。

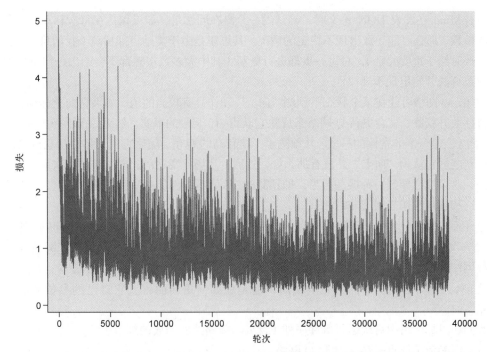

图 3.15　实现经验回放的 DQN 损失图，其中平均损失有明显减小的趋势，但仍然非常嘈杂

在图 3.15 的 DQN 损失图中可以看到，它确实呈下降趋势，但看起来相当不稳定。在监督学习问题中，这种情况较为罕见，但在纯粹的深度强化学习中，这种情况很常见。经验回放机制可通过减少灾难性遗忘来提高训练稳定性，但还存在其他相关的不稳定来源。

3.4　利用目标网络提高稳定性

到目前为止，我们已经能够成功地训练一个深度强化学习算法来学习和玩 Gridworld 游戏，包括确定性的静态初始化版本和稍微复杂一点儿的版本（玩家在每次游戏中被随机放置在网络面板上）。然而，即使算法看起来学会了玩游戏，但很可能它只是记住了所有可能的网络面板配置，因为在一个 4×4 的网络面板上没有那么多种状态。最难的游戏版本是玩家、目标、坑和墙在每一场游戏中都随机初始化，从而使得算法更难以记住这些状态。这应该会促进一些实际的学习，但正如你所看到的，在学习这种游戏变体时还是会遇到一些困难——我们得到了非常嘈杂的损失图。为了解决这个问题，我们将向更新规则添加另一个维度，以更新平滑值。

学习的不稳定性

DeepMind 在发表 DQN 论文时，确认的一个潜在问题是，如果保持在每次移动后都更新 Q 网络的参数，那么可能导致出现不稳定的情况。其思想是由于奖励可能稀疏（我们只会在游戏获胜或失败时给予重要奖励），对每一步都进行更新（其中大多数步骤都不会给出任何重要奖励），可能导致算法开始出现不规律性。

例如，Q 网络可能在某个状态下预测"向上"动作具有较高的值，如果它向上移动且偶然地落在目标上并获胜，就会更新 Q 网络来反映它获得+10 奖励的事实。然而，在下一次游戏中，它认为"向上"是一个非常棒的移动，并预测了一个较高的 Q 值，随后它向上移动却获得-10 奖励，那么更新之后它认为"向上"并没有那么好。然后，几场比赛之后，向上移动再次赢得比赛。可以看到，这可能会导致一种振荡行为，即预测的 Q 值不会稳定在一个合理的值上，而只会不断浮动，这和灾难性遗忘问题非常相似。

这不仅仅是一个理论问题——这是 DeepMind 在自己的训练中观察到的问题。他们设计的解决方案是将 Q 网络复制成两份，每一份拥有自己的模型参数："常规" Q 网络和一个名为**目标网络**（target network，其符号表示为 Q̂ 网络，读作"Q 帽子"）的副本。在开始任何训练之前，目标网络与 Q 网络完全相同，但是就如何更新而言，它自己的参数滞后于常规 Q 网络。

我们在目标网络中再次运行事件序列（此处将省略经验回放的细节）。

（1）以参数（权重）θ_Q 初始化 Q 网络。

（2）初始化目标网络为 Q 网络的副本，但是具有单独的参数 θ_T，并设置 $\theta_T = \theta_Q$。

（3）使用带有 Q 网络 Q 值的 ε 贪婪策略来选择动作 a。

（4）观察奖励 r_{t+1} 和新状态 s_{t+1}。

（5）如果轮次终止（赢得或输掉游戏），那么目标网络的 Q 值将被设置为 r_{t+1}；否则，被设置为 $r_{t+1} + \gamma \max Q_{\theta_T}(s_{t+1})$（注意此处目标网络的使用）。

（6）通过 Q 网络（不是目标网络）反向传播目标网络的 Q 值。

（7）每迭代 C 次，设置 $\theta_T = \theta_Q$（例如，设置目标网络的参数等于 Q 网络的参数）。

注意图 3.16，唯一一次使用目标网络 Q 是为了通过 Q 网络的反向传播计算目标 Q 值。其思想是在每次训练迭代时更新主要的 Q 网络参数，但是我们减小了最近的更新对动作选择的影响，以期提高稳定性。

现在代码变得有些长，其中包含经验回放和一个目标网络，所以我们在本书中只展示一部分代码。

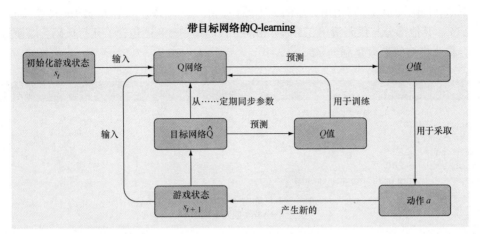

图 3.16 带目标网络的 Q-learning 的总体概览。它是普通 Q-learning 算法的一个相当简单的扩展，除了包含另一个叫作目标网络的 Q 网络，它的预测 Q 值用于反向传播和训练主 Q 网络。目标网络的参数不会被训练，但它们会定期同步 Q 网络的参数，其思想是利用目标网络的 Q 值训练 Q 网络将提高训练的稳定性

除了添加几行增加目标网络功能的代码，代码清单 3.7 与代码清单 3.5 基本相同。

代码清单 3.7　目标网络

```
import copy

model = torch.nn.Sequential(
    torch.nn.Linear(l1, l2),
    torch.nn.ReLU(),
    torch.nn.Linear(l2, l3),
    torch.nn.ReLU(),
    torch.nn.Linear(l3,l4)
)

model2 = model2 = copy.deepcopy(model)    ◁  通过复制原始 Q 网络模型来创建另一个模型
model2.load_state_dict(model.state_dict())    ◁  复制原始模型的参数
sync_freq = 50    ◁  同步频率参数，每 50 步就将
                     model 的参数复制到 model2 中
loss_fn = torch.nn.MSELoss()
learning_rate = 1e-3
optimizer = torch.optim.Adam(model.parameters(), lr=learning_rate)
        ◁  （代码省略）使用与代码清单 3.5 中相同的其他设置
```

目标网络只是主 DQN 的一个滞后副本。每个 PyTorch 模型中都有一个 state_dict 方法，它以字典形式返回模型中的所有参数。我们使用 Python 内置的 copy 模块来复制 PyTorch 模型数据结构，然后对 model2 使用其 load_state_dict 方法，以确保它复制了主 DQN 的参数。

接下来，代码清单 3.8 将给出完整的训练循环，除了在计算下一个状态的最大 Q 值时使用的是 model2，其他部分与代码清单 3.5 基本相同。代码清单 3.8 还包含了几行代码，以便每 50 次迭代都会将主模型的参数复制到 model2 中。

代码清单 3.8　有经验回放和目标网络的 DQN

```
from collections import deque
epochs = 5000
losses = []
mem_size = 1000
batch_size = 200
replay = deque(maxlen=mem_size)
max_moves = 50
h = 0
sync_freq = 500          ←──  设置更新频率，以便将目标
j=0                              模型参数同步到主 DQN
for i in range(epochs):
    game = Gridworld(size=4, mode='random')
    state1_ = game.board.render_np().reshape(1,64) +
     np.random.rand(1,64)/100.0
    state1 = torch.from_numpy(state1_).float()
    status = 1
    mov = 0
    while(status == 1):
        j+=1
        mov += 1
        qval = model(state1)
        qval_ = qval.data.numpy()
        if (random.random() < epsilon):
            action_ = np.random.randint(0,4)
        else:
            action_ = np.argmax(qval_)

        action = action_set[action_]
        game.makeMove(action)
        state2_ = game.board.render_np().reshape(1,64) +
np.random.rand(1,64)/100.0
        state2 = torch.from_numpy(state2_).float()
        reward = game.reward()
        done = True if reward > 0 else False
        exp = (state1, action_, reward, state2, done)
        replay.append(exp)
        state1 = state2

        if len(replay) > batch_size:
            minibatch = random.sample(replay, batch_size)
            state1_batch = torch.cat([s1 for (s1,a,r,s2,d) in minibatch])
            action_batch = torch.Tensor([a for (s1,a,r,s2,d) in minibatch])
            reward_batch = torch.Tensor([r for (s1,a,r,s2,d) in minibatch])
            state2_batch = torch.cat([s2 for (s1,a,r,s2,d) in minibatch])
            done_batch = torch.Tensor([d for (s1,a,r,s2,d) in minibatch])
```

```
            Q1 = model(state1_batch)
            with torch.no_grad():
                Q2 = model2(state2_batch)

            Y = reward_batch + gamma * ((1-done_batch) * \
            torch.max(Q2,dim=1)[0])
            X = Q1.gather(dim=1,index=action_batch.long() \
            .unsqueeze(dim=1)).squeeze()
            loss = loss_fn(X, Y.detach())
            print(i, loss.item())
            clear_output(wait=True)
            optimizer.zero_grad()
            loss.backward()
            losses.append(loss.item())
            optimizer.step()

            if j % sync_freq == 0:
                model2.load_state_dict(model.state_dict())
    if reward != -1 or mov > max_moves:
        status = 0
        mov = 0

losses = np.array(losses)
```

使用目标网络获得下一个
状态的最大 Q 值

将主模型参数复制到目标
网络

在绘制带经验回放的目标网络方法的损失图（见图 3.17）时，我们还是会得到一个嘈杂的损失图，但显然嘈杂程度比较弱且损失具有明显的下降趋势。你应该试着对超参数进行调整，例如经验回放缓冲器的大小、批大小、目标网络更新频率以及学习率——性能对这些超参数非常敏感。

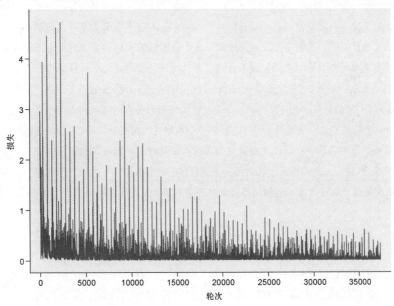

图 3.17 通过加入一个目标网络来稳定训练后的 DQN 损失图。与不包含目标网络相比，其训练收敛速度要快得多，但当目标网络与主 DQN 同步时，有明显的误差峰值

在 1000 场游戏中测试训练过的模型时，与不包含目标网络的训练相比，获胜率提高了 3%。获得的最高准确率大约为 95%，考虑到这种环境的局限性（不可获胜状态的可能性），我们可以认为这可能是能达到的最高准确率。我们仅训练了 5000 个轮次，其中每个轮次都是一次单独的游戏。可能的游戏配置（状态空间大小）数量大约为 $16 \times 15 \times 14 \times 13 = 43680$（智能体在一个 4×4 网格的可能位置有 16 个，对墙来说有 15 个可能的配置，因为智能体和墙在空间中不能重叠，等等），因此只是对可能的启动游戏状态总数量进行 $\frac{5000}{43680} \approx 0.11 = 11\%$ 的采样。如果模型能成功地玩它之前从未见过的游戏，我们就有信心相信它得以进行泛化。如果你在 4×4 的面板上获得了较好的结果，就应该尝试训练智能体在 5×5 或更大的面板上玩游戏，这一点可以通过创建 Gridworld 游戏实例时改变 size 参数来实现。

```
>>> game = Gridworld(size=6, mode='random')
>>> game.display()

array([[' ', '+', ' ', ' ', ' ', ' '],
       [' ', ' ', ' ', ' ', ' ', ' '],
       [' ', ' ', 'W', ' ', ' ', ' '],
       [' ', '-', ' ', ' ', ' ', ' '],
       [' ', ' ', ' ', ' ', 'P', ' '],
       [' ', ' ', ' ', ' ', ' ', ' ']], dtype='<U2')
```

DeepMind 的深度 Q 网络

在本章中，我们基本上创建了 DeepMind 在 2015 年介绍的能够学习并以超越人类水平来玩雅达利游戏的 DQN。DeepMind 的 DQN 使用了 ε 贪婪动作选择策略、经验回放和一个目标网络。当然，我们的实现细节有所不同，因为我们玩的是一款定制的 Gridworld 游戏，而 DeepMind 是在真实电子游戏的原始像素上进行的训练。一个值得注意的区别是，他们实际上将游戏的最后 4 帧图像输入 Q 网络，因为电子游戏的单个帧图像无法提供足够的信息来确定游戏中对象的速度和方向，而这一信息在决定采取何种动作时非常重要。

通过搜索 DeepMind 的论文 "Human-level control through deep reinforcement learning"，读者可以了解更多关于 DeepMind 的 DQN 的细节。值得注意的一点是，他们使用的神经网络架构由两个卷积层和两个全连接层组成，而我们的例子使用了 3 个全连接层。创建包含一个卷积层的模型并利用 Gridworld 游戏对其进行训练是一个有价值的实验。卷积层的一个巨大优势是它们与输入张量的大小无关。例如，若使用一个全连接层，则必须使第一个维度为 64——我们为第一层使用一个 64×164 的参数矩阵。然而，卷积层可以应用于任意长度的输入数据，也就是说，你可以在 4×4 的网格上训练一个模型，并查看它是否能适用于 5×5 或更大的网格上。

3.5　回顾

在本章中，我们讨论了很多内容，并再次"偷偷"讲解了很多强化学习的基础概念。我们本可以在一开始就给你灌输一大堆学术定义，但我们最终没有这样做，而是决定尽可能快地开始编写代码。下面我们来回顾一下已经完成的工作，并补充一些术语。

在本章中，我们介绍了一种特殊的名为 Q-learning 的强化学习算法。Q-learning 本身与深度学习或神经网络无关，它是一种抽象的数学结构，指的是通过学习一个名为 Q 函数的函数来解决控制任务。向 Q 函数提供一个状态（例如一个游戏状态），它会预测在给定输入状态下可能采取的所有可能动作的价值大小，我们将这些预测值称为 Q 值。另外，由你来决定如何处理这些 Q 值。你可能决定采取与最高 Q 值对应的动作（一种贪婪算法），也可能决定采取一个更复杂的选择过程。如你在第 2 章中所学的，你必须平衡探索（尝试新事物）和利用（采取所知的最佳动作）。在本章中，我们使用了标准的 ε 贪婪算法来选择动作，即先采取随机动作进行探索，然后逐步将策略转变为采取最高值的动作。

Q 函数必须从数据中进行学习，它必须学会如何对状态做出准确的 Q 值预测。Q 函数可以是任何东西——既可以是非智能的数据库，也可以是复杂的深度学习算法。由于深度学习是目前最好的学习算法，因此我们使用神经网络作为 Q 函数，这意味着"学习 Q 函数"与训练一个带反向传播的神经网络相同。

到目前为止，我们保留的 Q-learning 的一个重要概念是，它是一种**离线策略**（off-policy）算法，而不是一种**在线策略**（on-policy）算法。你已经从第 2 章了解到"策略是什么"：它是算法用以最大化时间上的奖励的对策。如果一个人正在学习玩 Gridworld 游戏，他可能会采用这样一种策略，即先寻找所有通向目标的可能路径，然后选择最短的那条路径；也可能会采用另一种策略，即随机采取动作，直至到达目标。

像 Q-learning 这样的免策略强化学习算法意味着策略的选择不会影响学习准确 Q 值的能力。事实上，如果随机选择动作，我们的 Q 网络可以学习准确的 Q 值。最终，它将经历多次游戏的输赢，并推断出状态和动作的值。当然，这是非常低效的，但该策略只有在帮助我们用最少的数据进行学习时才有意义。相反，有策略算法将明确依赖于策略的选择，或者直接从数据中学习策略。换句话说，为了训练 DQN，我们需要从环境中收集数据（经验），这一点可以使用任何策略来实现，所以 DQN 是免策略算法。相反，有策略算法学习一个策略，同时使用相同的策略来收集经验，以便训练自己。

到目前为止，我们保留的另一个关键概念是**基于模型**（model-base）的和**无模型**（model-free）的算法。要理解这一点，首先需要理解模型是什么。我们非正式地使用这个术语来指代神经网络，它经常被用来指代任何种类的统计模型，其他的是线性模型或贝叶斯图形模型。在另一种环境下，我们可能会说模型是"现实世界"中事物运作的心理或数学表现。如果完全理解事物的运作原理（它们的组成成分以及它们如何相互作用），那么我们不仅能够解释已经看到的数据，还能够预测尚未看到的数据。

例如，为天气预报建立非常复杂的气候模型，我们需要考虑很多相关的变量，并不断测量现实世界的数据，进而用模型在某种准确程度上预测天气。有一句几乎已成为陈词滥调的统计学咒语，即"所有模型都是错误的，但有些是有用的。"这意味着不可能建立一个 100% 符合现实的模型，总会遗漏一些数据或关系。尽管如此，许多模型还是捕获了我们感兴趣的系统的足够多的真相，而这对解释和预测是相当有用的。

如果我们能构建一个可以理解 Gridworld 工作原理的算法，那么它就会推断出一个 Gridworld 模型，并能够完美地玩该游戏。在 Q-learning 中，我们提供给 Q 网络的所有内容只是一个 NumPy 张量。它没有 Gridworld 的**先验**模型，但仍然能够通过反复试错来学会玩游戏。我们没有向 Q 网络分配理解

Gridworld 工作原理的任务，它唯一的工作就是预测期望奖励。因此，Q-learning 是一种无模型算法。

　　作为算法的人类架构师，我们也许能够将自己的领域知识实现成一个模型来优化问题，然后可以将这个模型提供给一个学习算法，让它找出细节，这将是一种基于模型的算法。例如，大多数国际象棋算法是基于模型的，它们知道国际象棋的规则，知道采取特定的走法会得到什么结果。唯一不知道的（我们期望算法来找到的）是什么顺序的走法会赢得比赛。在有模型的情况下，算法可以制订长期的计划来实现目标。

　　在许多情况下，我们希望采用的算法可以从无模型开始，然后逐渐利用模型进行计划。例如，机器人学习走路，开始时可能通过不断试错进行学习（免模型），但一旦发现走路的基本原理，它就可以推断出其所处环境的模型，然后计划一系列步骤从点 A 走到点 B（基于模型）。在本书后续章节中，我们将继续探索基于策略的、免策略的、基于模型的和免模型的算法。在第 4 章中，我们将研究一种算法，用于构建一个可以近似策略函数的网络。

小结

- **状态空间**是环境可能处于的所有可能状态的集合。状态通常被编码为张量，所以状态空间可能是一个类型为 $\mathbb{R}^n$ 的向量或一个 $\mathbb{R}^{n \times m}$ 的矩阵。

- **动作空间**是给定状态下所有可能动作的集合。例如，象棋游戏的动作空间将是给定某个游戏状态下所有符合规则走法的集合。

- **状态-价值**是在遵循某个策略的情况下某个状态的期望贴现奖励总和。如果一个状态具有较高的状态-价值，就意味着从这个状态出发很可能会带来较高的奖励。

- **动作-价值**是在特定状态下采取某个动作的期望奖励，它是状态-动作对的值。如果知道某个状态下所有可能动作的动作-价值，就可以决定采取具有最高动作-价值的动作，结果将是得到最高的奖励。

- **策略函数**是将状态映射到动作的函数，可用于决定在给定某个输入状态时应该采取哪个动作。

- Q 函数是一个接收状态-动作对并返回动作-价值的函数。

- **Q-learning** 是强化学习的一种形式，其中我们试图对 Q 函数进行建模。换句话说，我们试图学习如何预测给定状态下每个动作的期望奖励。

- **深度 Q 网络**（DQN）只是使用深度学习算法作为 Q-learning 模型的情况。

- **离线策略学习**是指学习一个策略时使用不同的策略来收集数据。

- **在线策略学习**是指在学习一个策略的同时也使用相同的策略来收集学习的数据。

- **灾难性遗忘**是机器学习算法每次用小批量数据进行训练时面临的一个严重问题，学习的新数据会抹去或破坏已经学习的旧信息。

- **经验回放**是一种允许对强化学习算法进行批量训练的机制，以减少灾难性遗忘并提高训练的稳定性。

- **目标网络**是主 DQN 的副本，可用于稳定训练主 DQN 的更新规则。

第 4 章　学习选择最佳策略：策略梯度法

本章主要内容

■ 将策略函数实现成神经网络。

■ 介绍 OpenAI Gym API。

■ 将 REINFORCE 算法应用于 OpenAI 中的 *CartPole* 问题。

在第 3 章中，我们讨论了深度 Q 网络，这是一种用神经网络近似 Q 函数的免策略算法。Q 网络的输出为给定状态下每个动作对应的 Q 值（见图 4.1），其中 Q 值是期望奖励（加权平均值）。

图 4.1　Q 网络接收一个状态并返回每个动作的 Q 值（动作-价值），然后可以使用这些动作-价值来决定采取哪些动作

给定从 Q 网络中得到的预测 Q 值，我们可以使用某种策略来选择要采取的动作。在第 3 章中，我们采用的策略是 ε 贪婪算法，即以概率 ε 随机选择一个动作，而以概率 $1-\varepsilon$ 选择最高的 Q 值对应的动作（根据目前经验，Q 网络预测的最佳动作）。你也可以遵循许多其他策略，例如在 Q 值上使用 Softmax 层。

如果跳过在 DQN 上选择策略，而是训练一个神经网络来直接输出一个动作，会怎么样呢？如果这样做的话，那么神经网络最终会成为一个策略函数或者一个策略网络。记得在第 3 章中，策略函数"π:状态→P(动作 | 状态)"接收一个状态并返回最佳动作。更准确地说，它返回一个动作的概率分布，可供我们从这个分布中抽样选择动作。即使你不熟悉概率分布的概念，也不必担心，因为我们将在本章和整本书中对其进行更多的讨论。

4.1　使用神经网络的策略函数

在本章中，我们将介绍一类算法，这类算法可以近似策略函数 $\pi(s)$，而非价值函数 V_π 或 Q。

也就是说，我们将训练一个网络来输出动作（概率），而非动作-价值。

4.1.1　神经网络作为策略函数

与 Q 网络不同，策略网络可以准确告诉我们在当前状态下应该做什么。我们不需要做进一步的决定，只需要从概率分布 $P(A|S)$ 中随机抽样得到一个要执行的动作（见图 4.2）。由于最有可能带来收益的动作被赋予了最大的概率，因此随机抽样时它将具有最高的选中概率。

图 4.2　策略网络是一个函数，可以接收一个状态并返回可能动作的概率分布

我们可以将概率分布 $P(A|S)$ 想象成一个装满了小纸条的罐子，其中每张纸条上都写有一个动作。在一个包含 4 种可能动作的游戏中，将会有标记 1~4（如果是 Python 中的索引，则为 0~3）标签的纸条。如果策略网络预测动作 2 最有可能获得最高奖励，就会在这个罐子里装很多标记为 2 的纸条，而只装很少标记为 1、3 和 4 的纸条。要选择一个动作，所要做的就是闭上眼睛从罐子里随机抓取一张纸条。我们最有可能选中动作 2，但有时也会选中另一个动作，这就给了我们探索的机会。以此类推，每次环境状态发生变化时，状态都被提交给策略网络，后者则利用该状态将一组新标记的纸条装满罐子。这些纸条代表不同比例的动作，可供我们从罐子里随机选择。

这类算法称为策略梯度法（policy gradient method），它与 DQN 算法有几个显著的区别。我们将在本章探讨这些区别。与 DQN 这类值预测算法相比，策略梯度法存在一些优势。正如我们在前面讨论的，其中一个优势就是不必担心设计像 ε 贪婪那样的动作选择策略，而是直接从策略中抽样动作。我们花了很多时间来构想提高 DQN 训练稳定性的方法——必须使用经验回放和目标网络，在学术文献中还有许多可用的其他方法。策略网络往往能简化其中的一些复杂性。

4.1.2　随机策略梯度

策略梯度法有许多不同的种类。我们先介绍随机策略梯度（stochastic policy gradient）法（见图 4.3）。在随机策略梯度法中，神经网络的输出是一个代表概率分布的动作向量。

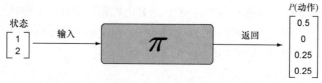

图 4.3　随机策略梯度法。策略函数接收一个状态并返回动作的概率分布。之所以说"随机"，是因为返回的是动作的概率分布，而不是确定的单一动作

我们要遵循的策略是从这个概率分布中选择一个动作。这意味着，即使智能体两次处于相同的状态，也有可能采取不同的动作。在图 4.3 中，我们向函数输入一个状态$(1,2)$，输出是一个对应于每个动作的概率向量。例如，如果这是一个 Gridworld 智能体，那么它上移的概率为 0.50，下移的概率为 0，左移和右移的概率都是 0.25。

如果环境是静止的，即状态和奖励的分布是常数，并且使用一个确定性策略，那么预期概率分布最终将收敛于一个退化概率分布（degenerate probability distribution），如图 4.4 所示。在退化概率分布中，所有概率质量（表示所有概率的值）被分配了单一的潜在结果。在本书中，处理离散概率分布时，所有概率之和必须为 1，所以退化分布是指只有一个结果被分配了概率 1，其他结果均被分配了概率 0。

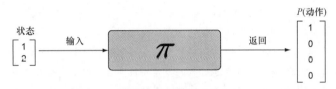

图 4.4　确定性策略函数（通常用希腊字母 π 表示）接收一个状态并返回一个要采取的具体动作，随机策略则返回动作的概率分布

在训练早期，我们希望分布均匀一些，这样才能最大化探索。但随着训练的进行，我们希望分布收敛于给定状态下的最优动作。如果一种状态下只有一个最优动作，那么希望收敛到退化分布，但如果有两个同样最优的动作，那么希望分布有两个模态。概率分布的模态只是"峰值"的另一种说法。

概率分布是什么

Gridworld 中有 4 种可能的动作：向上、向下、向左和向右。我们称其为动作集或动作空间，因为可以用数学方式将其描述为一个集合，例如 $A = \{$向上,向下,向左,向右$\}$，其中花括号表示一个集合（在数学中，集合是指定义了特定操作的抽象无序事物集）。那么，将概率分布应用于这组动作集是什么意思呢？

概率本身实际上是一个内涵丰富甚至具有争议的话题。关于概率到底意味着什么，存在各种各样的哲学观点。对一些人来说，概率意味着，如果你抛了很多次硬币（数学上来说，理想情况是无限次），那么一枚质地均匀的硬币出现正面的概率等于无限长序列次数的翻转中出现正面的比率。也就是说，如果将一枚均匀硬币抛 100 万次，预计有 50 万次硬币出现正面，另 50 万次硬币出现反面，所以概率等于这个比率。这是对概率的一种频率论解释，因为概率被解释为某些事件重复多次的长期频率。

还有一些人仅将概率解释为"一定程度的信念"，他们认为概率是在目前掌握的知识下，一个人多大程度上可以预测某个事件的一种主观评价。这种程度的信念通常被称为**信任**。硬币出现正面的概率是 0.5（或 50%），这是因为，鉴于对硬币的所知，我们没有任何理由来预测出现正面的次数会多于出现反面的，或者反面出现的次数会多于正面的，所以将"信念"均匀地分散到两个可能的结果上。因此，在缺乏知识的情况下，我们无法确凿（概率 0 或 1，不存在 0 和 1 之间的任何情况）地预测任何结果。

你可以随意按自己的想法解释概率，因为它不会影响我们的计算，但在本书中我们趋向于隐式地使用信念解释概率。对 Gridworld 中的动作集 A = {向上,向下,向左,向右} 应用概率分布，意味着我们会为集合中每个动作分配"一定的信念"（一个介于 0 和 1 之间的实数），以使所有的概率总和为 1。我们将这些概率解释为，特定状态下某一动作是能够最大化期望奖励的最佳动作的概率。

具体来说，动作集 A 的概率分布表示为 $P(A):A_i \to [0,1]$，这意味着 $P(A)$ 是从集合 A 到一个范围为 0 到 1 的实数集的映射。特别要说的是，每个元素 $a_i \in A$ 都被映射到 0 和 1 之间的单个数字，这样每个动作的所有这些数字之和就等于 1。我们可以将 Gridworld 动作集合的映射表示成一个向量，利用动作集合中的元素来确定向量中的每个位置，例如[上,下,左,右]→[0.25,0.25,0.10,0.4]。这个映射被称为**概率质量函数**（Probability Mass Function，PMF）。

我们刚刚描述的实际上是一个离散概率分布，因为动作集是离散的（有限数量的元素）。如果动作集是无限的，即一个如速度一样的连续变量，就称之为连续概率分布，此时需要定义一个概率密度函数（Probability Density Function，PDF）。

PDF 最常见的例子是正态分布（也称为高斯分布，或钟形曲线分布）。如果有一个连续动作的概率，例如在赛车游戏中我们需要控制汽车的速度从 0 增至某个最大值，这个速度就是一个连续变量，那么在策略网络中该怎么做呢？其实，我们可以抛开概率分布的想法，只是训练网络产生一个它预测的最佳速度值，但这样就会存在探索不足的风险（训练这样的网络是很困难的）。在本书中，我们采用的神经网络只会产生向量（或更一般的张量）作为输出，所以无法产生一个连续概率分布——我们必须使其更加聪明。像正态分布这样的 PDF 通过两个参数进行定义，即平均值和方差（variance）。有了这些，我们就得到了一个可以采样的正态分布。所以，我们可以训练一个神经网络来生成平均值和标准差（standard deviation），然后将它们代入正态分布方程并从中抽样。

如果目前你还未能理解这一切，也不必担心。我们会继续一遍又一遍地讨论这些概念，因为这些概念在强化学习和更广泛的机器学习中无处不在。

4.1.3 探索

在第 3 章中，我们需要让策略包含一些随机性，以便能在训练期间访问新状态。在 DQN 中，我们遵循ε贪婪策略，此时有可能不采用能带来最大期望奖励的动作。如果总是选择能带来最大期望奖励的动作，就永远不会发现更好的动作和状态。对于随机策略梯度法，由于输出是一个概率分布，因此探索所有空间的机会很少。只有经过充分的探索，动作分布才会收敛到产生单个最佳动作，即退化分布。或者，如果环境本身具有一定的随机性，那么概率分布将会对每个动作保留一定的概率质量。在一开始初始化模型时，智能体选择每个动作的概率应该近似相等或均匀，因为模型完全不知道哪个动作更好。

策略梯度的一种变体称为确定性策略梯度（Deterministic Policy Gradient，DPG），其中智能体总是遵循某一个输出（见图 4.4）。例如，在 Gridworld 游戏的例子中，它将生成一个 4 维的二进制向量，其中 1 代表要执行的动作，0 代表其他动作。如果智能体总是遵循输出，就不会进行合适的探索，因为动作选择中没有任何随机性。由于确定性策略函数对离散动作集的输出是离散值，很难让这种方式以完全可微分的方式工作，而后者是深度学习中惯用的方式，因此我们将倾向于使用随机策略梯度。在模型中创建一个不确定性概念（例如，使用概率分布）通常是一个不错的主意。

4.2 强化良好动作：策略梯度算法

在 4.1 节中，我们了解到有这样一类算法：它们试图创建一个能输出动作概率分布的函数，并且这种策略函数 $\pi(s)$ 可以通过神经网络来实现。在本节中，我们将深入研究如何真正实现这些算法并训练（优化）它们。

4.2.1 定义目标

回想一下，神经网络需要一个对于网络权重（参数）可微的目标函数。在第 3 章中，我们利用 MSE 损失函数及预测 Q 值和目标 Q 值对深度 Q 网络进行了训练。我们有一个很好的基于观察奖励来计算目标 Q 值的公式，由于 Q 值只是平均奖励（期望值），因此这与正常训练一个监督深度学习算法没有太大不同。

如何训练一个能提供给定状态下的动作概率分布 $P(A|S)$ 的策略网络呢？并不没有明确的方式来将采取动作后观察到的奖励映射到更新的 $P(A|S)$。训练 DQN 与解决监督学习问题并没有太大区别，因为 Q 网络生成了一个预测 Q 值的向量，且使用一个公式就能生成目标 Q 值向量。然后，只需要最小化 Q 网络的输出向量与目标向量之间的误差。

利用策略网络就可以直接预测动作，而在给定奖励的情况下我们无法得到应该采取的动作的目标向量，只知道该动作是否会导致正向或负向奖励。事实上，最佳动作隐式依赖于一个价值函数，但利用策略网络可以试图避免直接计算这些动作-价值。

我们通过一个例子来了解如何优化策略网络。首先，我们先介绍一些符号：策略网络用 π 表示，且其包含一个向量 θ 参数，θ 代表神经网络的所有参数（权重）。众所周知，神经网络的参数以多个权重矩阵形式存在，但出于简化符号和讨论的目的，标准做法是将网络参数整体作为一个长向量，并将其表示为 θ。

当正向运行策略网络时，参数向量 θ 是固定的，而变量是输入策略网络中的数据（状态），因此我们将参数化策略表示为 π_θ。当我们想要表明某个函数的输入是固定的时，都将其作为下标，而不是作为显式输入，例如 $\pi(x, \theta)$，其中 x 是某个输入数据（游戏状态）。像 $\pi(x, \theta)$ 这样的符号表明 θ 是一个随 x 变化的变量，而 π_θ 表示 θ 是函数的一个固定参数。

假设我们向初始未训练的策略网络 π_θ 提供 Gridworld 游戏的某个初始状态 s，并通过计算 $\pi_\theta(s)$ 向前运行，那么它会返回在 4 个可能动作上的概率分布，例如 $[0.25, 0.25, 0.25, 0.25]$。我们从这个分布中抽样，由于这是一个均匀分布，因此我们最终抽取到一个随机动作（见图 4.5）。然后，我们继续通过从生成的动作分布中抽样来采取动作，直至轮次的结束。

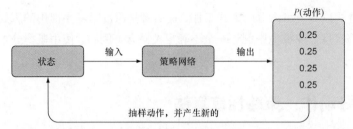

图 4.5　具有 4 个可能的离散动作的环境的策略梯度总体概率。首先，将状态输入策略网络中，使该网络产生一个动作概率分布，接着从该分布中抽样一个动作，然后产生一个新状态

记住，有些游戏（如 Gridworld）是情景式游戏，这意味着游戏的一个情景中有一个定义好的起点和终点。在 Gridworld 中，我们从某个初始状态下开始并一直进行游戏，直到掉进坑里、落在目标上或因采取过多动作而结束。所以一个轮次就是从初始状态到终止状态（获胜或输掉游戏）的一系列状态、动作和奖励。我们将该轮次表示为

$$\varepsilon = (s_0, a_0, r_1), (s_1, a_1, r_2), \cdots, (s_{t-1}, a_{t-1}, r_t)$$

每个元组都是 Gridworld 游戏（或更笼统地说是一个马尔可夫决策过程）的一个时间步。当在 t 时刻达到情景的终点后，我们就收集了关于刚刚发生的事情的一堆历史数据。假设在策略网络确定的 3 步之后达到了目标，那么下面就是该轮次看起来的样子：

$$\varepsilon = (s_0, 3, -1), (s_1, 1, -1), (s_2, 3, +10)$$

我们将动作编码为 0～3 的整数（表示动作向量的数组索引），并保留状态的象征性表示，因为它们实际上是长度为 64 的向量。在该轮次中应该从哪里进行学习呢？总之，最后元组中的+10 奖励表明赢得了游戏，所以我们的动作在某种程度上是"优秀的"。在给定所处的状态下，我们应该鼓励策略网络下一次尽可能地采取那些动作——我们希望强化那些能带来良好的正向奖励的动作。我们将在本节后面讨论当智能体输掉游戏（接收到一个终止奖励-10）时会发生什么，但现在只专注于正向强化。

4.2.2　强化动作

我们希望对梯度进行小而平滑的更新，以鼓励网络为那些未来能赢得游戏的动作分配更高的概率。下面我们关注该轮次中的最后一条经验，即状态 s_2。记住，假设策略网络生成了动作概率分布 $[0.25, 0.25, 0.25, 0.25]$，由于它未经训练，并且在最后的时间步上采取了动作 3（对应于动作概率数组中的元素 4），因此我们以+10 奖励赢得了比赛。我们想要正向地强化 s_2 状态下的该动作，这样的话，策略网络在遇到 s_2 或非常类似的状态时，就会更有信心将动作 3 预测为要采取的最高概率的动作。

一种简单的方法是创建一个目标动作分布 $[0, 0, 0, 1]$，这样梯度下降就会将概率从 $[0.25, 0.25, 0.25, 0.25]$ 移动到接近 $[0, 0, 0, 1]$，可能最终得到 $[0.167, 0.167, 0.167, 0.499]$，如图 4.6 所

示。这是监督学习领域经常做的事情，例如训练一个基于 Softmax 的图像分类器。但在这种情况下，一幅图像只有一个正确的分类，而且每个预测之间没有时间关联。在强化学习的例子中，我们希望更多地控制如何进行更新。首先，我们希望进行小而平滑的更新，因为想要在动作抽样中保持一些随机性，以便充分探索环境。其次，我们希望能够衡量为之前每个动作分配了多少信用。在深入研究这两个问题之前，我们先来回顾更多的符号。

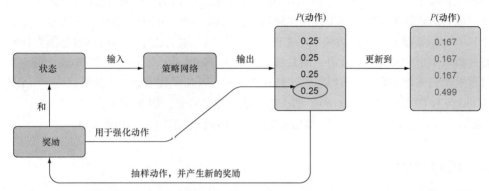

图 4.6 一旦一个动作从策略网络的概率分布中被抽样后，它就会产生新状态和奖励。奖励信号用于强化所采取的动作，即如果奖励是正向的，那么它将提高给定状态下该动作的概率；如果奖励是负向的，那么它将降低该动作的概率。注意，我们仅仅接收到了关于动作 3（元素 4）的信息，但由于概率总和必须为 1，因此必须降低其他动作的概率

回想一下，当正向运行策略网络时（使用它生成动作概率），通常将其表示为 π_θ，因为我们认为网络的参数 θ 是固定的，而输入状态则是变化的。因此，在给定一个固定参数集的情况下，对某个状态 s 调用 $\pi_\theta(s)$ 将返回可能动作的概率分布。在训练策略网络时，我们需要根据一个固定的输入来改变参数，以找到一组能够优化目标（最小化损失或最大化效用函数）的参数，即函数 $\pi_s(\theta)$。

定义 在给定策略网络参数的情况下，一个动作的概率表示为 $\pi_s(a|\theta)$。这就清楚地表明，动作 a 的概率明确地取决于策略网络的参数化。一般来说，我们以 $P(x|y)$ 表示条件概率（conditional probability），读作"给定 y 时 x 的概率分布"。这意味着存在某个函数，它接收一个参数 y 并返回在其他某个参数 x 上的概率分布。

为了强化动作 3，我们希望修改策略网络的参数 θ 以增大 $\pi_s(a_3|\theta)$，目标函数仅仅需要最大化 $\pi_s(a_3|\theta)$，其中 a_3 是例子中的动作 3。在训练之前，$\pi_s(a_3|\theta)=0.25$，但我们想修改 θ 以使 $\pi_s(a_3|\theta)>0.25$。由于所有概率的总和必须为 1，因此最大化 $\pi_s(a_3|\theta)$ 会减小其他动作的概率。记住，我们更倾向于最小化目标函数而不是最大化目标函数，因为它与 PyTorch 的内置优化器配合得很好，所以应该让 PyTorch 最小化 $1-\pi_s(a|\theta)$。当 $\pi_s(a|\theta)$ 接近于 1 时，这个损失函数将趋近于 0，所以我们正在鼓励梯度为所采取的动作最大化 $\pi_s(a|\theta)$。我们随后将删除 a_3 的下标，因为从上下文中可以清楚地看出其所指代的动作。

4.2.3　对数概率

从数学上讲，我们所描述的都是正确的。但是由于计算的不精确性，我们需要对该公式进行调整以稳定训练。一个问题是，根据定义，概率的值以 0 和 1 为边界，因此优化器可以操作的值的范围有限且较小。有时，概率可能非常小或非常接近于 1，如果在数值精度有限的计算机上进行优化，就会遇到数值问题。如果使用代理目标，例如 $-\log \pi_s(a|\theta)$（其中 log 是对数），就会得到一个具有比原始概率空间更大的"动态范围"的目标，因为概率空间的对数范围为 $(-\infty, 0)$，这使得对数概率更容易计算。此外，对数还有一个很好的性质，即 $\log(a \cdot b) = \log(a) + \log(b)$，这意味着将对数概率相乘时，就可以将乘法转化为求和。求和在数值上比乘法更稳定。如果将目标设置为 $-\log \pi_s(a|\theta)$ 而非 $1 - \pi_s(a|\theta)$，那么损失仍然遵循直觉，即 $\pi_s(a|\theta)$ 趋于 1 时损失函数趋于 0。此时，梯度将尝试把 $\pi_s(a|\theta)$ 增加到 1，其中在我们的例子中 a 为动作 3。

4.2.4　信用分配

我们的目标函数是 $-\log \pi_s(a|\theta)$，但它会向轮次中的每个动作分配相等的权重。网络中产生最后一个动作的权重不应更新到与第一个动作相同的程度。为什么不应该这样呢？为了赢得游戏，奖励之前的最后一个动作应比轮次中第一个动作获得更多信用，这是讲得通的。据我们所知，第一个动作实际上是次优的，但之后我们会卷土重来并达到目标。换句话说，我们对每个动作"良好"程度的信心会随着离奖励点距离的增加而降低。在象棋游戏中，最后一步会比第一步被分配更多的信用。我们确信直接导致游戏胜利的移动是好的一步，但随着往回推得越远，我们变得越来越不自信。5 个时间步之前的移动对赢得游戏有多大的贡献？我们不太确定。这就是信用分配（credit assignment）的问题。

我们通过将更新幅度乘贴现因子来表达这种不确定性，其中贴现因子在第 3 章已经学过，其值范围为 0～1。轮次结束前的最近一个动作的贴现因子为 1，这意味着它将获得完整的梯度更新，而较早的动作将通过一个分数（例如 0.5）进行贴现，所以其梯度步将更小。

让我们将这些添加到目标（损失）函数中，最终告诉 PyTorch 最小化的目标函数为 $-\gamma_t G_t \log \pi_s(a|\theta)$。记住，$\gamma_t$ 是贴现因子，下标 t 表明 γ 的值依赖于时间步 t，因为我们想要对较远的动作贴现更多，而对较近的动作贴现较少。参数 G_t 称为时间步 t 上的总回报（total return）或未来回报（future return），它是我们期望从时间步 t 直到轮次结束时收集到的回报，可以通过从轮次中某个状态直到轮次结束增加奖励来近似得到。

$$G_t = r_t + r_{t+1} + \cdots + r_{T-1} + r_T$$

在时间上，距离获得奖励较远的动作的权重应该小于距离较近的动作的权重。如果赢了一场 Gridworld 游戏，那么从开始到结束状态的贴现奖励序列可能是 $[0.97, 0.98, 0.99, 1.0]$。最后一个动作导致了 +1 的胜利状态，所以未被贴现，而之前的动作则被分配了一个缩放后的奖励，这一点通过将最终奖励乘贴现因子 γ_{t-1} 来实现，其中我们设置贴现因子为 0.99。

贴现从 1 进行指数衰减 $\gamma_t = \gamma_0^{(T-t)}$，这意味着时间步 t 的贴现计算为起始贴现（此处是 0.99）的距离奖励的整数时间次幂。轮次的长度（时间步的总数量）表示为 T，特定动作的局部时间步为 t。$T-t=0$ 时，$\gamma_{T-0} = 0.99^0 = 1$；$T-t=2$ 时，$\gamma_{T-2} = 0.99^2 = 0.9801$，以此类推。每退后一个时间步，贴现因子就取到终止步的距离的幂次，最终导致贴现因子随动作到奖励距离的增加（不相干）进行指数衰减。

例如，如果智能体处于状态 s_0（时间步 $t=0$），采取动作 a_1 并接收到奖励 $r_{t+1}=-1$，那么目标更新将是 $-\gamma^0(-1)\log\pi(a_1 \mid \boldsymbol{\theta}, s_0) = \log\pi(a_1 \mid \boldsymbol{\theta}, s_0)$，即策略网络输出的对数概率（见图 4.7）。

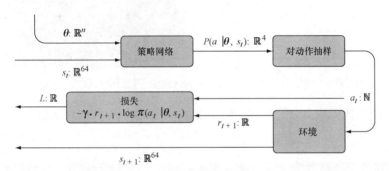

图 4.7　训练 Gridworld 策略网络的线图。策略网络是一个以 $\boldsymbol{\theta}$（权重）为参数的神经网络，它接收一个 64 维向量作为输入状态，并产生一个离散的 4 维动作概率分布。抽样动作框从分布中抽取一个动作，并产生一个整数作为动作，该整数被输入环境（以产生一个新的状态和奖励）和损失函数，这样就可以强化该动作。我们也会将奖励信号输入损失函数，以利用策略网络参数来最小化损失函数

4.3　与 OpenAI Gym 配合

为了说明策略梯度是如何工作的，我们以 Gridworld 为例，因为从第 3 章开始你已经对它比较熟悉。不过，既为了多样性，也为了介绍 OpenAI Gym，我们应该针对不同的问题来真正实现策略梯度算法。

OpenAI Gym 是一个开源的环境套件，它提供了非常适合测试强化学习算法的通用 API。如果你想出了一个新的深度强化学习算法，那么在 Gym 的一些环境中对它进行测试将是了解其性能的不错方法。Gym 包含各种各样的环境，从简单线性回归可以"解决"的简单环境一直到需要复杂深度强化学习方法才能解决的复杂环境（见图 4.8），包括游戏、机器人控制和其他类型的环境，其中可能有你感兴趣的东西。

OpenAI 在其官网上列出了目前支持的所有环境。在本书撰写之际，它们分为 7 个类别，即 Algorithms、Atari、Box2D、Classic control、MuJoCo、Robotics 和 Toy text。

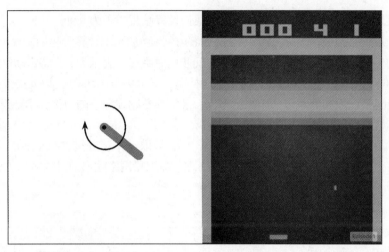

图 4.8　OpenAI Gym 提供的两个示例环境。OpenAI Gym 提供了数百个可以用于测试强化学习算法的环境

你也可以通过代码清单 4.1 中的代码在 Python Shell 中查看 OpenAI 注册表的整个环境列表。

代码清单 4.1　列举 OpenAI Gym 环境

```
from gym import envs
envs.registry.all()
```

其中，有数百种环境可供选择（v0.9.6 中有 797 种）。然而，有些环境需要许可（如 MuJoCo）或外部依赖（如 Box2D、Atari），因此需要一些安装时间。我们将从一个简单的例子 CartPole（见图 4.9）开始，以避免任何不必要的麻烦，且便于立即进行编码。

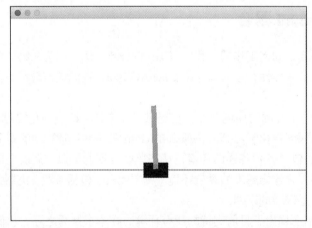

图 4.9　OpenAI Gym 中 CartPole 游戏环境截图。游戏中有一个可以左右移动的车，车的顶部有一个处于中心点上的杆，游戏的目标是通过小心地左右移动推车让竖直的杆保持平衡

4.3.1　CartPole

　　CartPole 环境属于 OpenAI 的经典控制部分，它有一个非常简单的目标：不要让杆落下。这个游戏与试图平衡指尖上的铅笔游戏类似。为了成功地平衡杆，我们必须给推车施加适当的左右移动量。在这个环境中，只有向左或向右轻推两个动作。

　　在 OpenAI Gym API 中，具有离散动作空间的环境都将动作表示为整数，即从 0 到特定环境动作的总数，所以在 CartPole 中可能的动作是 0 和 1，表示向左推或向右推。另外，我们将状态表示为长度为 4 的向量，分别表示小车位置、小车速度、杆倾斜的角度和杆下落的速度。每步中杆未掉落时都能接收到奖励+1。如果杆与竖直方向的夹角超过 12° 或小车的位置处于窗体之外，则认为杆落下。因此，CartPole 的目标是最大化轮次的长度，因为每一步都会返回+1 的正向奖励。注意，每个后续的问题并不都像 CartPole 这样有一个很好的规范，但我们将在后续所有章节中预先定义问题的范围。

4.3.2　OpenAI Gym API

　　OpenAI Gym 设计得非常易于使用，通常使用的方法不超过 6 个。代码清单 4.1 列出了 1 个方法，可以查看所有可用的环境。另一个重要的方法是创建一个环境，如代码清单 4.2 所示。

代码清单 4.2　在 OpenAI Gym 中创建一个环境

```
import gym
env = gym.make('CartPole-v0')
```

　　从现在开始，我们只与 env 变量进行交互。我们需要一种方法来观察环境的当前状态，然后与之交互。只需要两个方法就能完成此操作，如代码清单 4.3 所示。

代码清单 4.3　在 CartPole 中观察环境的当前状态并与之交互

```
state1 = env.reset()
action = env.action_space.sample()
state, reward, done, info = env.step(action)
```

　　reset 方法用于初始化环境并返回第一个状态。本例使用了对象 env.action_space 的 sample 方法来随机抽样一个动作。很快，我们将从一个训练过的策略网络中抽取动作，并用该网络充当我们的强化学习智能体。

　　一旦初始化了环境，我们就可以通过 step 方法与之交互。step 方法返回 4 个重要的变量，而训练循环需要访问这些变量才能运行。第一个参数 state 表示采取动作后的下一个状态。第二个参数 reward 为那个时间步上的奖励，对于 CartPole 问题来说就是 1，除非杆落下。第三个参数 done 是一个布尔值，用于表示是否已达到终止状态。对于 CartPole 问题，它将总是返回 false，直到杆落下或小车移动到窗体外。最后一个参数 info 是一个包含诊断信息的字典，这些信息可能有助于调试，但我们不会使用它。这就是为了在 OpenAI Gym 中设置并运行大多数环境需要知道的所有信息。

4.4　REINFORCE 算法

既然我们创建了一个 OpenAI Gym 环境，并且已经对策略梯度算法怀有直观的认识，就来进一步实现它吧。在 4.3 节中，我们对策略梯度的讨论主要集中于一个已经存在几十年（就像大多数深度学习和强化学习一样）的名为 REINFORCE（是的，它总是全部大写）的特定算法。在本节中，我们将巩固之前讨论的内容，并将其形式化，然后将其转换成 Python 代码。接下来，我们为 CartPole 的例子实现 REINFORCE 算法。

4.4.1　创建策略网络

在本节中，我们将构建并初始化一个充当策略网络的神经网络——它将接收状态向量作为输入，并生成一个（离散）在可能动作上的概率分布。你可以将智能体看作策略网络的"瘦包装器"，因为它会从概率分布中抽样获取一个动作。记住，强化学习中的智能体是能够接收状态并返回在环境中执行的具体动作的任何函数或算法。

我们用代码来描述这个神经网络，如代码清单 4.4 所示。

代码清单 4.4　设置策略网络

```
import gym
import numpy as np
import torch                          输入数据长度为 4（"l1"
l1 = 4                                是第一层的缩写）          中间层产生一个长度
l2 = 150                                                      为 150 的向量
l3 = 2
                                     输出是一个用于向左、向右动作的
                                     长度为 2 的向量
model = torch.nn.Sequential(
    torch.nn.Linear(l1, l2),
    torch.nn.LeakyReLU(),
    torch.nn.Linear(l2, l3),
    torch.nn.Softmax()
)                                    输出是一个动作的 Softmax
                                     概率分布
learning_rate = 0.0009
optimizer = torch.optim.Adam(model.parameters(), lr=learning_rate)
```

你应该对这些都很熟悉了。该模型只有两层：第一层是泄漏的 ReLU 激活函数，第二层是 Softmax 激活函数。我们选择泄漏的 ReLU，是因为根据经验它的表现更好。我们已经在第 2 章中见过 Softmax 函数，它仅接收一组数字，将它们的范围压缩至 0～1 并确保其总和为 1，基本上就是从一开始不是概率的数字列表中创建一个离散的概率分布。例如，softmax([-1,2,3])= [0.0132, 0.2654, 0.7214]。不出意外，Softmax 函数将把较大的数字转换成较大的概率。

4.4.2 使智能体与环境交互

智能体接收状态并以一定概率采取动作 a。更具体一点，状态被输入策略网络，然后由策略网络根据其当前参数和状态生成动作的概率分布 $P(A|\theta, S_t)$。注意，大写字母 A 表示给定状态下所有可能动作的集合，而小写字母 a 通常表示一个特定动作。

策略网络可能会以向量形式返回一个离散的概率分布，例如 CartPole 中对应于两个可能动作的 $[0.25, 0.75]$。这意味着策略网络预测动作 0 是最佳动作的概率为 25%，而动作 1 是最佳动作的概率（或置信）为 75%。我们称该数组为 pred，如代码清单 4.5 所示。

代码清单 4.5　使用策略网络抽样一个动作

调用策略网络模型产生
预测的动作概率　　　　　　　　　　　　　　　　从策略网络产生的概率分
　　　　　　　　　　　　　　　　　　　　　　　布中抽样一个动作
```
pred = model(torch.from_numpy(state1).float())
action = np.random.choice(np.array([0,1]), p=pred.data.numpy())
state2, reward, done, info = env.step(action)
```
　　　　　　　　　　　　　　　　　采取动作并获得新的状态和奖励。info
　　　　　　　　　　　　　　　　　变量由环境生成，但与环境无关

环境通过产生一个新的状态 s_2 和一个奖励 r_2 来响应动作。我们将这些信息存储在两个数组中（一个 states 数组和一个 actions 数组），以便在轮次结束后需要更新模型时使用。然后，我们通过将这个新状态插入模型来获得更新的状态和奖励，存储这些内容并重复上述操作，直到轮次结束（杆落下，游戏结束）。

4.4.3 训练模型

我们通过更新参数最小化目标（损失）函数来训练策略网络，包括 3 个步骤。

（1）计算每个时间步中实际采取动作的概率，即计算动作的概率。

（2）将概率乘贴现奖励（奖励的总和），即计算未来奖励。

（3）使用这个概率加权的奖励来反向传播并最小化损失，即计算损失函数以及进行反向传播。

我们将依次分析这些步骤。

1. 计算动作的概率

计算所采取动作的概率非常容易。我们可以使用存储的历史转换和策略网络来重新计算概率分布，但这次只提取实际采取的动作的预测概率，并将其表示成 $P(a_t|\theta, s_t)$ ——它是单个概率，例如 0.75。

具体来说，假设当前状态是 s_5（时间步 5 中的状态），将其输入策略网络，网络将返回 $P_\theta(A|s_5) = [0.25, 0.75]$。从这个分布中抽样并采取动作 $a = 1$（动作数组中元素 2），在此之后杆掉落，轮次结束，那么总的轮次时间 $T = 5$。在这 5 个时间步的每一步中，我们都会根据 $P_\theta(A|s_t)$ 采取一个

动作，并将实际采取动作的具体概率 $P_\theta(a|s_t)$ 存在一个数组中，例如 $[0.5, 0.3, 0.25, 0.5, 0.75]$。我们只需将这些概率与贴现奖励（见 4.4.4 节）相乘，求其总和然后乘以-1，并将其称为这一轮次的总损失。与 Gridworld 不同，在 CartPole 中最后的动作是那个结束了轮次的动作。我们会对其进行最大程度的贴现，因为需要对最坏的动作进行最严重的惩罚。在 Gridworld 中，最不重视轮次中的第一个动作，因为它对输赢的影响最小。

最小化这个目标函数往往会增加那些被贴现奖励进行加权的概率 $P_\theta(a|s_t)$，所以每一个轮次中我们都倾向于增加 $P_\theta(a|s_t)$，但对于特别长的轮次（如果我们在游戏中做得很好并获得一个较大的轮次结束奖励），我们将增加 $P_\theta(a|s_t)$ 到更高的水平。因此，对很多轮次，平均来说，我们会强化好的动作，而坏的动作则会被抛在后面。由于概率总和必须为 1，因此如果增大良好动作的概率，那么其他可能不那么好的动作的概率会自动减小。如果没有这种概率再分配特性，这种方案就行不通。

2．计算未来奖励

我们将用 $P(a_t|\theta, s_t)$ 乘该状态之后接收到的总奖励（又称回报）。正如本节前面提到的，我们可以通过将奖励相加（等于 CartPole 中轮次持续的时间步的总数量）来获得总奖励，并创建一个回报数组，该数组起始于轮次长度，并以步长 1 递减直到 1。如果轮次持续 5 个时间步，那么回报数组将为 $[5, 4, 3, 2, 1]$。这是讲得通的，第一个动作应该得到最大的奖励，因为它对杆掉落轮次失败负有最小的责任。相反，在杆子掉落之前的最近动作是最糟糕的动作，它应该得到最小的奖励。但该奖励呈线性递减，而我们希望以指数方式贴现奖励。

为了计算贴现奖励，我们利用 γ 参数（可能被设置为 0.99）创建一个 γ_t 数组，并根据到轮次结束时的距离对其取幂。例如，以 gamma_t=$[0.99, 0.99, 0.99, 0.99, 0.99]$ 开始，然后创建另一个指数数组 exp=$[1, 2, 3, 4, 5]$，并计算 torch.power(gamma_t, exp)，最后返回的是 $[1.0, 0.99, 0.98, 0.97, 0.96]$。

3．计算损失函数

既然贴现了回报，我们就可以据此计算损失函数来训练策略网络。正如之前所讨论的，将损失函数设置为给定状态下的动作的负对数概率，并根据奖励回报进行缩放。在 PyTorch 中，它被定义为-1 * torch.sum(r * torch.log(preds))。我们利用收集的有关轮次的数据来计算损失，并运行 torch 优化器来最小化损失。下面我们运行一些实际代码（见代码清单 4.6）。

代码清单 4.6　计算贴现奖励

```
def discount_rewards(rewards, gamma=0.99):
    lenr = len(rewards)
    disc_return = torch.pow(gamma,torch.arange(lenr).float()) * rewards
    disc_return /= disc_return.max()
    return disc_return
```

计算指数衰减奖励

将奖励归一化到[0,1]，以提高数值稳定性

当轮次持续 50 个时间步时，对于一个给定的 $[50, 49, 48, 47, \cdots]$ 这样的奖励数组，此处我们定义

了一个特殊函数来计算贴现奖励。它本质上是将这个线性奖励序列转变成一个指数衰减的奖励序列（例如 $[50.0000, 48.5100, 47.0448, 45.6041, \cdots]$），然后除以最大值以将值限制在区间 $[0, 1]$ 内。

这个归一化操作是为了提高学习效率和稳定性，因为不管原始的回报值有多大，该操作都将它们保持在相同的范围内。如果训练开始时的原始回报是 50，但在训练结束时达到 200，那么梯度将发生几乎一个数量级的变化，这将破坏稳定性。虽然不进行归一化仍然可以工作，但却不再那么可靠。

4. 进行反向传播

既然目标函数包含了所有变量，就可以通过计算损失并进行反向传播来调整参数。代码清单 4.7 定义了损失函数，这只是前面描述的数学公式的一个"Python"翻译。

代码清单 4.7　定义损失函数

损失函数期望一个对所采取动作的
动作概率数组和贴现奖励

```python
def loss_fn(preds, r):
    return -1 * torch.sum(r * torch.log(preds))
```

这行代码用于计算概率的对数，乘贴现
奖励，对其求和，然后对结果取反

4.4.4　完整训练循环

初始化，收集经验，计算这些经验的损失，反向传播，然后重复这些操作。代码清单 4.8 定义了 REINFORCE 智能体的完整训练循环。

代码清单 4.8　REINFORCE 智能体的完整训练循环

```python
MAX_DUR = 200
MAX_EPISODES = 500
gamma = 0.99
score = []                                          记录训练期间轮次
for episode in range(MAX_EPISODES):                 长度的列表
    curr_state = env.reset()
    done = False                                    一系列状态、动作、奖励（但我们忽略奖励）
    transitions = []

                                                    获取动作
                                                    概率
    for t in range(MAX_DUR):
        act_prob = model(torch.from_numpy(curr_state).float())
        action = np.random.choice(np.array([0,1]), p=act_prob.data.numpy())
        prev_state = curr_state                     随机选择
        curr_state, _, done, info = env.step(action)    一个动作
        transitions.append((prev_state, action, t+1))
                                                    在环境中采取动作
        if done:                                    存储这个
            break                                   转换
                        如果游戏失败，
                        则退出循环              存储轮次时长
    ep_len = len(transitions)
```

```
score.append(ep_len)
reward_batch = torch.Tensor([r for (s,a,r) in
transitions]).flip(dims=(0,))
disc_rewards = discount_rewards(reward_batch)
state_batch = torch.Tensor([s for (s,a,r) in transitions])
action_batch = torch.Tensor([a for (s,a,r) in transitions])
pred_batch = model(state_batch)
prob_batch = pred_batch.gather(dim=1,index=action_
batch.long().view(-1,1)).squeeze()
loss = loss_fn(prob_batch, disc_rewards)
optimizer.zero_grad()
loss.backward()
optimizer.step()
```

在单个张量中收集轮次中的所有奖励

在单个张量中收集轮次中的动作

计算贴现奖励

在单个张量中收集轮次中的状态

重新计算轮次中所有状态的动作概率

取与实际采取动作关联的动作概率的子集

　　我们开始训练一个轮次，用策略网络采取动作，并记录观察到的状态和动作。一旦跳出一个轮次，就必须重新计算预测概率以用于损失函数。由于我们将每个轮次中的所有转换记录为一个元组列表，因此一旦离开了该轮次，我们就可以将每个转换的每个组件（状态、动作和奖励）分离为单独的张量，以便每次训练一批数据。如果你运行上述这段代码，应该能够得到轮次时长与轮次数量之间的关系图，并且有可能看到一个良好的增长趋势，如图 4.10 所示。

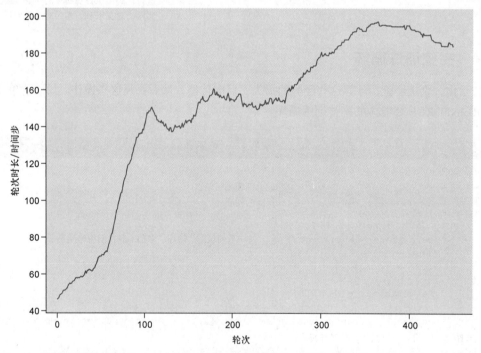

图 4.10　将策略网络训练到 500 个轮次之后，我们得到了一幅能证明智能体真正在学习如何玩 CartPole 的图。注意，这是一张窗体大小为 50 的移动平均图

智能体学会了如何玩 CartPole！这个例子比较好的一方面是，它应该能够在仅有 CPU 的笔

记本电脑上于一分钟内完成训练。CartPole 的状态是一个仅为 4 维的向量，而我们的策略网络仅包含两层，所以它的训练比之前创建的用于玩 Gridworld 游戏的 DQN 快得多。OpenAI 的文档上提到，如果智能体能够执行轮次的时长超过 200 个时间步，就可以认为"学会了"该游戏。虽然这幅图看起来在 190 左右达到了顶点，但这是因为它是一个移动平均图。有许多轮次达到了 200 个时间步，但有几个轮次会随机失败，导致平均水平下降。此外，我们将轮次持续时间限制在 200，所以如果增加了上限，那么智能体可以玩得更久。

4.4.5　所得到的结论

REINFORCE 是一种训练策略函数的有效而简单的方法，但有点儿过于简单。就 CartPole 而言，因为状态空间非常小，并且只有两个动作，所以 REINFORCF 工作得非常好。如果处理的环境包含更多可能的动作，那么在每个轮次中强化这些动作并期望它仅仅强化好的动作将变得越来越不可靠。在第 5 章和第 6 章中，我们将探索更复杂的训练智能体的方式。

小结

- 概率是一种在不可预测过程中为不同结果分配信任度的方式。每个可能的结果都会分配到一个 [0,1] 区间内的概率值，所有结果的概率之和就为 1。如果相信某个特定结果比另一结果更有可能，就赋予它更高的概率值；如果收到新的信息，就可以改变概率分配。
- 概率分布是向可能的结果分配概率值的完整描述。概率分布可以看作函数 $P:O \to [0,1]$，它将所有可能的结果映射到区间为 [0,1] 的实数，这样该函数对所有结果的总和为 1。
- 退化概率分布是一种仅有 1 种可能结果的概率分布（它的概率值为 1，而其他所有结果的概率值为 0）。
- 条件概率是在假设拥有某些额外信息（条件信息）的情况下分配给一个结果的概率。
- 策略是一个函数 $\pi.S \to A$，它将状态映射到了动作，且通常实现成一个概率函数 $\pi.P(A|S)$，该函数创建一个给定状态下的动作上的概率分布。
- 回报是环境中某一轮次中贴现奖励的总和。
- 策略梯度法是一种强化学习算法，通过将一个参数化函数作为策略函数（一个神经网络）来直接学习策略，并训练它来基于观察到的奖励增加动作概率。
- REINFORCE 是策略梯度法的一种简单实现，它的本质是最大化动作概率乘采取该动作后观察到的奖励值，这样每个动作的概率（给定一个状态）都会根据观察到的奖励大小进行调整。

第 5 章 利用演员-评论家算法 解决更复杂的问题

本章主要内容

■ REINFORCE 的局限性。

■ 引入演员-评论家（actor-critic）算法来提高抽样效率和减小方差。

■ 利用优势函数加速收敛。

■ 通过并行训练来加速模型。

在第 4 章中，我们介绍了一种名为 REINFORCE 的原始版本的策略梯度法。该算法在简单的 CartPole 游戏中能够很好地工作，不过我们希望能够将强化学习应用到更复杂的环境。如你所见，当动作空间离散时，DQN 可以非常有效，但它的缺点是需要一个单独的策略函数，例如 ε 贪婪策略函数。在本章中，你将学习结合 REINFORCE 和 DQN 的优势来创建一类名为演员-评论家模型的算法——已证实它们在许多领域能够产生先进的结果。

REINFORCE 通常作为一种情景式算法来实现，这意味着只有在智能体完成整个轮次（并在此过程中收集奖励）后才会使用它来更新模型参数。回想一下，策略是一个函数 $\pi.S \rightarrow P(a)$，它接收一个状态并返回动作的概率分布（见图 5.1）。

图 5.1 策略函数接收一个状态并返回动作的概率分布，其中较高的概率表示某个动作更有可能导致最高的奖励

然后从该分布中抽样获取一个动作，这样最可信的动作（"最佳"动作）最有可能被抽到。在轮次最后，我们计算轮次的回报，即该轮次中所有贴现奖励的总和。回报计算公式为

$$R = \sum_t \gamma_t \cdot r_t$$

游戏结束后，该轮次的回报是获得的所有奖励乘它们各自的贴现率的总和，其中 γ_t 是一个指数衰减的时间函数。例如，如果在状态 A 下采取动作 1 并产生 +10 的奖励，那么状态 A 下的动作 1 的概率会增大一些，而如果在状态 A 下采取动作 2 并产生 -20 的奖励，那么状态 A 下的动作 2 的概率会减小。本质上，我们最小化这个损失函数：

$$Loss = -\log(P(a \mid S)) \cdot R$$

也就是说，最小化给定状态 S 下动作 a 的概率对数值乘回报 R 的结果。如果奖励是一个很大的正数，例如 $P(a_1 \mid S_A) = 0.5$，那么最小化该损失将涉及增大此概率。因此通过 REINFORCE，我们只需保持从智能体和环境抽样轮次（或更普遍地说是轨迹），并通过最小化该损失来定期更新策略参数。

注意 请记住，我们只对概率取对数，因为概率的界限是 0 和 1，而对数概率的界限是 $-\infty$（负无穷）和 0。鉴于数值由有限位数的比特表示，我们就可以在计算机数值精度没有下溢或满溢的情况下表示非常小（接近于 0）或非常大（接近于 1）的概率。对数还有一些我们不会涉及的更好的数学性质，这就是为什么你总会在算法和机器学习论文中看到对数概率，尽管从概念上来说我们只是对原始概率本身感兴趣。

通过对完整的轮次进行抽样，我们能够更好地了解动作的真正价值，因为这样能够看到其下游影响而非仅仅是直接影响（由于环境的随机性，这可能会产生误导），这个完整的轮次抽样属于蒙特卡洛方法的范围。然而，并非所有环境都是情景式的，有时我们希望能够以增量方式或在线方式进行更新，例如，无论环境中发生什么都定期进行更新。DQN 在非情景环境中表现良好，可以将其视为在线学习算法，但为了有效地学习，它需要经验回放缓冲器。

由于环境的内在变化，真正的在线学习（在每个动作之后进行参数更新）都是不稳定的，因此回放缓冲器非常必要。一个动作偶尔可能会导致较大的负向奖励，但从预期来看（平均长期奖励）它可能是一个好的动作——单个动作之后的更新可能会导致错误的参数更新，从而最终阻碍充分的学习。

在本章中，我们将介绍一种名为分布式优势演员-评论家（Distributed Advantage Actor-Critic，DA2C）的新型策略梯度法。该算法具有 DQN 在线学习的优势，无须回放缓冲器。它还具有策略算法的优点，即可以直接从动作的概率分布中对动作进行抽样，从而消除了 DQN 中选择策略（例如 ε 贪婪策略）的需要。

5.1 重构价值-策略函数

Q-learning 的伟大之处在于它直接根据环境中可用的信息（奖励）进行学习。它基本上学会了预测奖励，也就是我们所说的价值。如果使用 DQN 来玩弹球游戏，它将学习预测两个主要动作的值——操作左侧挡板和右侧挡板，然后可以自由地使用这些值来决定采取的动作——通常选择与最高值关联的动作。

策略梯度函数与强化概念的连接更直接，因为它会积极强化那些能够导致正向奖励的动作，而消极强化那些导致负向奖励的动作。因此，策略函数以一种更隐蔽的方式来学习哪个动作是最好的。在弹球游戏中，如果击中左侧挡板并获得高分，那么这个动作将得到积极强化，在下次游戏处于类似状态时该动作更有可能被选中。

换句话说，Q-learning（例如 DQN）使用一个可训练的函数来直接建模给定状态下动作的价值（期望奖励）。这是解决马尔可夫决策过程的一种非常直观的方式，因为我们只观察状态和奖励（预测奖励）然后只采取具有高预测奖励的动作是讲得通的。另外，我们看到了直接策略学习的优势（例如策略梯度）。也就是说，得到了一个真正的动作条件概率分布 $P(a\,|\,S)$，我们可以直接从中抽样来采取一个动作。自然，有人觉得将这两种方法结合起来以同时获得两者的优势也许是一个好主意。

在创建这样一个重合的价值-策略学习算法时，我们将以策略学习者作为基础。为了提高策略学习者的稳健性，我们需要克服两个挑战：一是通过更频繁的更新来提高抽样效率；二是减小用于更新模型的奖励的方差。

这些问题都是相互关联的，因为奖励方差取决于我们收集了多少个样本（样本越多，方差越小）。重合价值-策略算法背后的思想是使用价值学习者来减小用于训练策略的奖励的方差。也就是说，我们没有最小化 REINFORCE 的损失（它包含对轮次中观察收益 R 的直接引用），而是增加了一个基线值，这样损失就变成了下面的公式：

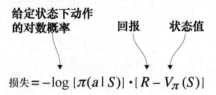

$$\text{损失} = -\log\,[\pi(a\,|\,S)] \cdot [R - V_\pi(S)]$$

其中，$V(S)$ 是状态 S 的价值，它是状态-价值函数（状态的函数），而不是动作-价值函数（状态和动作的函数），尽管也可以使用动作-价值函数。$R-V(S)$ 被称为优势（advantage）。从直觉角度讲，优势会告诉你一个动作比预期的要好多少。

> **注意**　请记住，价值函数（状态-价值或动作-价值）隐式依赖于策略的选择，所以应该写成 $V_\pi(S)$ 来予以明示。但是，为了符号的简洁性，我们去掉了下标 π。策略对价值的影响至关重要，因为总是采取随机动作的策略将导致所有状态的价值差不多同样低。

假设我们在 Gridworld 游戏上训练一个策略，其中该游戏包含离散的动作和离散的状态空间，这样我们可以使用一个向量，其中向量中的每个位置代表一个不同的状态，而其对应的元素是访问该状态后观察到的平均奖励。那么，这个查找表将是 $V(S)$。我们可能从策略中抽样到动作 1 并观察到奖励+10，然后使用价值查找表发现访问该状态后得到的平均奖励为+4，所以在该状态下动作 1 的优势为 10-4 = +6。这意味着当采取动作 1 时，所获得的奖励比基于该状态历史奖励的期望值要好得多，这就表明它是一个良好的动作。与此相比，如果采取动作 1 并接收到+10 奖励，但价值查找表显示期望得到+15 的奖励，所以优势是 10-15 = -5。这表明，虽然获得了相当大的正向奖励，但这仍旧是一个相对糟糕的动作。

我们将使用某种参数化的模型，例如能够被训练来预测给定状态下期望奖励的神经网络，而非使用查找表。所以，我们想同时训练一个策略神经网络和一个状态值或动作-价值神经网络。

这类算法被称为演员-评论家（actor-critic）算法，其中"演员"指的是策略，因为那是动作产生的地方，而"评论家"指的是价值函数，因为它（部分）告诉演员其动作的好坏程度。由于使用 $R-V(S)$ 而不仅仅是 $V(S)$ 来训练策略，因此称为优势演员-评论家算法（见图 5.2）。

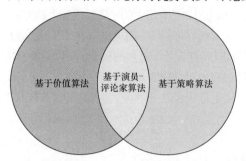

图 5.2　Q-learning 属于价值算法的范畴，因为试图学习的是动作价值，而像 REINFORCE 这样的策略梯度法则直接尝试学习要采取的最佳动作。我们可以将这两种技术组合成所谓的演员-评论家算法

注意　到目前为止，我们所描述的内容在一定程度上并不算是真正的演员-评论家算法，因为仅仅将价值函数用作一种基线，而非通过基于当前状态预测未来状态来用它进行"自举"（bootstrap）。很快你将看到自举是如何发挥作用的。

策略网络有一个敏感的损失函数，它依赖于轮次结束时收集到的奖励。如果我们天真地尝试在错误类型的环境中进行在线更新，那么可能永远也学不到任何东西，因为奖励可能太稀疏了。

在第 3 章介绍的 Gridworld 中，除了轮次结束时，其他每一次移动时奖励都是-1。原始的策略梯度法不知道应该强化什么动作，因为大多数动作都会带来相同的奖励-1。与此相反，即使奖励比较稀疏，Q 网络也能较好地学习 Q 值，因为它会自举。当说一个算法自举时，我们的意思是它可以从预测中进行预测。

如果问你两天后的温度是多少，你可能会先预测明天的温度，然后据此做出两天后温度的预测（见图 5.3），此时你就是在自举。如果你的第一个预测很糟糕，那么第二个预测可能更糟糕，所以自举会引入偏差源。偏差是一种偏离事物真实值的系统误差，在本例中是偏离真实的 Q 值。此外，从预测中做出预测引入了一种会导致较低方差的自我一致性。方差的含义就是"预测中缺少准确性"，这意味着预测变化很大。在预测温度的例子中，如果我们对两天后温度的预测基于一天后的预测，那么它可能不会与一天后的预测相差太远。

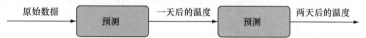

图 5.3　从左向右看，将原始数据输入一个温度预测模型，以预测一天后的温度。随后，这个预测值被用于另一个预测模型来预测两天后的温度。我们可以继续这样做，但可能导致错上加错，且会导致此后的预测变得不准确

偏差和方差是与所有机器学习相关的关键概念，不仅仅是深度学习或深度强化学习（见图 5.4）。一般来说，减小偏差将会增大方差，反之增大偏差将会减小方差（见图 5.5）。例如，如果要求你预测

明天和后天的温度，就可以给出一个具体的温度："这两天的温度预测值分别是 20.1℃和 20.5℃"。这是一个高精度的预测值——你给出了一个精确到十分位的温度预测值！但是你的预测十有八九会存在系统偏差，且偏向于你的预测过程。你也可以告诉我们"这两天的温度预测范围分别为 15℃～25℃和 18℃～27℃"。在这种情况下，你的预测具有很大的延展性或较大的方差，因为你给出了相当宽泛的范围，但它的偏差却较小，这意味着很有可能实际温度会落在你预测的范围内。这种伸展性可能是因为你的预测算法没有对用于预测的任何变量给予过多的权重，所以它没有特别偏向于任何方向。事实上，机器学习模型经常通过在训练过程中对参数的大小进行惩罚来实现正则化。例如，显著大于或小于 0 的参数都会被惩罚。正则化本质上意味着以一种减少过拟合的方式修改机器学习过程。

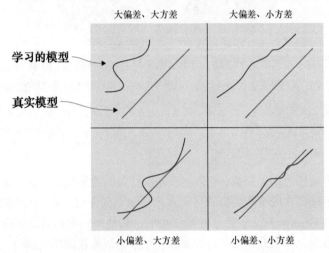

图 5.4　偏差-方差权衡是一个基本的机器学习概念，它表示任何机器学习模型都会与真实的数据分布存在某种程度上的系统偏差和方差。你可以尝试减小模型的方差，但这样会导致偏差增大

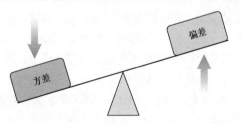

图 5.5　偏差与方差的权衡。增加模型复杂性可以减小偏差但会导致方差增大，而减小方差则会导致偏差增大

我们希望将潜在的大偏差、小方差的值预测与潜在的小偏差、大方差的策略预测结合起来得到适中的偏差和方差，从而使模型能够很好地工作在在线环境中。评论家的角色开始变得清晰起来。演员（策略网络）将采取一个动作，而评论家（状态-价值网络）将告诉演员动作的好坏程度，而不仅仅使用来自环境的潜在稀疏原始奖励信号。因此，评论家将是演员的损失函数中的一个项。评论家就像 Q-learning 那样直接从来自环境的奖励信号中进行学习，但奖励序列将取决于

演员所采取的动作，所以演员也会影响评论家，尽管通过更间接的方式（见图5.6）。

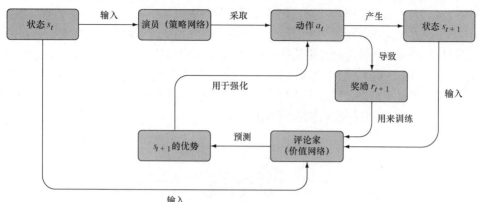

图5.6 演员-评论家模型。首先，演员预测最佳动作并选择要采取的动作，然后生成新的状态。评论家
网络计算旧状态和新状态的价值。s_{t+1} 的相应的值称为其优势，该信号将用于强化演员采取的动作

演员的训练一部分是通过使用评论家给出的信号，但究竟如何训练一个状态-价值函数，而不是更习惯的动作-价值（Q）函数呢？利用动作-价值，我们计算了给定状态-动作对的预期回报（未来贴现奖励的总和）。因此，可以预测一个状态-动作对是否会产生正向奖励、负向奖励或介于两者之间的奖励。回想一下，利用DQN，Q网络为每个可能的离散动作返回了单独的动作-价值，所以如果采用一个合理的策略（例如ε贪婪策略），那么状态值将基本上是最高的动作-价值。因此，状态-价值函数仅计算这个最高的动作-价值，而不是分别计算每个动作的动作-价值。

5.2 分布式训练

如前所述，本章旨在实现一个名为分布式优势演员-评论家（Distributed Advantage Actor-Critic，DA2C）的模型。我们已经在概念层面上讨论了名字中的"优势演员-评论家"，现在以同样的方式来介绍"分布式"。

对于大部分深度学习模型，我们都会进行分批训练（batch training），即将训练数据的一个随机子集进行分批，然后在反向传播和梯度下降处理之前计算整个批次的损失。这是很有必要的，因为如果每次都使用单块数据进行训练，那么梯度将包含太多变化，且参数将永远不会收敛到它们的最优值。在更新模型参数之前，我们需要对一批数据中的噪声进行平均来得到真实的信号。

举个例子，如果你正在训练一个图像分类器来识别手绘数字，并且每次使用一幅图像进行训练，那么算法将认为背景像素与前景数字同等重要，而当与其他图像进行平均时，它就只能看到信号。同样的概念也适用于强化学习，这就是必须在DQN中使用经验回放缓冲器的原因。

使用一个足够大的回放缓冲器需要大量的内存，在某些情况下，这是不切实际的。当强化学习环境和智能体算法遵循马尔可夫决策过程（特别是马尔可夫性质）的严格标准时，使用回放缓冲器才有可能。回想一下，马尔可夫性质表示状态s_t的最优动作可以在不参考任何先前状态s_{t-1}的情况下计算得到，所以没有必要保留以前访问过的状态历史。对于简单的游戏是这样的，但对于更复杂的环境，为了选择最佳选项则可能需要记住状态历史。

事实上，在许多复杂游戏中，我们经常会使用 LSTM 网络或 GRU 这样的递归神经网络。这些 RNN 可以保持一个能够存储过去轨迹（见图 5.7）的内部状态，对于自然语言处理（Natural Language Processing，NLP）任务特别有用。在这类任务中，跟踪前面的单词或字符对于编码或解码一个句子至关重要。经验回放不能与 RNN 一起工作，除非回放缓冲器存储了整个轨迹或完整的轮次，因为 RNN 是用来处理序列数据的。

图 5.7　一般的 RNN 层通过将之前的输出与新的输入合并来处理一组数据。左边的输入和之前的输出被输入 RNN 模块，该模块随后产生一个输出，该输出在下个时间步上重新输入 RNN，而其副本可能被输入另一层。RNN 无法利用经验回放缓冲器中的单条经验来正常工作，因为它需要处理一系列经验

一种在没有经验回放的情况下使用 RNN 的方法是并行运行智能体的多个副本，每个副本都有单独的环境实例。通过将多个独立的智能体分布到不同的 CPU 进程中（见图 5.8），我们可以获得各种各样的经验，因此能够得到梯度的样本，可以对这些梯度共同求取平均值来得到一个方差较小的平均梯度。这消除了对经验回放的需求，并允许我们以完全在线的方式训练算法，且每个状态在环境中出现时只会访问一次。

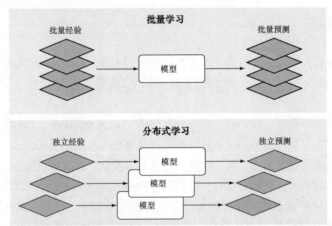

图 5.8　深度学习模型较常见的训练形式是将一批数据一起输入模型中来返回一批预测，然后计算每个预测的损失，并在反向传播和更新模型参数之前对所有损失进行平均或求和，这就平均掉了所有经验中存在的变动性。也可以运行多个模型，每个模型接收一条经验并做出单个预测，通过每个模型反向传播得到梯度，然后在进行任何参数更新之前对梯度求和或平均

多进程和多线程

现代台式计算机和笔记本电脑都有多核的中央处理器（CPU），它们是能够同时运行计算的独立处理单元。因此，如果可以将计算分割成能够单独计算并在之后进行合并的片段，就可以获得显著的速度提升。操作系统软件将物理 CPU 处理器抽象成虚拟的进程和线程。进程包含自己的内存空间，而线程运行于单个进程中（见图 5.9）。并行计算包含两种形式：多线程和多进程。只有在后一种形式中计算才能真正同时执行。在多进程中，计算同时执行于多个物理上不同的处理单元，例如 CPU 或 GPU 核心。

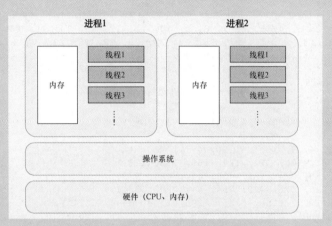

图 5.9 线程运行于单个进程中

进程由操作系统创建，它是对底层 CPU 硬件的抽象。如果有两个 CPU，那么可以同时运行两个进程。然而，操作系统允许生成两个以上的虚拟进程，并且明白如何在它们之间执行多个任务。每个进程都有自己的内存地址空间，而且可以拥有多个线程（任务）。当一个线程等待一个外部进程结束（例如输入或输出操作）时，操作系统可以运行另一个线程，这将使所拥有的 CPU 的使用率最大化。

多线程就像人们同时处理多项任务：人们一次只能处理一件事，但当一个任务空闲时，就会在不同任务之间进行切换。因此，多线程下任务并不是真正同时执行，而是一种软件级别的机制，用于提高运行多个计算任务的效率。当任务需要大量的输入/输出（I/O）操作时（例如读取和写入数据到硬盘），多线程是非常有效的。当数据从硬盘读入内存时，CPU 上的计算是空闲的，因为它在等待所需的数据，此时操作系统可以使用这个空闲的 CPU 时间来处理另一个任务，然后在 I/O 操作完成时切换回原来的状态。

机器学习模型一般不需要 I/O 操作，因为受到计算速度的限制，所以受益于多进程的真正同时计算。

大型的机器学习模型大多需要图形处理单元（GPU）来高效地执行，但在某些情况下运行于多个 CPU 上的分布式模型可能更具竞争力。Python 提供了一个名为 multiprocessing 的库，使得多进程操作变得非常容易。此外，PyTorch 封装了这个库，并提供了一个方法来实现模型的参数在多个进程之间共享。下面我们看一个多进程的简单示例。

作为一个人为设计的简单例子，假设我们有一个元素为数字序列 0,1,2,3,…,64 的数组，想求每个数字的平方。由于对一个数求平方不依赖于数组中的其他数字，因此我们可以很容易地在多个处理器上并行计算，如代码清单 5.1 所示。

代码清单 5.1 多进程介绍

```
import multiprocessing as mp
import numpy as np
def square(x):                          ◁── 这个函数接收一个数组并对其中的
return np.square(x)                            元素求平方
x = np.arange(64)      ◁── 设置一个包含数字序列的数组
>>> print(x)
array([ 0, 1, 2, 3, 4, 5, 6, 7, 8, 9, 10, 11, 12, 13, 14, 15, 16,
       17, 18, 19, 20, 21, 22, 23, 24, 25, 26, 27, 28, 29, 30, 31, 32, 33,
       34, 35, 36, 37, 38, 39, 40, 41, 42, 43, 44, 45, 46, 47, 48, 49, 50,
       51, 52, 53, 54, 55, 56, 57, 58, 59, 60, 61, 62, 63])
>>> mp.cpu_count()
    8                       ◁── 设置一个包含 8 个进程的多进程处理器池
pool = mp.Pool(8)
squared = pool.map(square, [x[8*i:8*i+8] for i in range(8)])   ◁── 使用池的 map 函数将
>>> squared                                                          square 函数应用于列
[array([ 0, 1, 4, 9, 16, 25, 36, 49]),                              表中的每个数组，并以
 array([ 64, 81, 100, 121, 144, 169, 196, 225]),                    列表的形式返回结果
 array([256, 289, 324, 361, 400, 441, 484, 529]),
 array([576, 625, 676, 729, 784, 841, 900, 961]),
 array([1024, 1089, 1156, 1225, 1296, 1369, 1444, 1521]),
 array([1600, 1681, 1764, 1849, 1936, 2025, 2116, 2209]),
 array([2304, 2401, 2500, 2601, 2704, 2809, 2916, 3025]),
 array([3136, 3249, 3364, 3481, 3600, 3721, 3844, 3969])]
```

这里我们定义了一个函数 square，用于接收一个数组并计算其元素的平方。该函数将分布在多个进程中。我们创建了一个示例数据（它仅是 0~63 的数字列表），将数组分割成 8 个片段，并在不同处理器上独立计算每个片段中元素的平方，而不是在单个进程中逐一求取每个片段中元素的平方（见图 5.10）。

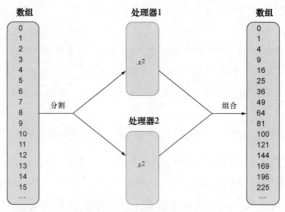

图 5.10 一个简单的多进程示例。我们想更有效地求数组中所有元素的平方，故将数组分成两部分，并将每个部分发送到不同的处理器，由这些处理器同时对其中的元素求平方，而不是逐一求取每个元素的平方，然后将这些片段重新组合成一个数组

你可以用 mp.cpu_count 函数查看自己的计算机中有多少个物理处理器。我们在代码清单
5.1 中可以看到有 8 个处理器。许多现代计算机可能拥有 4 个独立的物理处理器，但它们将通过
超线程（hyperthreading）拥有 8 个"虚拟"处理器。超线程是某些处理器使用的一种性能技巧，
可以让两个进程本质上同时运行于一个物理处理器上。重要的是，不要在计算机上创建多于 CPU
数量的进程数，因为额外的进程实质上将作为线程来运行，而 CPU 将不得不在进程间快速切换。

在代码清单 5.1 中，我们使用 mp.Pool(8) 设置了一个包含 8 个进程的处理器池，然后使用
pool.map 将 square 函数分布在 8 个数据块上。可以看到，我们得到了一个包含 8 个数组的列
表，其中的元素都是求过平方的，正如我们想要的那样。进程结束后就会立马返回，所以返回列
表中元素的顺序可能并不总是它们的映射顺序。

我们需要对进程进行比处理器池所允许的更多的控制，为此会手动创建和启动一些进程。手
动启动单个进程的代码如代码清单 5.2 所示。

代码清单 5.2　手动启动单个进程

```
def square(i, x, queue):
    print("In process {}".format(i,))
    queue.put(np.square(x))              设置一个列表，以存储对每个进程的引用
processes = []
queue = mp.Queue()                       设置一个多进程队列，这是一
x = np.arange(64)                        个可以跨进程共享的数据结构
for i in range(8):                                        启动 8 个进程，其中以 square
    start_index = 8*i                                     函数为目标来处理单个数据块
    proc = mp.Process(target=square,args=(i,x[start_index:start_index+8],
                      queue))
    proc.start()
    processes.append(proc)

for proc in processes:                   等待每个进程结束后再返回主线程
    proc.join()
for proc in processes:
proc.terminate()                         终止每个进程
results = []
while not queue.empty():
    results.append(queue.get())          将多进程队列转换成列表
>>> results
[array([ 0,  1,  4,  9, 16, 25, 36, 49]),
 array([256, 289, 324, 361, 400, 441, 484, 529]),
 array([ 64, 81, 100, 121, 144, 169, 196, 225]),
 array([1600, 1681, 1764, 1849, 1936, 2025, 2116, 2209]),
 array([576, 625, 676, 729, 784, 841, 900, 961]),
 array([1024, 1089, 1156, 1225, 1296, 1369, 1444, 1521]),
 array([2304, 2401, 2500, 2601, 2704, 2809, 2916, 3025]),
 array([3136, 3249, 3364, 3481, 3600, 3721, 3844, 3969])]
```

设置一些样本数据，一个数字序列

此处涉及的代码更多，但其功能与我们之前在 Pool 上所做的一样。不过，现在使用
multiprocessing 库中特殊的可共享数据结构，就可以很容易地在进程间共享数据，并且可
以对进程进行更多的控制。

我们稍微修改一下 square 函数，使其接收一个代表进程 ID 的整数、待求平方的数组，以及名为 queue 的共享全局数据结构。我们可以将数据存储在该数据结构中，也可以使用 get 方法从中提取数据。

从代码清单 5.2 可见，我们首先创建一个列表来保存进程实例，并创建共享队列对象和示例数据；然后，定义一个循环来创建（在本例中）8 个进程，使用 start 方法启动它们，并将它们添加到进程列表，以便后面访问。接下来，遍历进程列表并调用每个进程的 join 方法，使程序处于等待状态，直到所有进程结束；然后，调用每个进程的 terminate 方法来确保进程被终止；最后，将队列的所有元素收集到一个列表中并输出。

结果看起来与进程池相同，只是其顺序是随机的。这就是将一个函数分布到多个 CPU 上的全部内容。

5.3 演员-评论家优势算法

既然我们知道了如何将计算分布在多个进程中，就可以回到真正的强化学习了。在本节中，我们将整合完整的 DA2C 模型的各个部分。为了能够快速训练以及与第 4 章的结果加以对比，我们将再次用 CartPole 游戏作为测试环境。你也可以将算法应用到难度更大的游戏中，例如 OpenAI Gym 中的 Pong。

目前为止，我们已经将演员和评论家作为两个单独的函数加以介绍，接下来将它们组合成一个具有两个输出"头"的神经网络，这就是代码清单 5.3 中的伪代码要实现的功能。该神经网络不像正常的神经网络那样返回单个向量，而是可以返回两个不同的向量：一个用于策略，另一个用于价值。这样就可以在策略和价值之间共享某个参数从而提高效率，因为计算价值所需的一些信息同样有助于预测策略的最佳动作。如果你觉得"双头"神经网络看起来太奇怪，那么可以继续编写两个单独的神经网络。下面我们看一下该算法的伪代码，然后将它转换成 Python 程序。

代码清单 5.3 在线优势演员-评论家算法的伪代码

```
gamma = 0.9                          遍历所有轮次
for i in epochs:                                      获取环境的当前状态
    state = environment.get_state()                            预测状态的价值
    value = critic(state)
    policy = actor(state)                        预测给定状态下动作的概率分布
    action = policy.sample()
    next_state, reward = environment.take_action(action)      预测下一个状态的价值
    value_next = critic(next_state)
    advantage = reward + (gamma * value_next-value)      将优势计算为奖励加上下一个状
    loss = -1 * policy.logprob(action) * advantage       态值与当前状态值之间的差值
    minimize(loss)
                                     强化基于优势而采取的动作
从策略的动作分布中抽样
一个动作
```

这是一段简化的伪代码，但足以表达主要的思想。需要重点指出的是优势的计算。假设有这样一种情况，我们采取一个动作并得到奖励+10，价值的预测是+5，下一个状态的价值预测是+7。由于未来预测通常比当前观察的奖励价值要低，因此使用 gamma 贴现因子来贴现下一个状态的价值，此时 advantage=10+0.9*7-5=10+(6.3 - 5)=10+1.3 =+11.3。由于下一个状态的价值和当前状态的价值之差是正数，增加了所采取动作的整体价值，因此将对其进行强化。注意，优势函数是自举的，因为它根据对未来状态的预测计算当前状态和动作的价值。

在本章中，我们将再次对 CartPole（情景式的）使用 DA2C 模型。如果做一个完整的蒙特卡洛更新，即在完整的轮次结束后进行更新，那么由于轮次结束时不存在下一个状态，因此最后一次移动的 value_next 将一直是 0。在这种情况下，优势项实际上变成了 advantage= reward- value，即本章开头讨论的价值基线。如果进行在线或 N-step 学习，就会使用完整的优势表达式 $A = r_{t+1} + \gamma v(s_{t+1}) - v(s_t)$。

N-step 学习是介于完全在线学习和更新前等待完整轮次（蒙特卡洛学习）之间的学习，如图 5.11 所示。顾名思义，我们累积 N 步的奖励，然后计算损失并进行反向传播。步骤数量可以为 1（减小到完全在线学习）到轮次的最大步数（蒙特卡洛学习）。通常，我们会选择一个介于两者之间的数来同时获得两者的优势。首先，我们将展示情景式演员-评论家算法，然后将它应用于 N-step，其中 N 设为 10。

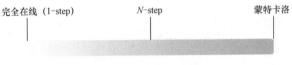

图 5.11　N-step 学习

图 5.12 显示了演员-评论家算法。演员-评论家算法需要同时产生状态-价值和动作概率。我们使用动作概率来抽样一个动作并获得奖励，并将其与状态-价值进行比较来计算优势。优势是最终用来强化动作和训练模型的量。

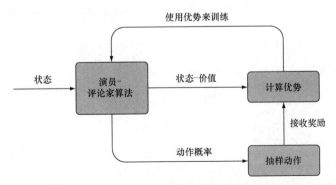

图 5.12　演员-评论家算法产生状态-价值和动作概率用于计算优势，它是用来训练模型的量，而不是像 Q-learning 那样的原始奖励

了解这些知识之后，我们开始编写一个演员-评论家算法，用它来玩 CartPole 游戏。具体步骤如下。

（1）创建演员-评论家模型（一个"双头"模型，也可以分别创建独立的演员和评论家网络）。该模型接收一个 CartPole 状态作为输入，该输入是一个包含 4 个实数的向量。演员头就像第 4 章中的策略网络（演员），因此它输出一个二维向量，表示在两个可能动作上的离散概率分布。评论家输出一个代表状态价值的数字。评论家以 $v(s)$ 表示，而演员以 $\pi(s)$ 表示。记住，$\pi(s)$ 返回每个可能动作的对数概率，在我们的例子中为两个动作。

（2）当处于当前轮次时，所做的操作如下。

a. 定义超参数：γ（贴现因子）。

b. 在初始状态 s_t 中启动一个新的轮次。

c. 计算值 $v(s_t)$ 并将其存储在列表中。

d. 计算 $\pi(s_t)$ 并将其存储在列表中，然后抽样并采取动作 a_t。获得新的状态 s_{t+1} 和奖励 r_{t+1}，并将奖励存储在列表中。

（3）训练。

a. 初始化 $R=0$。逆序遍历奖励来产生回报：$R = r_i + \gamma R$。

b. 最小化演员损失：$-1 \times \gamma_t (R - v(s_t)) \pi(a \mid s)$。

c. 最小化评论家损失：$(R - v)^2$。

（4）重复一个新的轮次。

用 Python 语言实现上述步骤，如代码清单 5.4 所示。

代码清单 5.4　针对 CartPole 编写演员-评论家算法

```
import torch
from torch import nn
from torch import optim
import numpy as np
from torch.nn import functional as F
import gym
import torch.multiprocessing as mp        ◁──  PyTorch 封装了 Python 内置的 multiprocessing 库，
class ActorCritic(nn.Module):             ◁──                                 且 API 相同
    def __init__(self):                          为演员和评论家定义一个组合模型
        super(ActorCritic, self).__init__()
        self.l1 = nn.Linear(4,25)
        self.l2 = nn.Linear(25,50)
        self.actor_lin1 = nn.Linear(50,2)
        self.l3 = nn.Linear(50,25)
        self.critic_lin1 = nn.Linear(25,1)
    def forward(self,x):
        x = F.normalize(x,dim=0)
        y = F.relu(self.l1(x))
        y = F.relu(self.l2(y))
        actor = F.log_softmax(self.actor_lin1(y),dim=0)   ◁──  演员这一头返回两个动作
        c = F.relu(self.l3(y.detach()))                          的对数概率
```

```
critic = torch.tanh(self.critic_lin1(c))          ←  评论家返回一个以-1 和+1 为界
return actor, critic  ←                                限的数字
                          以元组形式返回演员和
                          评论家结果
```

对于 CartPole 来说，其神经网络除了包含两个输出头，其他部分相当简单。在代码清单 5.4 中，首先对输入进行标准化，以保证状态值都处于相同的范围内；然后，将标准化的输入通过前两层，即带有 ReLU 激活函数的普通线性层，接着将模型分成两条路径。

第一条路径是演员头，它接收第二层的输出，并应用另一个线性层和 `log_softmax` 函数。`log_softmax` 逻辑上等同于 `log(softmax(…))`，但组合后的函数数值上更稳定，因为如果单独计算函数，那么在 `softmax` 之后可能会得到满溢或下溢概率。

第二条路径是评论家头，它会对第二层的输出应用一个线性层和 ReLU，但请注意我们调用的是 `y.detach`，它会从计算图中分离 `y` 节点，所以评论家损失不会在第一层和第二层中反向传播和修改权重（见图 5.13）。只有演员才会导致这些权重被修改，所以当演员和评论家试图对前面的网络层做出相反的更新时，这能够防止二者之间的冲突。利用"双头"模型，使一头占主导地位并通过在前几层中分离另一头来让它控制大部分参数通常是有意义的。最后，评论家应用另一个线性层，并使用 `tanh` 激活函数将输出限制在区间（-1,1）内，这对于 CartPole 来说简直完美，因为其奖励是+1 和-1。

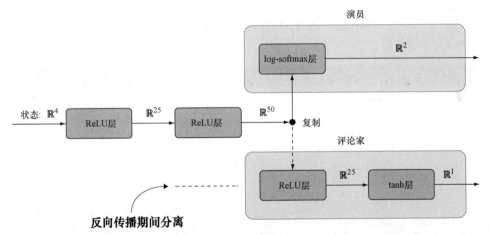

图 5.13 "双头"演员-评论家模型架构。它包含两个共享的线性层和一个分支点，其中前两层的输出在最终通过一个 tanh 层之前会发送到演员头的 log-softmax 层和评论家头的 ReLU 层，其中 tanh 层是一个将输出限制在（-1,1）内的激活函数。这个模型返回两个元组的张量，而不是单个张量。注意，评论家这一头被分离了（由虚线表示），这意味着其不会从评论家这一头反向传播到演员这一头或模型开头，只有演员这一头才会反向传播到模型开头

在代码清单 5.5 中，我们编写了将多个演员-评论家模型实例分发到不同进程的必要代码。

> **代码清单 5.5　分布式训练**

```
MasterNode = ActorCritic()
MasterNode.share_memory()
processes = []
params = {
    'epochs':1000,
    'n_workers':7,
}
counter = mp.Value('i',0)
for i in range(params['n_workers']):
    p = mp.Process(target=worker, args=(i,MasterNode,counter,params))
    p.start()
    processes.append(p)
for p in processes:
    p.join()
for p in processes:
    p.terminate()

 print(counter.value,processes[1].exitcode)
```

创建一个全局共享的演员-评论家模型

创建一个列表来存储实例化的进程

shared_memory 方法将允许模型的参数在进程之间共享，而不是复制

启动一个运行 worker 函数的新进程

"连接"每个进程，等待它们结束后再返回到主进程

确保每个进程都已终止

输出全局计数器值和第一个进程的退出码（应该是 0）

使用 multiprocessing 的内置共享对象的共享全局计数器，其中参数 "i" 表示类型为整数

这与之前演示如何跨多个进程分割数组时的设置完全相同，只是这次会运行一个名为 worker 的函数，该函数将运行针对 CartPole 的强化学习算法。

接下来，我们将定义 worker 函数，以在一个 CartPole 环境实例中运行单个智能体，如代码清单 5.6 所示。

> **代码清单 5.6　主训练循环**

```
def worker(t, worker_model, counter, params):
    worker_env = gym.make("CartPole-v1")
    worker_env.reset()
    worker_opt = optim.Adam(lr=1e-4,params=worker_model.parameters())
    worker_opt.zero_grad()
    for i in range(params['epochs']):
        worker_opt.zero_grad()
        values, logprobs, rewards = run_episode(worker_env,worker_model)
        actor_loss,critic_loss,eplen =
     update_params(worker_opt,values,logprobs,rewards)
        counter.value = counter.value + 1
```

每个进程运行自己独立的环境和优化器，但共享模型

run_episode 函数将运行游戏的一个轮次，并沿途收集数据

使用从 run_episode 收集的数据运行一个参数更新步骤

counter 是所有运行的进程之间的全局共享计数器

worker 函数是每个独立进程都将单独运行的函数。每个 worker（进程）都将创建自己的 CartPole 环境和优化器，但会共享演员-评论家模型——该模型会作为一个参数传入函数。由于模型是共享的，因此当一个 worker 更新模型参数时，worker 中的参数都会得到更新，如图 5.14 所示。

由于每个 worker 都是在拥有自己内存的新进程中生成的，因此它需要的所有数据都应该作为参数显式地传递给函数，这也可以防止程序出现漏洞。

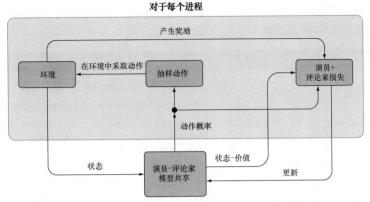

图 5.14 在每个进程中，使用共享的模型来运行游戏的一个轮次。每个进程中都会计算损失，但优化器会更新每个进程使用的共享演员-评论家模型

在代码清单 5.7 中，我们定义了一个函数在 CartPole 环境中的一个轮次期间运行演员-评论家模型的单个实例。

代码清单 5.7　运行一个轮次

持续玩游戏，直到轮次结束

```
def run_episode(worker_env, worker_model):
    state = torch.from_numpy(worker_env.env.state).float()
    values, logprobs, rewards = [],[],[]
    done = False
    j=0
    while (done == False):
        j+=1
        policy, value = worker_model(state)
        values.append(value)
        logits = policy.view(-1)
        action_dist = torch.distributions.Categorical(logits=logits)
        action = action_dist.sample()
        logprob_ = policy.view(-1)[action]
        logprobs.append(logprob_)
        state_, _, done, info = worker_env.step(action.detach().numpy())
        state = torch.from_numpy(state_).float()
        if done:
            reward = -10
            worker_env.reset()
        else:
            reward = 1.0
        rewards.append(reward)
return values, logprobs, rewards
```

将环境状态从 NumPy 数组转换为 PyTorch 张量

创建列表存储计算的状态值（评论家）、对数概率（演员）和奖励

计算状态-价值和动作的对数概率

使用演员的动作对数概率来创建一个类别分布，并从中抽取获得一个动作

如果最后一个动作导致轮次结束，就将奖励设置为-10 并重置环境

run_episode 函数只运行于 CartPole 的单个轮次，并从评论家那里收集计算的状态值、从演员那里收集动作的对数概率以及来自环境的奖励。我们将其存储在列表中，并稍后据此计算损失函数。由于这是一个演员-评论家算法而不是 Q-learning，因此采取的动作是直接从策略中抽样，

而不是在 Q-learning 中任意选择一个策略（例如 ε 贪婪策略）。除此之外，该函数中没什么不寻常之处，所以我们继续介绍更新函数（见代码清单 5.8）。

代码清单 5.8　计算和最小化损失

> 我们对 rewards、logprobs 和 values 数组进行逆序处理并调用 view(-1) 来确保它们是扁平的一维数组

```
def update_params(worker_opt,values,logprobs,rewards,clc=0.1,gamma=0.95):
    rewards = torch.Tensor(rewards).flip(dims=(0,)).view(-1)
    logprobs = torch.stack(logprobs).flip(dims=(0,)).view(-1)
    values = torch.stack(values).flip(dims=(0,)).view(-1)
    Returns = []
    ret_ = torch.Tensor([0])
    for r in range(rewards.shape[0]):
        ret_ = rewards[r] + gamma * ret_
        Returns.append(ret_)
    Returns = torch.stack(Returns).view(-1)
    Returns = F.normalize(Returns,dim=0)
    actor_loss = -1*logprobs * (Returns - values.detach())
    critic_loss = torch.pow(values - Returns,2)
    loss = actor_loss.sum() + clc*critic_loss.sum()
    loss.backward()
    worker_opt.step()
    return actor_loss, critic_loss, len(rewards)
```

> 对于每个奖励（逆序），计算回报值并将其附加到一个回报数组中

> 我们需要将 values 张量从计算图中分离出来，以防止通过评论家头进行反向传播

> 评论家试图学习预测回报

> 将演员和评论家损失求和得到整体损失，并通过 clc 因子缩小评论家损失

update_params 函数是所有动作所在之处，它将分布式优势演员-评论家算法与目前学到的其他算法区分开来。首先，获取奖励、对数概率和状态-价值的列表，并将它们转换为 PyTorch 张量。由于我们希望首先考虑最近的动作，因此对其进行逆序处理，并通过调用 view(-1) 方法确保它们是扁平的一维数组。

正如本节前面所描述的那样，actor_loss 的计算使用的是优势（技术上是基线，因为不存在自举）而不是原始奖励。至关重要的是，如果使用 actor_loss，就必须将 values 张量从计算图中分离出来；否则，将同时通过演员和评论家进行反向传播，但其实我们只想更新演员头。评论家损失仅仅是状态-价值和回报之间的简单平方误差，此处要确保没有进行分离，因为我们想要更新评论家头。然后，将演员和评论家损失求和得到整体损失。通过乘 0.1 来缩小评论家的损失，因为我们希望演员比评论家学习得更快。此外，我们需要返回每个损失和奖励张量的长度（它表明轮次持续了多久），以监视它们的训练进展。

此处根据我们设置的方式，每个 worker 在结束运行一个轮次时都将异步更新共享模型参数。我们本可以等待所有 worker 结束运行一个轮次，然后对它们的梯度求和并同步更新共享模型参数，但这种方式更加复杂，而且异步方法在实践中也能够很好地工作。

将它们组合在一起并运行，在一台现代计算机上的几个 CPU 上运行时，你将在一分钟内得到一个训练好的 CartPole 智能体。如果绘制出相应的损失随时间变化的图，那么可能不会像你希望的那样出现一条漂亮的下降趋势线，因为演员和评论家是相互对抗的（见图 5.15）。评论家受激励去尽可

能好地建模回报（回报取决于演员做了什么），而演员则被激励去超越评论家的期望。如果演员比评论家进步得快，评论家的损失就会很高，反之亦然，所以在两者之间存在着某种对抗关系。

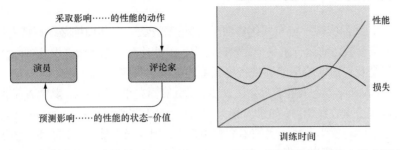

图 5.15　演员和评论家之间存在某种对抗关系，因为智能体采取的动作会影响评论家的损失，而评论家对状态-价值的预测会被整合到回报中，从而影响演员的训练损失。

因此，尽管智能体的性能确实在提高，但是总体损失图可能看起来很混乱。

这种对抗性训练在机器学习的很多领域都是一种非常强大的技术，而不仅仅是在强化学习领域中。例如，生成对抗网络（Generative Adversarial Network，GAN）是一种无监督算法，它使用一对功能类似于演员和评论家的模型从训练数据集中生成看起来真实的合成数据样本。事实上，我们将在第 8 章创建一个更加复杂的对抗模型。

此处的关键是，如果使用一个对抗模型，损失在很大程度上是没有信息的（除非它变成 0 或趋于无穷大，这种情况下可能是有问题的）。你必须依赖于对所关心目标的实际评估，在我们的案例中就是智能体在游戏中的表现如何。图 5.16 展示了训练的前 120 个轮次（大约耗时 45s）的平均轮次长度。

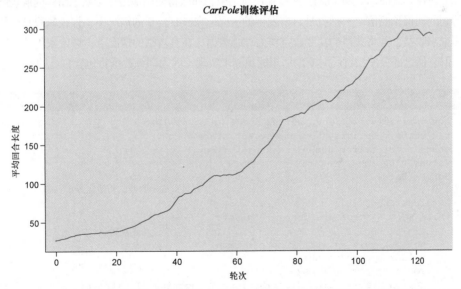

图 5.16　在蒙特卡洛分布式优势演员-评论家模型中，平均轮次长度随着训练轮次的变化。该模型不能当作真正的评论家，因为评论家在训练期间没有自举，所以训练性能具有较高的方差

5.4　*N*-step 演员–评论家算法

在 5.3 节中，我们实现了分布式优势演员–评论家算法，但其训练是在蒙特卡洛模式下进行的——在更新模型参数之前运行了一个完整的轮次。虽然这对于像 CartPole 这样简单的游戏来说是有意义的，但是我们通常希望能够进行更频繁的更新。我们之前简要谈到了 *N*-step 学习，但是此处重申一下，*N*-step 学习意味着只会在 *N* 步之后计算损失和更新参数，其中 *N* 是我们选择的值。如果 *N* 为 1，那就是完全在线学习；如果 *N* 很大，那么它还是蒙特卡洛学习；而最佳点位于两者之间。

在蒙特卡洛完整轮次学习中，我们不会利用自举，因为没有什么可以自举。在在线学习中使用自举，就像在 DQN 中所做的那样，但在 1-step 学习中自举可能会引入很高的偏差。如果这种偏差将参数推向正确的方向，那么它可能是无害的，但在某些情况下，这种偏差可能会使参数太过偏离，以至于永远不会朝正确的方向前进。

这就是 *N*-step 学习通常比 1-step（在线）学习更好的原因——评论家的目标值更准确，所以评论家的训练会更稳定，并能够产生更小偏差的状态–价值。通过自举，我们从预测中做出预测，所以如果能在预测之前收集更多的数据，那么预测就会更好。另外，我们喜欢自举是因为它可以提高抽样效率，在正确方向上更新参数之前你不需要查看太多数据（例如游戏中的帧）。

下面我们修改代码来进行 *N*-step 学习。需要修改的唯一的函数是 run_episode，只需将其修改成运行 *N* 步后计算损失和更新参数而不是等待整个轮次结束，如代码清单 5.9 所示。如果轮次在 *N* 步之前结束，那么最后一个回报值将被设置为 0（因为游戏结束后就没有下一个状态），就像在蒙特卡洛学习情况下一样。然而，如果轮次在 *N* 步还没有结束，那么将使用最后一个状态值作为假设继续玩游戏时将得到的回报预测值——这就是自举发生的情况。在没有自举的情况下，评论家只是试图从一个状态预测未来收益，并将获得的实际收益作为训练数据。在有自举的情况下，评论家仍然试图预测未来收益，但它通过部分使用自己对未来回报的预测来实现（因为训练数据将包含自己的预测）。

代码清单 5.9　使用 CartPole 进行 *N*-step 训练

```
def run_episode(worker_env, worker_model, N_steps=10):
    raw_state = np.array(worker_env.env.state)
    state = torch.from_numpy(raw_state).float()
    values, logprobs, rewards = [],[],[]
    done = False
    j=0
    G=torch.Tensor([0])                          ◁────  变量 G 表示收益，初始化为 0
    while (j < N_steps and done == False):       ◁────┐
        j+=1                                          │  玩游戏直到 N 步或当
        policy, value = worker_model(state)           │  轮次结束
        values.append(value)
        logits = policy.view(-1)
        action_dist = torch.distributions.Categorical(logits=logits)
        action = action_dist.sample()
        logprob_ = policy.view(-1)[action]
```

```
        logprobs.append(logprob_)
        state_, _, done, info = worker_env.step(action.detach().numpy())
        state = torch.from_numpy(state_).float()
        if done:
            reward = -10
            worker_env.reset()
        else:
            reward = 1.0
            G = value.detach()
        rewards.append(reward)
return values, logprobs, rewards, G
```

如果轮次尚未结束，则将收益设置
为前一个状态-价值

代码中唯一改变的是 while 循环的条件（*N* 步后退出），并且在轮次没有结束时将收益设置为上一步的状态值，从而开启了自举。这个新的 run_episode 函数显式地返回收益 G，所以为了让它工作，我们需要对 update_params 函数和 worker 函数进行一些小的更新。

首先，将参数 G 添加到 update_params 函数的定义中，并更改 ret_ = G：

```
def update_params(worker_opt,values,logprobs,rewards,G,clc=0.1,gamma=0.95):
    rewards = torch.Tensor(rewards).flip(dims=(0,)).view(-1)
    logprobs = torch.stack(logprobs).flip(dims=(0,)).view(-1)
    values = torch.stack(values).flip(dims=(0,)).view(-1)
    Returns = []
    ret_ = G
    …
```

函数其余部分完全相同，此处省略。

需要在 worker 函数中做的修改就是捕获新返回的 G 数组并将其传递给 update_params：

```
def worker(t, worker_model, counter, params):
    worker_env = gym.make("CartPole-v1")
    worker_env.reset()
    worker_opt = optim.Adam(lr=1e-4,params=worker_model.parameters())
    worker_opt.zero_grad()
    for i in range(params['epochs']):
        worker_opt.zero_grad()
        values, logprobs, rewards, G = run_episode(worker_env,worker_model)
        actor_loss,critic_loss,eplen = update_params(worker_opt,values,logprobs,rewards, G)
        counter.value = counter.value + 1
```

你可以再次运行训练算法。除了性能更好，一切都应该跟之前一样，但你可能会被 *N*-step 学习的高效率惊讶到。该模型训练的前 120 个轮次（大约耗时 45s）的平均轮次长度如图 5.17 所示。

注意，在图 5.17 中，*N*-step 模型马上开始变得更好，轮次长度达到了 300（在 45s 后），而蒙特卡洛版本的长度大约只有 140。另外，该图比蒙特卡洛版本的图要平滑得多。自举减小了评论家中的方差，并让它比蒙特卡洛学习得更快。

举一个具体的例子，假设你在轮次 1 中获得[1,1,−1]的 3-step 奖励，在轮次 2 中获得[1,1,1]的奖励。轮次 1 的总收益为 0.01（$\gamma = 0.99$），而轮次 2 的总收益为 1.99，仅仅基于训练早期轮次的随机结果，二者就已经存在两个数量级的差异，这是很大的方差。将其与（模拟的）带自举的相同例子加以比较，以便每个轮次的收益也包括自举的预测收益。如果两者的自举收益预测都是

1.0（假设状态相似），那么计算的收益是 0.99 和 2.97，这比没有自举的情况要接近得多。你可以利用代码清单 5.10 重现这个示例。

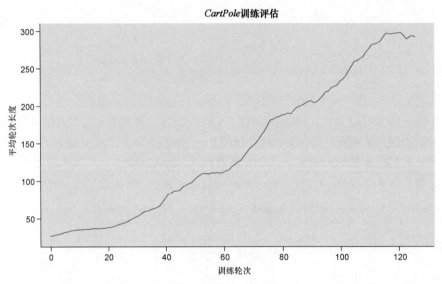

图 5.17　具有真正的 *N*-step 自举的分布式优势演员-评论家算法的平均轮次长度。与之前的蒙特卡洛算法相比，该算法由于具有更稳定的评论家，因此性能更平滑

代码清单 5.10　有自举和无自举情况下的收益

```
#Simulated rewards for 3 steps
r1 = [1,1,-1]
r2 = [1,1,1]
R1,R2 = 0.0,0.0
#No bootstrapping
for i in range(len(r1)-1,0,-1):
    R1 = r1[i] + 0.99*R1
for i in range(len(r2)-1,0,-1):
    R2 = r2[i] + 0.99*R2
print("No bootstrapping")
print(R1,R2)
#With bootstrapping
R1,R2 = 1.0,1.0
for i in range(len(r1)-1,0,-1):
    R1 = r1[i] + 0.99*R1
for i in range(len(r2)-1,0,-1):
    R2 = r2[i] + 0.99*R2
print("With bootstrapping")
print(R1,R2)
>>> No bootstrapping
0.010000000000000009 1.99
With bootstrapping
0.9901 2.9701
```

在第 4 章的简单策略梯度法中，我们只训练了一个输出所有动作概率分布的策略函数，因此预测的最佳动作将被赋予最高的概率。与 Q-learning 中学习目标值不同，策略函数直接根据奖励来强化增大或减小所采取的动作的概率。通常，同样的动作在奖励方面可能会产生相反的结果，导致训练中出现较高的方差。

为了缓解这种情况，我们引入了一个评论家模型（或者使用一个"双头"模型），通过直接建模状态–价值来减小策略函数更新的方差。通过这种方式，如果演员（策略）采取了一个动作，并获得了异常大或异常小的奖励，那么评论家可以调节这个较大的波动，并防止对策略进行异常大（可能具有破坏性）的参数更新。这也引出了"优势"的概念，我们不再基于原始回报（平均累积奖励）来训练策略，而是基于动作与评论家预测的结果相比有多好（或多差）来进行训练。这是很有帮助的，因为如果两个动作都导致相同的正向奖励，我们会天真地认为它们是等价的动作，但如果将其与我们所期望的结果相比，一个奖励比预期表现得更好，那么这一动作应该被更多地强化。

和其他深度学习方法一样，要有效地进行训练，通常必须使用批量数据。一次只使用一个样本进行训练会引入太多的噪声，而且训练很可能永远不会收敛。为了引入 Q-learning 的批量训练，我们使用了一个经验回放缓冲器，可以随机选择之前经验的一个批次。我们本来可以将经验回放与演员–评论家算法结合使用，但更常见的是将分布式训练与演员–评论家算法结合使用（确切来说，Q-learning 也可以进行分布式训练）。演员–评论家模型中的分布式训练更常见，因为在跟踪之前状态是有必要的或有助于实现目标的情况下，经常想使用 RNN 层作为强化学习模型的一部分。但 RNN 需要一系列时间上相关的样本，且经验回放依赖于一批独立的经验。我们可以将整个轨迹（经验序列）存储在一个回放缓冲器中，但这只会增加复杂性。相反，利用分布式训练，每个进程通过自己的环境进行在线运行，模型可以很容易地包含 RNN。

除了分布式训练，还有另一种方式来训练在线演员–评论家算法：简单利用环境的多个副本，然后将每个独立环境中的状态批量化，将其输入一个演员–评论家模型，然后该模型将为每个环境生成独立的预测值。当环境运行成本不高时，这是一种可行的替代分布式训练的方案。如果你的环境是一个复杂的、高内存的、计算密集的模拟器，那么在单个进程中运行环境的多个副本可能非常缓慢，在这种情况下分布式训练会更好。

截至目前，我们已经讨论了我们认为是当前强化学习最基础的部分。你现在应该熟悉了基本的强化学习数学框架（例如马尔可夫决策过程），并且应该能够实现 Q-learning、纯策略梯度和演员–评论家模型。如果你一直跟着本书学习，那么应该已经为解决强化学习领域的许多其他问题打下了良好的基础。

在本书后续章节中，我们将讨论更高级的强化学习算法，力求以一种直观的方式介绍一些较先进的强化学习算法。

小结

- Q-learning 学习预测给定状态和动作下的贴现奖励。
- 策略算法学习给定状态下动作的概率分布。
- 演员–评论家模型组合了一个 Q 学习者和一个策略学习者。
- 优势演员–评论家算法学习通过比较动作的期望值与实际观察到的奖励来计算优势，所以如果一个动作预期导致–1 奖励但实际上导致+10 奖励，那么它的优势则比预期导致+9 奖励而实际上导致+10 奖励的动作要高。
- 多进程是指在多个不同的处理器上运行代码，这些处理器可以同时独立运行。
- 多线程就像多任务处理，通过让操作系统在多个任务之间快速切换来实现更快运行多个任务。当一个任务空闲时（可能在等待一个文件下载），操作系统可以继续处理另一个任务。
- 分布式训练通过同时运行环境的多个实例和一个共享的深度强化学习模型实例来工作。在每个时间步后，计算每个独立模型的损失，收集每个模型副本的梯度，然后对它们求和或求平均来更新共享参数，从而可以在没有经验回放缓冲器的情况下进行小批量训练。
- N-step 学习介于完全在线学习（每次训练 1 步）和完全的蒙特卡洛学习（只在一个轮次的末尾训练）之间。因此，N-step 学习兼具这两者的优势——1-step 学习的效率和蒙特卡洛学习的准确性。

第二部分

进阶篇

继介绍深度强化学习的基础知识之后，我们在这一部分将深入探究各种更高级的技术，并处理更复杂的环境。你可以按照任意顺序学习这一部分中的各章内容，因为它们之间的联系并不紧密。不过，每一章都会比前一章更复杂，所以我们建议你循序渐进地学习。

在第 6 章中，我们会介绍另一种训练神经网络的框架——该框架借鉴了生物科学中的思想。尤其值得一提的是，我们将把查尔斯·达尔文（Charles Darwin）的自然选择进化论应用到机器学习中。

在第 7 章中，我们会展示大多数强化学习方法在如何表示环境状态方面比较匮乏，并通过建模一个全概率分布来解决这一问题。在第 8 章中，我们会展示如何赋予强化学习智能体一种类似人类好奇心的意识。在第 9 章中，我们把所学的单个强化学习智能体的训练扩展到几十个或数百个智能体相互作用的场景中。

在第 10 章中，我们会处理最后一个主要项目，即通过低级的符号推理形式来实现一个机器学习模型，以洞察神经网络的内部行为，并使模型更具可解释性。最后，在第 11 章中，我们会简要回顾本书的核心概念，并给出进一步研究的路线图。

第6章 可替代的优化方法: 进化算法

本章主要内容

- 解决最优化问题的进化算法。
- 与之前介绍过的算法相比,进化算法的优缺点。
- 在没有反向传播的情况下处理 CartPole 游戏。
- 为什么进化策略能够比其他算法更好地进行扩展。

神经网络的灵感来源于真实的生物大脑,卷积神经网络也受到了视觉生物机制的启发。生物机制驱动科技和工程进步有着悠久的历史。通过自然选择的进化过程,大自然优雅而有效地解决了很多问题。自然地,人们不禁遐想是否可以据此进化本身,并在计算机上实现给出问题的解决方案。你将看到,我们确实可以利用进化来解决问题,不但效果出奇得好,而且相对比较容易实现。

在自然进化过程中,一些特性赋予生物生存和繁殖的优势,以至于生物特性发生变化并产生新特性,从而使这些生物体能够在下一代中传递更多基因副本。基因的生存优势完全取决于环境,而环境往往是不可预测且动态变化的。我们模拟进化的用例要简单得多,因为我们通常想要最大化或最小化单个数字,例如训练神经网络时的损失。

在本章中,你将学习如何使用模拟的进化算法来训练神经网络,以便在不使用反向传播和梯度下降的情况下将之用于强化学习。

6.1 另一种强化学习方法

为什么我们要考虑放弃反向传播呢?这是因为,通过 DQN 和策略梯度法,我们创建了一个智能体,使它的策略依赖于神经网络来近似 Q 函数或策略函数。如图 6.1 所示,智能体与环境交互、收集经验,然后使用反向传播来提高其神经网络(策略)的准确性。我们需要仔细调整几个超参数,包括选择正确的优化器函数、小批量尺寸和学习率,以确保训练稳定和成功。由于 DQN

和策略梯度算法的训练都依赖于随机梯度下降，顾名思义，依赖于噪声梯度，因此无法保证这些模型能成功地学习（收敛到一个良好的局部或全局最优值）。

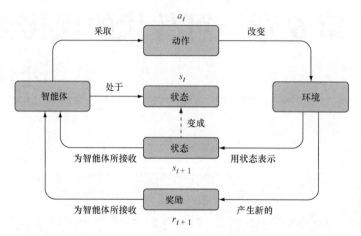

图 6.1　对于之前介绍过的算法，我们的智能体与环境交互、收集经验，然后从这些经验中学习。我们在每个阶段都重复同样的过程，直到智能体停止学习

鉴于环境和网络的复杂性，创建一个包含正确超参数的智能体可能非常困难。此外，为了使用梯度下降和反向传播，我们需要一个可微的模型。当然，你也可以创建一些有趣和有用的模型，不过这些模型会因缺乏可微性而无法通过梯度下降进行训练。

我们可以向查尔斯·达尔文学习，并通过非自然的选择来使用进化理论，而不是创建一个智能体并改进它。我们可以创建多个具有不同参数（权重）的智能体，观察哪些做得最好，埋下最佳智能体的种子，以便后代能继承父辈的优良特性——就像自然选择的过程一样。我们可以利用算法来模拟生物进化，不需要努力调整超参数并等待多个轮次然后查看智能体是否正确地学习，而是可以选择那些表现得更好的智能体（见图 6.2）。

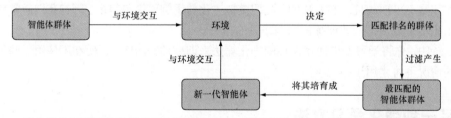

图 6.2　进化算法不同于基于梯度下降的优化技术。在进化策略中，会生成智能体并将最有利的权重传递给后续的智能体

这类算法不需要单个智能体去学习，不依赖于梯度下降，因此被形象地称为无梯度算法（gradient-free algorithm）。但是，不能仅仅因为未将单个智能体直接推向某个目标，就说明我们纯粹依赖偶然性。著名的进化生物学家 Richard Dawkins 说过，"自然选择绝不是随机的"。类似

地，在构建或更准确地说是**发现**最佳智能体的任务中，我们不会纯粹依靠偶然性，而会在特性各异的群体中选择最适者。

6.2　具有进化策略的强化学习

在本节中，我们将讨论适应性在进化策略中的作用，并简要介绍选择"最适应"的智能体任务。接下来，我们将研究如何将这些智能体重组成新的智能体，并展示引入突变时会发生什么。这种演变要历经多代，因此我们将对此进行讨论并概述完整的训练循环。

6.2.1　进化理论

如果你还记得高中的生物课，就知道自然选择会从每一代中选出"最适应"的个体。在生物学中，这意味着繁殖成功率最高的个体会将它们的遗传信息传递给后代。鸟喙的形状使鸟类更擅长从树木获取种子，能够得到更多食物且更有可能生存下来，将鸟喙形状基因传递给子辈和孙辈。但请记住，"最适应"是相对于某个环境而言的。例如，北极熊能很好地适应极地冰盖，但在亚马孙雨林里就非常不适应。你可以将环境看作一个决定目标或适应性的函数，它会根据个体在环境中的表现为其分配一个适应性分数，而个体的表现仅取决于它们的遗传信息。

在生物学中，每一次突变都会非常微妙地改变有机体的特性，以至于很难区分每一代有机体。然而，这些突变和变异积累多个世代的特性，就可能产生可察觉的变化。例如，在鸟类喙的进化过程中，鸟类最初的喙可能大致相同。但随着时间的推移，群体发生了随机突变，大多数突变可能对鸟类根本没有影响，甚至可能产生了有害影响，但在足够大的群体和足够多的世代中，对鸟喙形状产生有利影响的随机突变就会出现。拥有更合适的喙的鸟会比其他鸟在获取食物时更有优势，所以更有可能传递基因，下一代拥有有利喙形基因的概率就会增加。

在进化强化学习（Evolutionary Reinforcement Learning，ERL）中，我们选择在特定环境中给智能体带来最高奖励的特征。这里的"特征"是指模型参数（例如神经网络的权重）或整个模型结构。强化学习智能体的适应性可由它在环境中得到的期望奖励决定。

假设智能体 A 玩雅达利游戏 *Breakout* 并能获得 500 的平均分，而智能体 B 只能获得 300 分。我们会说，智能体 A 比智能体 B 更适应，并希望最优智能体更类似于 A 而不是 B。记住，智能体 A 比智能体 B 更适应的唯一原因是它的模型参数对于环境来说更优。

进化强化学习的目标与基于反向传播和梯度下降的训练完全相同，唯一的区别是我们使用这个进化过程（通常称为遗传算法）来最优化模型（例如神经网络）参数，如图 6.3 所示。

这个过程非常简单，我们再来看一下遗传算法的各个步骤。假设有一个神经网络，我们想将它作为智能体来玩 Gridworld 游戏，并希望利用遗传算法来训练它。记住，训练一个神经网络，就是要通过迭代更新它的参数来改善其性能。回想一下，对于一个固定的神经网络架构，它的参数完全决定了它的表现，所以复制一个神经网络只需要复制其参数。

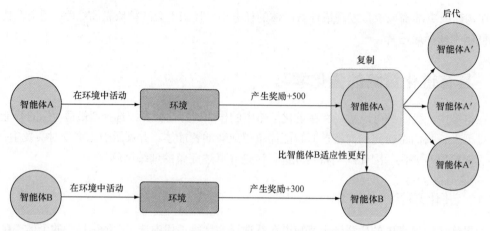

图 6.3　在强化学习的进化算法中，智能体在一个环境中进行竞争，那些更适应的个体（能产生更多奖励的个体）会被优先复制以产生后代。在对该过程进行多次迭代后，只剩下"最适应"的智能体

利用遗传算法训练神经网络的步骤过程如图 6.4 所示。

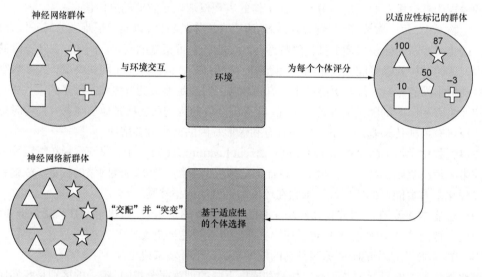

图 6.4　强化学习中神经网络的遗传算法优化。初始神经网络（强化学习智能体）群体在环境中得到测试，并获得奖励。对每个个体智能体都标记了其适应程度（基于其获得的奖励大小）。根据个体的适应性为下一代进行选择，适应性更好的个体更有可能成为神经网络新群体中的一员。被选中的个体"交配"并"突变"，遗传多样性增加

（1）生成一个随机参数向量的初始群体。群体中的每个参数向量均称为一个个体，假设初始群体包含 100 个个体。

（2）遍历该群体，在 Gridworld 游戏中运行带有各个参数向量的模型并记录各自的奖励，以评估每个个体的适应性。根据每个个体获得的奖励为其分配一个适应性分数。由于初始群体是随机的，因此它们的表现很可能会很差，但偶尔也会有少数个体的表现比其他的好。

（3）从群体中随机抽取一对个体（"父母"），并根据它们对应的适应性分数（适应性更好的个体被选择的概率更高）加权创建一个"繁殖群体"。

> **注意** 为下一代选择"父母"的方法有很多种。一种方法是简单地根据每个个体对应的适应性分数，将选择概率映射到每个个体，然后从该分布中进行抽样。通过这种方式，最适应的个体被选择得最频繁，但表现差的个体仍然有很小的机会被选择，这也许有助于维持群体的多样性。另一种方法是简单地对所有个体进行排序，选取前 N 个个体，然后使用它们进行配对来产生下一代。优先选择表现最好的个体进行配对的方法大多是可行的，但有些方法会更好。另外，在选择最佳表现者和减少群体多样性之间存在一种权衡——这非常类似于强化学习中的探索与利用之间的权衡。

（4）繁殖群体中的个体通过"交配"产生"后代"，形成一个新的包含 100 个个体的完整群体。如果个体只是实数的简单参数向量，那么向量 1 与向量 2 的"交配"将包含获取向量 1 的子集，并通过将其与向量 2 的一个互补子集组合来生成一个新的相同维度的子代向量。例如，假设有向量 1（[1 2 3]）和向量 2（[4 5 6]），那么向量 1 与向量 2 "配对"产生[1 5 6]和[4 2 3]。我们只是简单地将繁殖种群中的个体随机配对，然后通过重组它们来产生两个新的后代，直到填满一个新的种群，这就为最佳表现者创建了新的"遗传"多样性。

（5）现在有了一个新的群体，这个群体既具有上一代的顶级解决方案，也具有新的后代解决方案。此时，我们将遍历所有解决方案，并对其中的一些进行随机突变，确保为每一代引入新的遗传多样性，以防过早收敛到某个局部最优值。其中，突变仅仅意味着向参数向量添加一些随机噪声。如果这些是二进制向量，那么突变将意味着随机地翻转一些位，否则可能会添加一些高斯噪声。此外，突变率需要比较低，否则有可能破坏已经存在的优秀解决方案。

（6）我们现在拥有一个从上一代得到的突变子代新种群，对其重复上述过程 N 次，或者直至达到**收敛**（种群的平均适应性不再有显著提高）。

6.2.2 进化实践

在深入研究强化学习应用之前，为了便于说明，我们将在一个示例问题上运行一个超级简单的遗传算法。我们将创建一个随机字符串的种群，并尝试将它们进化成我们选择的目标字符串，例如"Hello World"。

初始的随机字符串种群看起来像"gMIgSkybXZyP"和"adlBOMXIrBH"。我们将使用一个函数来计算这些字符串与目标字符串的相似程度，从而给出各自的匹配度分数。然后，从种群中对成对"父母"进行抽样，并利用它们对应的匹配分数进行加权，这样，分数较高的个体更有可能被选作"父母"。接下来，让这些"父母"通过"交配"（也称为杂交或重组）产生两个后代字符串，并将它们添加到下一代。另外，我们会通过随机翻转字符串中的一些字符来使后代发生变异。我们将重复上述过程，并期望种群中与目标非常接近的字符串变得丰富起来，这样可能至少有一个会准确命中目标（这时我们将停止算法）。字符串的这种进化过程如图6.5所示。

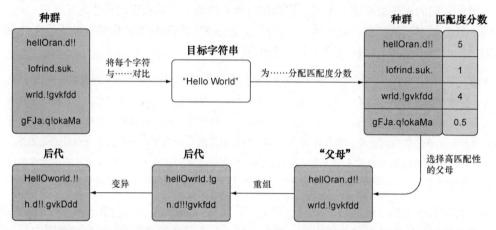

图6.5　概括遗传算法中字符串的进化过程，将一组随机串进化成目标串。我们从随机字符串的总体开始，将每个字符串与目标字符串进行比较，并根据每个字符串与目标字符串的相似程度为其分配匹配度分数。然后，选择高匹配性的"父母"交配（或重组）来产生后代，接着对后代进行突变，引入新的遗传变异。重复上述过程，直到下一代种群被填满（与初始人口数量相同）

这也许是一个"愚蠢"的例子，但它是遗传算法最简单的演示之一，并且其中涉及的概念将直接被应用到我们的强化学习任务中。代码清单6.1～代码清单6.4显示了相关的代码。

在代码清单6.1中，我们首先创建用于实例化初始随机字符串种群的函数，并定义一个计算两个字符串之间匹配度分数的函数，最后用该函数作为匹配函数。

代码清单6.1　进化字符串：创建随机字符串

```
import random
from matplotlib import pyplot as plt


alphabet = "abcdefghijklmnopqrstuvwxyzABCDEFGHIJKLMNOPQRSTUVWXYZ,.! "
target = "Hello World!"

class Individual:
    def __init__(self, string, fitness=0):
        self.string = string
        self.fitness = fitness


from difflib import SequenceMatcher

def similar(a, b):
    return SequenceMatcher(None, a, b).ratio()
```

从中抽样，以产生随机字符串的字符列表

试图从一个随机种群中进化出的字符串

创建一个简单的类来存储种群中每个成员的信息

计算两个字符串之间的匹配度分数

```
def spawn_population(length=26,size=100):
    pop = []
    for i in range(size):
        string = ''.join(random.choices(alphabet,k=length))
        individual = Individual(string)
        pop.append(individual)
    return pop
```

生成一个初始的字符串随机种群

代码清单 6.1 的代码创建了一个个体的初始种群，这些个体是由一个字符串字段和一个匹配分数字段组成的类对象。接下来，通过从一个字母的字符列表中抽样来创建随机字符串。一旦有了一个群体，我们需要评估每个个体的匹配度。对于字符串，可以使用 Python 内置模块 SequenceMatcher 计算相似度。

在代码清单 6.2 中，我们定义了两个函数 recombine 和 mutate。正如其名称所暗示的，前者接收两个父字符串并将它们重组来创建两个新的字符串，而后者将随机翻转字符串中的字符以让其产生变异。

代码清单 6.2　进化字符串：重组和变异

```
def recombine(p1_, p2_):
    p1 = p1_.string
    p2 = p2_.string
    child1 = []
    child2 = []
    cross_pt = random.randint(0,len(p1))
    child1.extend(p1[0:cross_pt])
    child1.extend(p2[cross_pt:])
    child2.extend(p2[0:cross_pt])
    child2.extend(p1[cross_pt:])
    c1 = Individual(''.join(child1))
    c2 = Individual(''.join(child2))
    return c1, c2
```

将两个父字符串重组为两个新的字符串

```
def mutate(x, mut_rate=0.01):
    new_x_ = []
    for char in x.string:
        if random.random() < mut_rate:
            new_x_.extend(random.choices(alphabet,k=1))
        else:
            new_x_.append(char)
    new_x = Individual(''.join(new_x_))
    return new_x
```

通过随机翻转字符来变异字符串

前面的重组函数接收两个父字符串（例如 "hello there" 和 "fog world"），通过生成一个最大值为字符串长度的随机整数来对它们进行随机重组，并获取父字符串 1 的第一部分内容和父字符串 2 的第二部分内容来创建一个新的字符串，例如，如果分割发生在中间，就会产生 "fog there" 和 "hello world"。如果已经进化出一个包含我们想要的部分内容的字符串（例如 "hello"），以及另一个包含我们想要的另一部分内容的字符串（例如 "world"），那么此次重组可能会产生我们想要的所有内容。

突变过程接收一个像"hellb"这样的字符串，并以较小的概率（突变率）将字符串中的一个字符替换为随机字符。例如，如果突变率为 20%（0.2），很可能"hellb"的 5 个字符中至少有一个会突变为随机字符，这个字符串就有希望突变成"hello"（如果它为目标）。突变的目的就是引入新的信息（方差）到种群。如果只进行重组，很可能种群中的所有个体太快变得过于相似，而无法找到想要的解决方案，因为如果没有突变，那么每一代的信息都会产生丢失。注意，突变率很关键。如果突变率太高，那么最匹配的个体就会因为突变而失去匹配性；如果突变率太低，就没有足够的方差来找到最优的个体。你必须根据经验找到合适的突变率。

在代码清单 6.3 中，我们定义了一个函数，用于遍历字符串种群中的每个个体，为其分配一个匹配度分数，并将它与该个体关联。我们还定义了一个用于创建后续世代的函数。

代码清单 6.3　进化字符串：评估个体并创建新一代

```
def evaluate_population(pop, target):          ◁  给种群中的每个个体分配一
    avg_fit = 0                                   个匹配度分数
    for i in range(len(pop)):
        fit = similar(pop[i].string, target)
        pop[i].fitness = fit
        avg_fit += fit
    avg_fit /= len(pop)
    return pop, avg_fit

                                               通过重组和突变
                                               创建新一代
def next_generation(pop, size=100, length=26, mut_rate=0.01):  ◁
    new_pop = []
    while len(new_pop) < size:
        parents = random.choices(pop,k=2, weights=[x.fitness for x in pop])
        offspring_ = recombine(parents[0],parents[1])
        child1 = mutate(offspring_[0], mut_rate=mut_rate)
        child2 = mutate(offspring_[1], mut_rate=mut_rate)
        offspring = [child1, child2]
        new_pop.extend(offspring)
    return new_pop
```

这是完成进化过程所需的最后两个函数。其中一个函数评估种群中的每个个体，并为其分配一个匹配度分数——该分数仅表示个体字符串与目标字符串的相似程度，匹配度分数将根据给定问题目标的不同而发生变化。最后，另一个函数通过抽样当前种群中最匹配的个体，对其进行重新组合来产生后代，并使其发生突变，从而产生一个新种群。

在代码清单 6.4 中，我们将所有功能组合在一起，并重复前面的步骤，直至达到最大的世代数。也就是说，从一个初始种群开始，经历个体匹配度评分和创建新的后代种群过程，然后重复这个序列很多次。在足够多世代之后，我们期望最终的种群包含很多非常接近目标字符串的字符串。

代码清单 6.4　进化字符串：将所有功能组合

```
num_generations = 150
population_size = 900
str_len = len(target)
```

```
mutation_rate = 0.00001        ◄────  设置突变率为 0.001%                          创建初始的随机
                                                                                种群
pop_fit = []
pop = spawn_population(size=population_size, length=str_len) ◄─
for gen in range(num_generations):
    pop, avg_fit = evaluate_population(pop, target)
    pop_fit.append(avg_fit)              ◄────────  记录训练期间的种群平均匹配度
    new_pop = next_generation(pop, \
    size=population_size, length=str_len, mut_rate=mutation_rate)
    pop = new_pop
```

如果在一个现代 CPU 上运行该算法，应该需要花费几分钟。你可以找到种群中排名最高的个体，如下所示：

```
>>> pop.sort(key=lambda x: x.fitness, reverse=True) #sort in place, highest fitness first
>>> pop[0].string
"Hello World!"
```

成功了！从图 6.6 中还可以看到，每一代种群的平均匹配度都在增加。这实际上是一个更难使用进化算法实现优化的问题，因为字符串的空间不是连续的。由于最小的步骤是翻转一个字符，因此在正确的方向上采取微小、渐进的步骤比较困难。因此，如果尝试指定一个更长的目标字符串，那么将需要更多的时间和资源来进化。

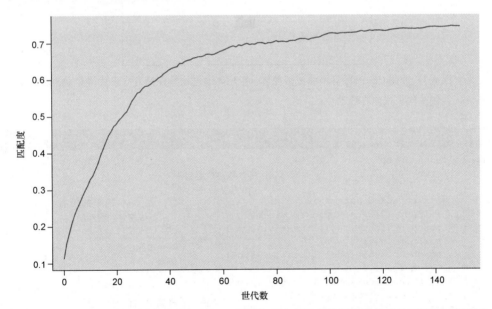

图 6.6　种群的平均匹配度随世代数的变化。种群的平均匹配度单调递增然后趋于平稳，看起来很有希望。如果图形非常参差不齐，那么说明突变率可能太高或者种群规模太小。如果图形收敛得太快，说明突变率可能太低

当优化模型中的实值参数时，即使值小幅增加，也可能导致匹配度增加，我们可以利用这一

点来加速优化。尽管在进化算法中离散值的个体更难优化，但**更不可能**使用原始的梯度下降和反向传播进行优化，因为它们不可微分。

6.3 CartPole 的遗传算法

接下来，我们看一下进化策略在一个简单的强化学习例子中是如何工作的。我们将使用进化过程优化一个智能体来玩 CartPole 游戏，即第 4 章中所介绍的环境。在该环境中，智能体若能让杆保持直立，则会获得奖励（见图 6.7）。

我们可以将智能体表示成一个近似策略函数的神经网络，它接收一个状态并输出一个动作或（更通常的是）动作的概率分布。代码清单 6.5 展示了一个 3 层神经网络的示例。

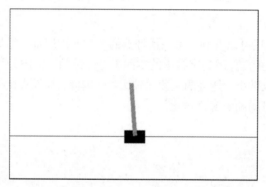

图 6.7 使用 CartPole 环境测试智能体。智能体通过让杆保持直立来获得奖励，以控制车向左或向右移动

代码清单 6.5 定义一个智能体

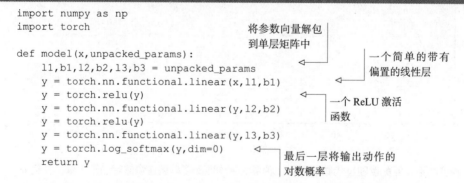

```
import numpy as np
import torch

def model(x,unpacked_params):
    l1,b1,l2,b2,l3,b3 = unpacked_params
    y = torch.nn.functional.linear(x,l1,b1)
    y = torch.relu(y)
    y = torch.nn.functional.linear(y,l2,b2)
    y = torch.relu(y)
    y = torch.nn.functional.linear(y,l3,b3)
    y = torch.log_softmax(y,dim=0)
    return y
```

将参数向量解包到单层矩阵中

一个简单的带有偏置的线性层

一个 ReLU 激活函数

最后一层将输出动作的对数概率

代码清单 6.5 中的函数定义了一个 3 层的神经网络。其中，前两层使用 ReLU 激活函数，最后一层使用 log-softmax 激活函数，这样得到的最终输出就是动作的对数概率。注意，该函数需要一个输入状态 x 和 unpacked_params，其中 unpacked_params 是每层中使用的单独参

数矩阵的元组。

为了使重组和突变过程变得更容易，我们将创建一堆参数向量（1-张量），然后将其"解包"或分解成单个参数矩阵，以用于神经网络的每一层，如代码清单 6.6 所示。

代码清单 6.6　解包参数向量

```
def unpack_params(params, layers=[(25,4),(10,25),(2,10)]):
    unpacked_params = []                       存储每个单层的
    e = 0                                       张量
    for i,l in enumerate(layers):
        s,e = e,e+np.prod(l)
        weights = params[s:e].view(l)           将单个层解包为矩阵形式
        s,e = e,e+l[0]
        bias = params[s:e]
        unpacked_params.extend([weights,bias])  将解包的张量添加
    return unpacked_params                       到列表中
```

layers 参数指定每个层矩阵的形状

遍历每层

上述函数接收一个扁平的参数向量作为 params 输入，以及一个网络层规格（一个元组列表）作为 layers 输入，它将参数向量解包为一组单独的层矩阵和偏差向量，并存储在一个列表中。layers 的默认设置指定了一个 3 层神经网络，由 3 个分别为 25×4、10×25 和 2×10 的权重矩阵以及 3 个分别为 1×25、1×10 和 1×2 的偏差向量组成，因此扁平的参数向量中一共有 $4 \times 25 + 25 + 10 \times 25 + 10 + 2 \times 10 + 2 = 407$ 个参数。

我们之所以增加使用扁平参数向量并解包使用它们的复杂性，唯一原因是希望能够改变和重组整个参数集，这最终会变得更简单，并与我们对字符串所做的操作相匹配。另一种方法是将每一层的神经网络当作一个单独的染色体（如果你还记得生物学内容），只有匹配的染色体才会重组。利用这种方法，神经网络只会重组相同层中的参数，可以防止后面网络层的信息破坏前面网络层的信息。我们鼓励你在熟悉此处所采用的方法之后，去尝试挑战使用"染色体"方法来实现它——你将需要迭代每一层，重组并分别使它们变异。

接下来，我们添加一个函数，以创建一个智能体种群，如代码清单 6.7 所示。

代码清单 6.7　创建一个种群

```
def spawn_population(N=50,size=407):       N 为种群中的个体数，size
    pop = []                               是参数向量的长度
    for i in range(N):
        vec = torch.randn(size) / 2.0
        fit = 0
        p = {'params':vec, 'fitness':fit}
        pop.append(p)
    return pop
```

创建一个随机初始化的参数向量

创建一个字典，存储参数向量及其关联的适应性分数

每个智能体都是一个简单的 Python 字典，其中存储着该智能体的参数向量和适应性分数。

接下来，我们将实现函数，用于重组两个父智能体，以产生两个新的子智能体，如代码清单 6.8 所示。

代码清单 6.8　基因重组

```
def recombine(x1,x2):
    x1 = x1['params']
    x2 = x2['params']
    l = x1.shape[0]
    split_pt = np.random.randint(l)
    child1 = torch.zeros(l)
    child2 = torch.zeros(l)
    child1[0:split_pt] = x1[0:split_pt]
    child1[split_pt:] = x2[split_pt:]
    child2[0:split_pt] = x2[0:split_pt]
    child2[split_pt:] = x1[split_pt:]
    c1 = {'params':child1, 'fitness': 0.0}
    c2 = {'params':child2, 'fitness': 0.0}
    return c1, c2
```

x1 和 x2 是两个字典，表示智能体

只提取参数向量

随机产生一个分割或交叉点

第一个子智能体通过使用父智能体 1 的第一段和父智能体 2 的第二段产生

将新的参数向量打包进字典，以创建新的子智能体

这个函数接收两个智能体作为 "父母"，并生成两个后代。通过生成一个随机的分割或交叉点，然后取父智能体 1 的第一段并将其与父智能体 2 的第二段进行组合，同样地将父智能体 1 的第二段和父智能体 2 的第一段组合，以此来实现重组功能。这与我们之前用于重组字符串的机制完全相同。

以上是繁殖下一代的第一阶段，第二阶段是以较低的概率使个体发生突变（见代码清单 6.9）。突变是每一代中新的遗传信息的唯一来源——重组只是对已经存在的信息进行重新 "洗牌"。

代码清单 6.9　突变参数向量

rate 是突变率，其中
0.01 表示 1%的突变率

```
def mutate(x, rate=0.01):
    x_ = x['params']
    num_to_change = int(rate * x_.shape[0])
    idx = np.random.randint(low=0,high=x_.shape[0],size=(num_to_change,))
    x_[idx] = torch.randn(num_to_change) / 10.0
    x['params'] = x_
    return x
```

根据突变率决定参数向量中有多少元素发生突变

随机重置参数向量中选定的元素

我们基本上遵循了和字符串例子中相同的流程，随机改变参数向量中的一些元素。突变率用于控制发生突变元素的数量。我们需要小心控制突变率的大小，以平衡新信息的创建和旧信息的破坏，其中新信息可用于改进现有的解决方案。

接下来，我们需要在环境（CartPole）中实际测试并评估每个智能体的适应性，如代码清单 6.10 所示。

代码清单 6.10 在环境中测试每个智能体

```
import gym
env = gym.make("CartPole-v0")

def test_model(agent):
    done = False
    state = torch.from_numpy(env.reset()).float()
    score = 0
    while not done:
        params = unpack_params(agent['params'])
        probs = model(state,params)
        action = torch.distributions.Categorical(probs=probs).sample()
        state_, reward, done, info = env.step(action.item())
        state = torch.from_numpy(state_).float()
        score += 1
    return score
```

游戏未结束期间

使用智能体的参数向量
从模型中获取动作概率

通过从分类分布中抽样来概率
性地选择一个动作

记录游戏未结束情况下持续
的时间步数量,以此作为分数

test_model 函数接收一个智能体(参数向量及其适应度值的一个字典),将其运行于
CartPole 环境中直到输掉游戏,然后将其持续的时间步数量作为分数返回。我们的目的是训练在
CartPole 中持续的时间步数量越来越多的智能体(因此获得高分)。

我们需要对种群中的每个智能体进行评估操作,如代码清单 6.11 所示。

代码清单 6.11 评估种群中的每个智能体

该种群的总体适应度,用于稍后计算
种群的平均适应度

```
def evaluate_population(pop):
    tot_fit = 0
    lp = len(pop)
    for agent in pop:
        score = test_model(agent)
        agent['fitness'] = score
        tot_fit += score
    avg_fit = tot_fit / lp
    return pop, avg_fit
```

遍历种群中的每个智能体

在环境中运行智能体,以评估
其适应性

存储适应度值

其中,evaluate_population 函数用于遍历种群中的每个智能体,并使用 test_model
函数,以评估它们的适应性。

我们需要的最后一个主函数是代码清单 6.12 中的 next_generation 函数。与之前的字符串遗
传算法不同,在那里我们基于父母的匹配度分数概率性地进行选择,而此处我们在此处采用了不同
的选择机制。**概率选择机制**类似于在策略梯度法中选择动作的机制,在那里它能够很好地工作,但
在遗传算法中选择"父母"时,它往往会导致收敛过快。遗传算法比基于梯度下降的算法需要更多
的探索。在本例中,我们将使用一种名为**联赛选择**(tournament-style selection)的选择机制(见图 6.8)。

在联赛选择中,从整个种群中选择一个随机子集,然后在该子集中选择前两个个体作为"父母",
这样就确保了不会总是选择相同的前两个父母,但最终结果是确实更频繁地选择了表现更好的智能体。

我们可以改变联赛规模(随机子集的大小),控制我们倾向于在当前世代中选择最好的智能

体的程度，但这样做也冒着失去遗传多样性的风险。在极端情况下，我们可以将联赛规模设置得与种群规模相等，此时将只会选择种群中的前两个个体。在另一种极端情况下，我们可以将联赛规模设为2，这样就会随机选择"父母"。

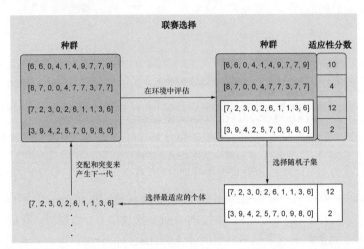

图6.8 在联赛选择中，我们像往常一样评估种群中所有个体的适应性，接着选择整个种群的一个随机子集（本图中是4选2），然后选择子集中的前几（通常为2）个个体，将它们交配产生后代并进行突变。重复上述选择过程，直到"填满"下一代

在本例中，我们将联赛规模设置为种群规模的一个百分比。根据经验，20%的联赛规模似乎相当有效。

代码清单6.12 创建新种群

```
def next_generation(pop,mut_rate=0.001,tournament_size=0.2):
    new_pop = []
    lp = len(pop)
    while len(new_pop) < len(pop):          # 新种群还没有满时
        rids = np.random.randint(low=0,high=lp, \          # 选择整体种群规模的一个百分比作为联赛规模
            size=(int(tournament_size*lp)))
        batch = np.array([[i,x['fitness']] for \
            (i,x) in enumerate(pop) if i in rids])
        scores = batch[batch[:, 1].argsort()]          # 按分数递增顺序排列这批智能体
        i0, i1 = int(scores[-1][0]),int(scores[-2][0])          # 排在最后一个的就是分数最高的智能体，选择分数最高的前两个智能体作为"父母"
        parent0,parent1 = pop[i0],pop[i1]
        offspring_ = recombine(parent0,parent1)          # 重组"父母"，以得到后代
        child1 = mutate(offspring_[0], rate=mut_rate)
        child2 = mutate(offspring_[1], rate=mut_rate)          # 在将后代放入新种群之前先让它们突变
        offspring = [child1, child2]
        new_pop.extend(offspring)
    return new_pop
```

选择种群的随机子集以获得一批智能体，并将每个智能体与其在原始种群中的索引值进行匹配

next_generation 函数创建了一个随机索引的列表，用于检索种群列表，并为联赛批次创建了一个子集。我们使用 enumerate 函数记录子集中每个智能体的索引位置，这样就可以在主种群中引用它们；然后，按升序对这批适应性分数进行排列，并将列表中的最后两个元素作为该批中的前两个个体；最后，查找它们的索引，并从原始种群列表中选择完整的智能体。

将这些都组合在一起，我们就能在几代中训练出一个智能体种群来玩 CartPole（见代码清单 6.13）。此外，你应该对突变率、种群规模和世代数等超参数进行实验。

代码清单 6.13 训练模型

```
                         要进化的世代数
num_generations = 25   ◄
population_size = 500   ◄    每一代中个体的数量
mutation_rate = 0.01
pop_fit = []                            初始化一个种群
pop = spawn_population(N=population_size,size=407)  ◄
for i in range(num_generations):        评估种群中每个智能体的适应度
    pop, avg_fit = evaluate_population(pop)  ◄
    pop_fit.append(avg_fit)
    pop = next_generation(pop, mut_rate=mutation_rate,tournament_size=0.2)  ◄

                                        构造新种群
```

第一代从一个随机参数向量的群体开始，但由于偶然性，其中一些个体会比其他的更好，我们会优先选择这些个体进行交配来产生下一代。为了维持遗传多样性，我们允许每个个体进行轻微的变异。这个过程会不断重复，直至得到特别擅长玩 CartPole 游戏的个体。从图 6.9 可以看到，进化的每一代的分数都稳定增加。

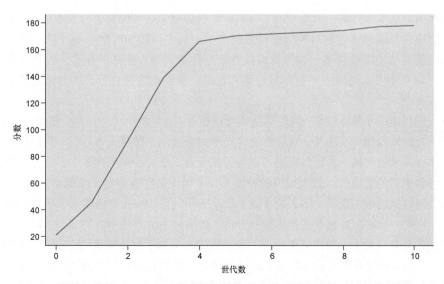

图 6.9 训练智能体玩 CartPole 游戏的遗传算法中种群平均分数随着世代数的变化

6.4　进化算法的优缺点

本章中实现的算法与之前用到的算法有一点不同。对于某些问题，进化算法更有效，例如那些从探索中受益更多的问题。然而，对于别的某些问题，进化算法则有些不切实际，例如那些收集数据代价很大的问题。在本节中，我们将讨论进化算法的优点和缺点，以及在什么情况下使用它们会比使用梯度下降法受益更多。

6.4.1　进化算法探索更多

无梯度算法的一个优势是，它们会比基于梯度的算法探索得更多。DQN 和策略梯度都遵循相似的策略：收集经验并推动智能体采取导致更大奖励的动作。正如我们所讨论的，如果智能体已经偏向某个动作，那么这往往会导致它放弃探索新的状态。我们利用 DQN 组合一个 ε 贪婪策略来解决该问题，意味着即使智能体偏爱某个动作，它也会以较低的概率采取一个随机动作。利用随机策略梯度，我们可以依赖于从模型输出的动作概率向量抽取各种动作。

除此之外，遗传算法中的智能体不会被推向任何方向。我们在每一代中都会生成大量智能体，由于它们之间存在很多的随机变化，因此大部分智能体会遵循不同的策略。进化策略中仍然存在探索和利用问题，因为太少的突变会导致过早收敛，从而使整个种群充满了几乎相同的个体，但遗传算法通常比梯度下降法更容易确保足够的探索。

6.4.2　进化算法令人难以置信的样本密集性

正如你可能从本章代码中所看到的，我们需要在环境中运行种群中的 500 个智能体，据此确定它们的适应性，这意味着在对种群进行更新之前，需要执行 500 次主要计算。进化算法往往比基于梯度的算法更需要样本，因为我们没有策略性地调整智能体的权重，而只是创建了大量的智能体，并希望引入的随机突变和重组是有益的。我们认为进化算法的效率是低于 DQN 或 PG 方法的。

假设我们想要缩小种群规模，以使算法运行得更快。如果缩小种群规模，那么当选择双亲时，可供选择的智能体数量就会减少，这将可能导致不太合适的个体进入下一代。我们依赖于产生大量的智能体，并希望找到一种能带来更好适应性的组合。此外，在生物学中，突变通常会产生负面影响，导致更差的适应性。较大规模的种群至少会增大某些有益突变的概率。

如果收集数据的成本很高，那么效率低下就是一个问题，例如在机器人学或自动驾驶汽车领域，机器人收集一个轮次的数据通常需要几分钟，而从过去的算法中我们知道，训练一个简单的智能体需要数百甚至数千个轮次。想象一下自动驾驶汽车为了有效探索状态空间（世界）将需要多少个轮次。除了需要花费更多的时间，训练物理智能体的代价更高，因为你需要购买机器人并承担所有维护费用。所以，如果能在不提供物理躯壳的情况下训练这些智能体，就再理想不过了。

6.4.3　模拟器

模拟器可以解决上述问题。我们可以使用计算机软件来模拟环境，而非使用昂贵的机器人或制造配备必要传感器的汽车。例如，当训练智能体驾驶自动驾驶汽车时，我们不需要为汽车配备必要的传感器，也无须在实体汽车上部署模型，而只需在软件环境中训练智能体，例如驾驶游戏《侠盗猎车手》（*Grand Theft Auto*）。智能体将接收周围环境的图像作为输入，并通过训练输出使车辆尽可能安全地到达设定的目的地的驾驶动作。

模拟器不仅大大降低了训练智能体的成本，还能使智能体的训练更快，因为它们与模拟环境的交互比在现实生活中快得多。如果你要观看并理解一部时长达两小时的电影，那么将需要两个小时的时间。如果你的注意力很集中，那么你可能会将播放速度加快至原来的 2 或 3 倍，将所需的时间减少到一个小时或更短，而计算机可能在你看完第一幕之前就已经处理完所有帧了。例如，一台有 8 个 GPU 的计算机（可以从云服务商租用）运行 ResNet-50（一个既定的用于图像分类的深度学习模型），每秒可以处理 700 多幅图像。对于一部以每秒 24 帧速度播放的时长达两小时的电影（好莱坞标准），需要处理 172800 帧，这将需要约 4 分钟才能完成。我们还可以通过每隔几帧播放一帧的方式来有效提高深度学习模型的播放速度，这将使处理时间减少到两分钟以内。此外，我们也可以投入更多的计算机来提高对该问题的处理能力。再举个有关强化学习的例子，OpenAI Five 机器人每天都能玩 180 年的 *Dota* 2 游戏。你会发现，计算机能够比我们处理得更快，这就是模拟器的价值所在。

6.5　进化算法作为一种可扩展的替代方案

如果有了模拟器，那么进化算法收集样本的时间和经济成本就不是什么问题。事实上，有时候，利用进化算法生成一个可行的智能体比利用基于梯度的算法更快，因为不必通过反向传播来计算梯度。根据网络复杂性的不同，这将使得计算时间缩减为原来的 1/3 到 1/2。但是，进化算法还有一个优势，可以使它比梯度法训练得更快，那就是并行化时进化算法可以很好地进行扩展。在本节中，我们将对此进行详细讨论。

6.5.1　扩展的进化算法

OpenAI 发表了一篇由 Tim Salimans 等人（2017）撰写的题为 "Evolutionary Strategies as a Scalable Alternative to Reinforcement Learning" 的论文，描述了如何通过增加更多计算机来更快、更高效地训练智能体。在一台有 18 个 CPU 内核的计算机上，他们能够在 11 个小时内创建一个学会走路的三维人形。但是，利用 80 台机器（1440 个 CPU 内核），他们能够在 10 分钟内生成一个智能体。

你可能会认为他们只是在这个问题上投入了更多的计算机和资金，但这实际上比听起来棘手得多，而且其他基于梯度的算法很难扩展到这么多计算机。

下面我们先看一看他们的算法与我们之前做的有什么不同。**进化算法**是一个针对各种各样算法的总称，这些算法从生物进化中获得灵感，并依靠从较大的种群中迭代来选择稍好一些的解决方案，以进一步优化解决方案。我们实现的用于玩 CartPole 游戏的算法更具体地称为**遗传算法**，因为它更类似于生物基因通过重组和突变从一代又一代中获得"更新"的方式。

还有另一类进化算法被含糊地为**进化策略**（Evolutionary Strategy，ES），它采用一种生物学上不太准确的进化形式，如图 6.10 所示。

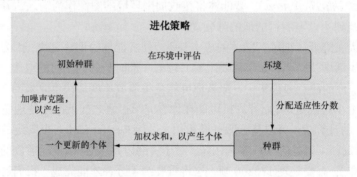

图 6.10　在进化策略中，通过反复向父代个体添加少量随机噪声来产生父代的多个变体，从而创建出一个个体种群。然后，通过在环境中评估来向每个变体分配适应性分数，接着计算所有变体的加权和得到一个新的父体

如果利用进化策略训练一个神经网络，那么我们首先使用一个简单的参数向量 θ_t，抽样一些尺寸相等的噪声向量（通常从一个高斯分布中进行），例如 $e_i \sim N(\mu, \sigma)$，其中 N 是一个平均向量为 μ、标准差为 σ 的高斯分布；然后，创建一个参数向量种群，其中参数向量是通过 $\theta_i' = \theta + e_i$ 得到的 θ_i 的突变版本；接着，在环境中评估每一个突变的参数向量，并根据它们在环境中的表现对其分配适应性分数；最后，通过求取每个突变向量的加权和得到一个更新的参数向量，其中权重与它们的适应性分数成比例（见图 6.11）。

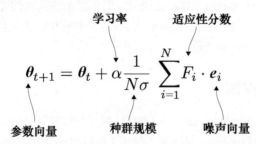

图 6.11　进化策略中，在每一个时间步上，通过获取旧的参数向量并将其与噪声向量的加权和相加来得到一个更新的参数向量，其中权重与适应性分数成比例

这种进化策略算法比前面实现的遗传算法简单得多，因为它不涉及"交配"这一步。我们只需执行突变操作，而且重组步骤不涉及交换不同父母的片段，仅涉及一个简单的加权求和，实现

和计算加速都非常容易。我们将看到，这种算法也更容易实现并行化。

6.5.2 并行与串行处理

当使用遗传算法训练智能体玩 CartPole 时，为了在开始下一次运行之前确定每一代中最适应的智能体，我们必须顺序遍历每个智能体并让其玩 CartPole，直到失败。如果智能体需要 30 秒来在环境中运行，而我们需要确定 10 个智能体的适应性，那么将需要 5 分钟。这就是所谓的串行运行过程（见图 6.12）。

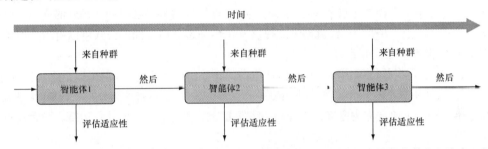

图 6.12　确定智能体的适应性通常是训练循环中运行时间最长的任务，它需要在整个环境中运行智能体（可能很多次）。如果在单台计算机上执行此操作，那么将以串行方式执行，此时必须等待一个智能体在环境中运行完成之后，才能开始确定第二个智能体的适应性。运行该算法所花费的时间是智能体数量和单个智能体在整个环境中运行所花费时间的函数

在进化算法中，确定每个智能体的适应性通常是运行时间最长的任务，而每个智能体可以独立地评估自己的适应性。在开始评估智能体 2 之前，我们没有理由要等智能体 1 完成其在环境中的运行，而是应该在多台计算机上同时运行同世代中的每个智能体。我们可以让 10 个智能体在 10 台机器上运行，而且可以同时确定它们的适应性。这意味着，在 10 台机器上完成一个世代需要大约 30 秒，与在一台机器上需要 5 分钟相比，有了 10 倍的提速。这就是所谓的**并行运行过程**（见图 6.13）。

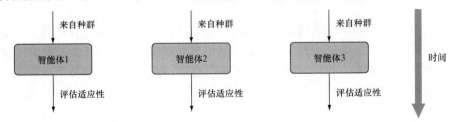

图 6.13　如果有多台机器可供使用，就可以并行确定每个智能体在各自机器上的适应性。在开始评估下一个智能体之前，不必等当前智能体完成在整个环境中的运行。如果训练智能体的轮次长度很长，那么这样做能够带来巨大的速度提升。现在可以看到，该算法只是评估单个智能体适应性所需时间的函数，而不是所评估智能体数量的函数

6.5.3 扩展效率

现在我们可以投入更多的机器和资金来解决问题，并且无须再等待那么久。在前面的假设示例中，我们添加了 10 台机器并由此获得了 10 倍的加速——**扩展效率**（scaling efficiency）为 1.0。扩展效率是一个用来描述特定方法如何随着更多资源的投入而改进的术语，它可以用如下公式表示：

$$扩展效率 = \frac{添加资源后的性能加速倍数}{新增资源倍数}$$

在现实世界中，进程的扩展效率永远不会为 1。增加机器势必会有一些额外的成本，这会降低效率。更现实一点，增加 10 台机器只能提供 9 倍的加速。由上面的公式可以得出扩展效率为 0.9（这在现实世界中已经非常好）。

最终，我们需要将并行评估每个智能体适应性的结果组合起来，这样就可以重组和突变它们。因此，我们需要使用真正的并行处理后跟一段顺序处理。一般来说，这被称为**分布式计算**（见图 6.14），因为从单个处理器（通常称为**主节点**）开始，将任务分发到多个处理器并行运行，然后收集结果返回给主节点。

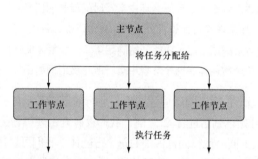

图 6.14 分布式计算的工作原理。主节点将任务分配给工作节点，由工作节点执行这些任务，然后将结果发送回主节点（未显示）

每一步都要花费一些网络时间进行机器之间的通信，这种情况是单台机器上运行所有内容时不会遇到的。此外，如果只有一台机器比其他机器慢，那么其他工作机器将需要等待。为了获得最大的扩展效率，我们希望尽可能减少节点之间的通信量，包括节点需要发送数据的次数和数据量。

6.5.4 节点间通信

OpenAI 的研究人员制订了一种简洁的分布式计算策略，可使每个节点只需向其他节点发送一个数字（而不是整个向量），从而消除了单独主节点存在的必要性。其思想是先利用相同的父参数向量初始化每个工作节点，接着每个工作节点向其父参数向量中添加一个噪声向量，以创建一个稍微不同的子参数向量（见图 6.15）。然后，每个工作节点在环境中运行子参数向量，以获得其适应性分数。每个工作节点的适应性分数被发送给其他所有工作节点——只涉及发送单个数字。由于每个工作节点拥有相同的随机种子集，因此它们都可以重建其他工作节点所使用的噪声向量。最后，每个工作节点创建相同的新的父参数向量，并重复上述过程。

设置随机种子可以让我们每次都生成相同的随机数，即使是在不同的机器上。如果运行代码清单 6.14 中的代码，你将得到相应的输出，即使这些数字应该是"随机"生成的。

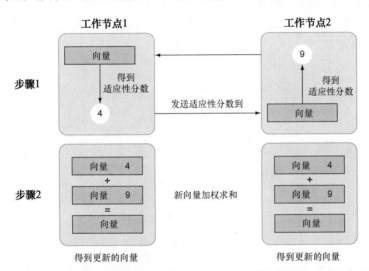

图 6.15　源自 OpenAI 分布式进化决策论文的架构。每个工作节点通过向父参数向量添加噪声来创建子参数向量。然后，评估子参数向量的适应性，并将适应性分数发送给其他所有智能体。利用共享的随机种子，每个智能体就可以重用于从其他工作节点创建其他向量的噪声向量，而不需要每个智能体发送整个向量。最后，通过对子参数向量进行加权求和来创建新的父参数向量，根据它们的适应性分数进行加权

代码清单 6.14　设置随机种子

```
import numpy as np
np.random.seed(10)
np.random.rand(4)
>>> array([0.77132064, 0.02075195, 0.63364823, 0.74880388])

np.random.seed(10)
np.random.rand(4)
>> array([0.77132064, 0.02075195, 0.63364823, 0.74880388])
```

设置随机种子非常重要，可以让其他研究人员重现涉及随机数的实验。如果没有提供显式的种子，则会使用系统时间或其他种类的变化的数字。如果我们提出了一个新的强化学习算法，并希望他人能够在他们自己的机器上验证这一成果，就会希望另一个实验室利用这个算法生成的智能体是相同的，以消除任何错误来源（从而消除怀疑）。这就是为什么提供尽可能多的算法细节非常重要——架构、使用的超参数，有时还包括使用的随机种子。我们希望开发一个健壮的算法，

以生成特定的一组随机数，不会影响算法的性能。

6.5.5 线性扩展

由于 OpenAI 的研究人员减少了节点之间发送的数据量，因此增加节点不会对网络产生显著影响。他们可以线性扩展到 1000 多个工作节点。

线性扩展意味着添加每台机器时，获得的性能提升与添加前一台机器时获得的性能提升大致相同，如图 6.16 所示。

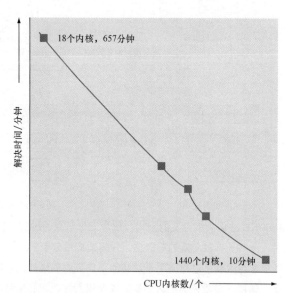

图 6.16 重建自 OpenAI 的 "Evolutionary Strategies as a Scalable Alternative to Reinforcement Learning" 论文的图。随着计算资源的增加，性能提升大致相同

6.5.6 扩展基于梯度的算法

基于梯度的算法也可以在多台机器上进行训练，然而它们的扩展不如进化策略那么好。目前，大多数基于梯度的算法的分布式训练会涉及在每个工作节点上训练智能体，然后将梯度传递回主节点进行聚合。所有梯度必须通过每个轮次或更新周期进行传递，这需要大量的网络带宽，并带给主节点很大的压力。最终网络会饱和，即便再增加工作节点，也无法提高训练速度了，如图 6.17 所示。

与此相反，进化算法不需要反向传播，因此它们不需要向主节点发送梯度更新。利用 OpenAI 等开发的智能技术，它们只需发送单个数字。

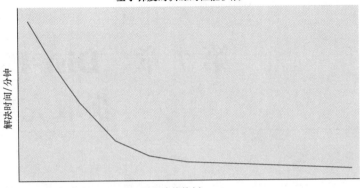

基于梯度的训练的性能扩展

解决时间 / 分钟

CPU内核数 / 个

图 6.17　当前基于梯度的算法的性能随资源的增加而变化。一开始，网络还没有饱和，性能呈线性提升。最终，添加的资源越米越多，但得到的性能提升越来越有限

小结

- 进化算法让我们的工具箱多了更强大的工具。根据生物进化理论，我们可以实现以下操作：
  - ◆　产生个体；
  - ◆　从当前世代中选择表现最好的个体；
  - ◆　重组基因；
  - ◆　使个体产生，突变，以引入一些变异；
  - ◆　使个体"交配"，为下一个种群创建新世代。
- 与基于梯度的算法相比，进化算法往往需要更多的数据，且效率更低。在某些情况下这可能还好，尤其是拥有模拟器时。
- 进化算法可以优化不可微的甚至离散的函数，而基于梯度的算法则无法做到。
- 进化策略是进化算法的一个子类，不涉及类似生物的交配和重组，而是使用带有噪声和加权和的副本来从一个种群创建新的个体。

第 7 章　Dist-DQN：获取完整故事

本章主要内容

- 为什么全概率分布比单个数字更好。
- 扩展普通 DQN，以输出 Q 值上的全概率分布。
- 实现 DQN 的分布式变体来玩雅达利游戏 *Freeway*。
- 理解普通的贝尔曼方程及其分布式变体。
- 优先处理经验回放以提高训练速度。

我们在第 3 章中介绍了 Q-learning，它是一种确定在给定状态下采取每个可能动作的价值的方法，该价值被称为动作-价值或 Q 值。这使得我们可以将策略应用到这些动作-价值，并选择与最高动作-价值关联的动作。在本章中，我们将对 Q-learning 进行扩展，使其不仅要确定动作-价值的点估计，还要确定每个动作的动作-价值的完整分布——称为**分布式 Q-learning**。已经证明，分布式 Q-learning 可以在标准的基准测试中取得更好的性能，还可以实现更微妙的决策制订。分布式 Q-learning 算法结合了本书涵盖的一些其他技术，被认为是目前强化学习领域非常先进的进展之一。

我们希望应用强化学习的大多数环境存在一定程度的随机性或不可预测性。在这些环境中，我们在给定状态-动作对时观察到的奖励存在一些差异。在普通的 Q-learning（也可以称之为**期望值 Q-learning**）中，我们仅仅学习观察到的奖励的噪声集合的平均值。但是在取平均值的过程中，我们丢掉了关于环境动态的有价值的信息。在某些情况下，观察到的奖励可能具有更复杂的模式，而不仅仅聚集在单个值上。对于一个给定的状态-动作对，可能存在两个或更多不同奖励值簇。例如，有时相同的状态-动作对将导致较大的正向奖励，而有时则导致较大的负向奖励。如果只是取平均值，那么将得到接近于 0 的结果，在这种情况下，它永远不是一个可观察到的奖励。

分布式 Q-learning 力图获得观察奖励的一个更准确的分布。要实现这一点，一种方法是记录给定状态-动作对的所有观察奖励。当然，这需要大量的内存，而且对于高维的状态空间，计算将变得不切实际。这就是我们必须做一些近似的原因。但在此之前，让我们更深入地研究一下期望值 Q-learning 缺失了什么以及分布式 Q-learning 提供了什么。

7.1　Q-learning 存在的问题

我们所熟悉的期望值 Q-learning 是有缺陷的。为了说明这一点，我们将考虑一个真实的医学例子。假设我们开了一家医疗公司，想构建一个算法来预测一名高血压患者（高血压）会对疗程为 4 周的一种名为 Drug X 的新型降压药产生什么反应，以确定是否要给患者开这种药。

通过一个随机临床试验，我们收集了一堆临床数据。我们招募了一群高血压患者，随机将他们分配到治疗组（他们会得到真正的药物）和对照组（他们会得到一种惰性安慰剂—— 一种非活性药物）。然后，在这两组患者服用各自分到的药物时，我们需要记录他们的血压随时间的变化。最后，我们可以看到哪些患者服用该药物后有反应，以及与服用安慰剂相比的效果（见图 7.1 ）。

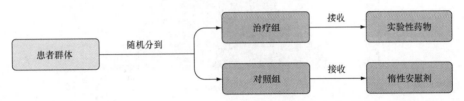

图 7.1　在一种药物的随机对照试验中，我们研究了服用某种药物与安慰剂（一种非活性药物）的效果。我们想要区分治疗效果，为此将一个患者群体随机分为两组：治疗组和对照组。治疗组服用测试的实验性药物，对照组服用惰性安慰剂。一段时间后，测量两组患者的血压，以查看治疗组的平均反应是否比对照组的更好

收集完数据之后，我们就可以绘制一个直方图，以描绘治疗组和对照组在服药 4 周后血压的变化情况。我们可能会看到如图 7.2 所示的结果。

图 7.2 中对照组的直方图看起来是一个正常的大概以 -3.0mmHg 为中心的分布，正如你所期待的那样，安慰剂只是轻微降低了血压。我们的算法预测是正确的，即对于服用安慰剂的任何患者，他们预期的平均血压变化将为 -3.0mmHg，尽管个体患者会有比平均值或大或小的变化。

图 7.2 中治疗组的直方图，血压变化的分布呈双峰态，即有两个峰值，就好像把两个独立的正态分布组合起来一样。最右侧模态集中在 -2.5mmHg，与对照组很像，表明与安慰剂相比，治疗组中该子组的患者未从药物中获益；最左侧模态集中在 -22.3mmHg，该药物显著降低了该子组患者的血压。事实上，最左侧模态的数据比现有的降压药都要有效，这再次表明在治疗组中存在一个从药物中获益很大的子组。

如果你是一名医生，接诊了一名高血压患者，在其他条件都相同的情况下，你应该给他开这种新药吗？如果你取治疗组分布的期望值（平均值），那么只能得到大约 -13mmHg 的血压变化，这个值介于分布中的两种模态之间。虽然，与惰性安慰剂相比，给患者服用该药物是有效果的，但它要逊于市场上很多现有的降血压药物。按照这个标准，这种新药似乎不是很有效，尽管有相当数量的病人从中获益。此外，-13mmHg 的期望值并不能很好地代表这种分布，因为很少有患者的血压

降到了这个水平。患者要么对药物几乎没有反应，要么反应非常强烈，很少有中度反应。

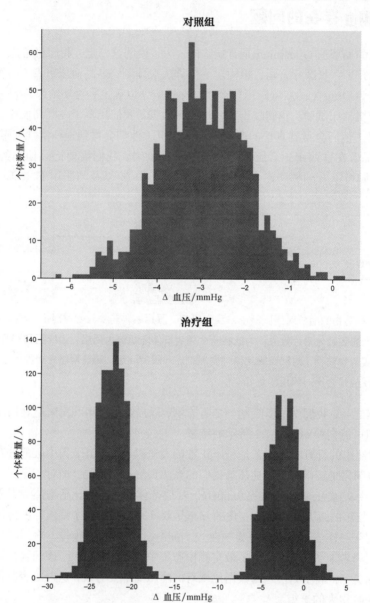

图 7.2　模拟随机对照试验中对照组和治疗组血压变化的直方图。横轴是从开始（治疗前）到治疗后血压的变化。我们希望血压降低，所以用负数比较好。我们统计血压变化的患者人数，所以对照组的峰值（大概为）–3 表示大多数患者的血压下降了 3mmHg。可以看到，治疗组中有两组患者：一组患者的血压显著下降，另一组患者的血压几乎没有受到影响。我们称之为双峰分布，其中模态是分布中"峰"的另一种说法

图 7.3 说明了与看到完整分布相比期望值的局限性。如果使用每种药物的血压变化期望值，并选择血压变化期望值最低的药物（忽略病人特异性、复杂性，例如副作用），那么会在群体层面达到最优，但在个体层面上并非如此。

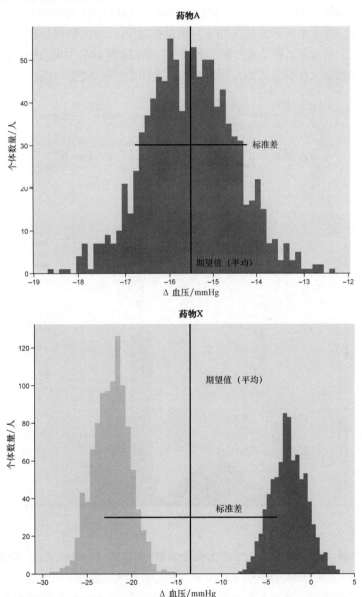

图 7.3　对模拟的药物 A 和药物 X 加以对比，以查看哪种药物降低血压的效果更好。药物 A 具有较低的平均值（期望值）-15.5 mmHg 和较低的标准差，但药物 X 呈双峰态，其中一个模态中心为-22.5mmHg。注意，对于药物 X，几乎没有病人的血压变化接近平均值

那么，这和深度强化学习有什么关系呢？正如你所了解的，Q-learning 提供了期望的（平均的、时间贴现的）状态–动作–价值。可以想象，它可能导致药物案例中所讨论的相同的限制，即具有多模态分布。学习状态–动作–价值的全概率分布会比仅学习期望值（就像普通 Q-learning 中那样）实现更多的功能。利用完整分布，我们可以看到状态–动作–价值是否存在多模态，以及分布中的方差有多大。图 7.4 所示的是 3 个不同的动作建模了动作–价值分布，可以看到某些动作比其他动作具有更大的方差。有了这些额外的信息，我们就可以采用风险敏感的策略，因为这些策略的目标不仅包括最大化期望奖励，还包括控制这样做时所承担的风险。

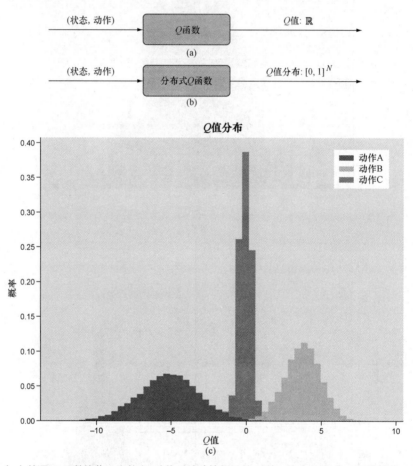

图 7.4　（a）普通 Q 函数接收一个状态–动作对并计算相关的 Q 值。（b）分布式 Q 函数接收一个状态–动作对并计算所有可能 Q 值的概率分布，概率范围为[0,1]，因此它会返回一个向量，其中所有元素的值都在[0,1]内，且它们的总和为 1。（c）一个 Q 值分布的例子，它由分布式 Q 函数对某个状态下的 3 个不同动作产生。动作 A 可能导致平均奖励为–5，而动作 B 可能导致平均奖励为+4

最令人信服的是，人们做了一项实证研究来评估几种流行的原始 DQN 算法的变体，包括分布式 DQN 变体，以查看哪些变体单独是最有效的，以及哪些变体是组合中最重要的（Hessel 等人 2017 年 "Rainbow: Combining Improvements in Deep Reinforcement Learning"）。结果表明，在所测试的所有 DQN 变体中，分布式 Q-learning 是整体上表现最佳的。Hessel 等人用所有算法组成了一个 "Rainbow" DQN，它比任何单独的算法都要有效得多。然后，他们测试了哪些组件对 Rainbow 算法的成功至关重要。结果表明，分布式 Q-learning、多步 Q-learning 和优先回放（见 7.7 节）对该算法的性能至关重要。

在本章中，你将学习如何实现一个分布式深度 Q 网络（Dist-DQN），该网络能够输出给定状态下每个可能动作的状态–动作–价值概率分布。在第 4 章中，我们学习了一些概率相关的概念，并采用深度神经网络作为策略函数来直接输出动作的概率分布。我们将回顾这些概念并进行更深入的学习，因为理解这些概念对实现 Dist-DQN 非常重要。我们对概率和统计的讨论乍一看可能有些太过学术化，但实际实现时需要这些概念的原因将会变得明晰。

本章是整本书中概念性难度最大的一章，因为本章包含大量初学起来比较难掌握的概率学概念，而且比其他章包含更多的数学公式。因此，完成本章的学习会让你很有成就感，通过学习和回顾大量机器学习和强化学习的基本主题，你可以更深入地了解这些领域。

7.2 再论概率统计

虽然概率论背后的数学理论是一致且没有争议的，但对"一枚质地均匀的硬币正面朝上的概率是 0.5"这种小事的含义的解释实际上是颇具争议的——分为频率论者和贝叶斯论者两大阵营。

频率论者认为，一枚硬币正面朝上的概率表示一个人无限次地抛硬币时所观察到的正面朝上的概率。虽然短时间抛硬币时正面朝上的概率可能高达 0.8，但当你不断地抛硬币时，正面朝上的概率会在无限次数下无限趋近于 0.5。

也就是说，概率就是事件发生的频率。在这种情况下，会有两种可能的结果：正面和反面。每种结果的概率是在无限次试验（抛硬币）后各自的频率。当然，这就是概率在 0（不可能）和 1（确定）之间，且所有可能结果的概率总和必须为 1 的原因。

这是理解概率的一种简单而直接的方法，但有很大的局限性。在频率论者看来，人们很难甚至可能无法理解像"Jane Doe 当选市议会议员的概率是多少？"这样的问题，因为从实践和理论角度来讲，这样的选举不可能发生无限次。频率论对这类一次性事件并没有做出过多解释。我们需要一个更强大的框架来处理这些情况，这就是贝叶斯概率所带给我们的。

在贝叶斯框架中，概率代表对各种可能结果的信赖程度。当然，你可以信赖只会发生一次的事件（例如选举），并且你对可能会发生什么事的信赖程度取决于你对特定情况掌握了多少信息——新的信息会促使你更新自己的信念（见表 7.1）。

表 7.1　频率论和贝叶斯论

频率论	贝叶斯论
概率是个体结果的频率	概率是信赖的程度
计算给定模型下数据的概率	计算给定数据下模型的概率
使用假设检验	使用参数估计或模型比较
计算简单	（通常）计算困难

概率的基本数学框架由**样本空间** Ω 组成，它表示特定问题的所有可能结果的集合。例如，在选举的例子中，样本空间是所有有资格当选的候选人的集合。有一个概率分布（或度量）函数 $P: \Omega \rightarrow [0,1]$，其中 P 是一个将样本空间转换成区间为[0,1]的实数的函数。你可以输入 P(候选人A)，它将输出一个 0~1 的数字，表示候选人 A 赢得选举的概率。

> **注意**　概率论比我们此处所讲的要复杂得多，它涉及一个名为**测度论**的数学分支。就实现目标而言，我们已经掌握了足够多的内容，无须再深入研究概率理论。我们将继续用一种非正式的、数学上不严谨的方式来介绍所需的概率概念。

概率分布的**支集**（support）是我们要用到的另一个术语，它是被赋予非零概率的结果的子集。例如，温度不可能低于 0 开尔文（Kelvin），所以负温度将被分配概率 0，温度概率分布的支集将是 0 到正无穷。由于我们通常并不关心不可能的结果，因此你经常会看到"支集"和"样本空间"互换使用，尽管它们可能并不相同。

7.2.1　先验和后验

如果我们在不告诉你候选人是谁或选举内容是什么时问你"在 4 人竞选中每位候选人获胜的概率是多少？"，你可能会以信息不充分为由拒绝回答。如果我们一再追问，你可能会说，由于你对其他情况一无所知，因此每个候选人都有 1/4 的机会获胜。通过这一回答，你已经建立了一个候选人的均匀（每个可能结果具有相同的概率）**先验概率分布**（prior probability distribution）。

在贝叶斯框架中，概率代表信赖，在可以获得新信息的情况下信赖总是暂时的，所以先验概率分布就是在接收新的信息之前最初的分布。在接收到新信息之后，例如关于候选人的传记信息，你可能会基于这个新的信息来更新你的先验概率分布，这个更新后的分布称为**后验概率分布**（posterior probability distribution）。先验概率分布和后验概率分布的区别是有关联的，因为在接收到另一组新信息之前，后验分布会变成一个新的先验概率分布。经过一连串的先验概率分布到后验概率分布的更替，你的信赖会不断更新（见图 7.5），这个过程通常称为**贝叶斯推理**（Bayesian inference）。

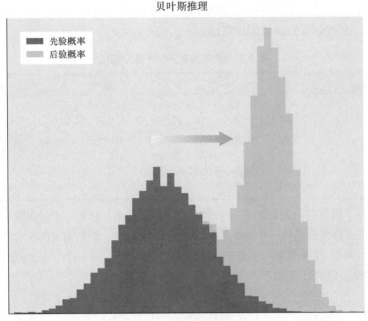

图 7.5   贝叶斯推理是一个过程，它从一个先验概率分布开始，接收一些新信息，然后利用这些新信息将先验概率分布更新成一个新的、信息更丰富的后验概率分布

7.2.2   期望和方差

关于概率分布，我们可以问大量的问题。我们可以问，"最有可能"的结果是什么，也就是我们通常认为的**分布**的**平均值**。你可能熟悉均值的计算方法，即求取所有结果的和并除以结果数量。例如，5 天的预测温度值为 [18,21,17,17,21]，其均值为 $(18+21+17+17+21)/5=94/5=18.8$，那么美国伊利诺伊州芝加哥市 5 天的预测温度均值就是 18.8℃。

如果让 5 个人给出他们对芝加哥明天温度的预测值，且碰巧他们也给出了相同的数值 [18,21,17,17,21]。如果想求取明天的平均温度，我们将遵循相同的流程，将这些数字相加，然后除以样本数（5）来得到明天的平均预测温度。但如果第一个人是一名气象学家，我们对他的预测比对在街上随机询问的其他 4 个人更有信心时，应该怎么办呢？我们可能想把气象学家的预测比其他人的看得更重一些。假设我们认为他的预测有 60%的可能性是正确的，而其他 4 个人每个人的预测正确的可能性只有 10%（注意 $0.6+4×0.10=1.0$），这是一个加权平均值，它的计算方法是每个样本乘各自的权重。在这种情况下，计算结果为 $[(0.6×18)+0.1×(21+17+17+21)]=18.4$。

每个预测的温度都是明天的一个可能结果，但在这种情况下并非所有结果的可能性都是相同的，所以我们将每个可能结果乘它的概率（权重），然后求和。如果所有的权重都相等且总和为 1，那么得到的是一个普通的平均值计算，但很多时候并非这样。当权重不完全相同时，我们得到一个加权平均值，并将其称为分布的**期望值**。

概率分布的期望值是它的"质心"，即平均来说最有可能的值。给定一个概率分布 $P(x)$，其中 x 为样本空间，离散分布的期望值计算如表 7.2 所示。

表 7.2 根据概率分布计算期望值

数学公式	Python

$$\mathbb{E}[P] = \sum_{x=1}^{n} x \cdot P(x)$$	```
	>>> x = np.array([1,2,3,4,5,6])
	>>> p = np.array([0.1,0.1,0.1,0.1,0.2,0.4])
	>>> def expected_value(x,p):
	>>> return x @ p
	>>> expected_value(x,p)
	4.4
	``

期望值运算符（**运算符**是**函数**的另一个术语）用 $\mathbb{E}$ 来表示，它是一个接收概率分布并返回其期望值的函数。它的工作原理是用一个值 x 乘它相关的概率 $P(x)$，然后对 x 的所有可能值求和。

在 Python 中，如果 $P(x)$ 表示为概率的 NumPy 数组 probs，另一个 NumPy 数组为 outcomes（样本空间），则期望值的计算如下。

```
>>> import numpy as np
>>> probs = np.array([0.6, 0.1, 0.1, 0.1, 0.1])
>>> outcomes = np.array([18, 21, 17, 17, 21])
>>> expected_value = 0.0
>>> for i in range(probs.shape[0]):
>>>         expected_value += probs[i] * outcomes[i]

>>> expected_value
18.4
```

另外，期望值可以用 probs 数组和 outcomes 数组之间的内（点）积来计算，因为内积会进行相同的操作，即将两个数组中每个对应元素相乘，然后求和。

```
>>> expected_value = probs @ outcomes
>>> expected_value
18.4
```

离散概率分布意味着它的样本空间是一个有限的集合，或者换句话说，它的样本空间只会出现有限数量的可能结果。例如，抛硬币只会产生两种结果中的一种。

然而，明天的温度可以是任意实数（如果以开尔文为单位，它可以是从 0 到无穷大的任意实数），并且实数或实数的任意子集都是无限的，因为我们可以不断分裂它们，如 1.5 是一个实数，1.500001 也是一个实数，等等。当样本空间无穷大时，这就是一个**连续概率分布**（continuous probability distribution）。

在连续概率分布中，分布不会告诉你特定结果的概率，因为存在无限多个可能的结果，所以每个结果的概率必须无限小，这样它们的总和才会为 1。因此，连续概率分布会告诉你特定可能结果的**概率密度**（probability density）。概率密度是某个值一个小区间范围内的概率总和，它是结果落在某个小区间内的概率。离散分布和连续分布的区别如图 7.6 所示。关于连续分布，目前我们先学习这么多，因为本书中我们真正处理的只有离散概率分布。

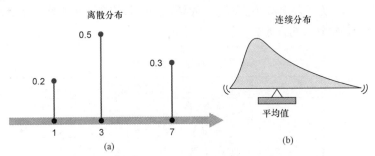

图 7.6　（a）离散分布类似于与结果值 NumPy 数组相关联的概率 NumPy 数组，其概率和结果都是有限的。（b）连续分布表示无限多个的可能结果，纵轴表示概率密度（表示结果在一个小区间内取值的概率）

关于概率分布，我们可以问的另一个问题是它的范围或方差。我们对事物的信赖可多可少，所以相应地，概率分布可窄可宽。方差使用期望运算符计算，其定义为 $\text{Var}(X) = \sigma^2 = \mathbb{E}[(X-\mu)^2]$。你不必担心记不住该公式，我们将使用内置的 NumPy 函数来计算方差。方差表示为 $\text{Var}(X)$ 或 σ^2，其中 $\sqrt{\sigma^2} = \sigma$ 是标准差，所以方差是标准差的平方。另外，方程中的 μ 是均值的标准符号，即 $\mu = \mathbb{E}[X]$，其中 X 是目标**随机变量**。

随机变量是另一种概率分布的使用方式。随机变量与概率分布相关联，概率分布可以产生随机变量。我们可以创建一个随机变量 T 表示明天的温度，由于它是一个未知值，因此是一个随机变量，但只能取其潜在概率分布中的特定有效值。我们可以在任何可能使用普通确定性变量的地方使用随机变量，但如果将一个随机变量与一个确定性变量相加，那么将得到一个新的随机变量。

例如，如果我们认为明天的温度仅仅是今天的温度加上某个随机噪声，那么可以将其建模为 $T = t_0 + e$，其中 e 是一个随机噪声变量，噪声可能服从以 0 为中心、方差为 1 的**正态（高斯）分布**。因此，T 将是一个新的均值为 t_0（今天的温度）的正态分布，但其方差仍然是 1。正态分布就是我们熟悉的钟形曲线。

表 7.3 展示了一些常见的概率分布。正态分布的宽或窄取决于方差参数，但对任何参数集来说其形状看起来都一样。相比之下，贝塔分布和伽马分布根据参数的不同看起来可能差别很大。随机变量通常用大写字母表示，例如 X。在 Python 中，可以使用 NumPy 的 random 模块创建随机变量：

```
>>> t0 = 18.4
>>> T = lambda: t0 + np.random.randn(1)
>>> T()
array([18.94571853])
>>> T()
array([18.59060686])
```

此处，我们将 T 设置为一个匿名函数，它不接收任何参数，每次调用它时就会在 18.4 上加上一个小的随机数。T 的方差是 1，意味着 T 返回的大多数值将在 18.4±1 的范围内。如果方差为

10，那么温度的范围可能会更大。一般来说，我们起初会拥有一个具有高方差的先验分布，随着得到的信息越来越多，方差就会减小。不过，如果得到的新信息非常意外且使我们不太确定，那么它也有可能增大后验分布的方差。

表 7.3　常见的概率分布

分布名称	分布图形
正态分布	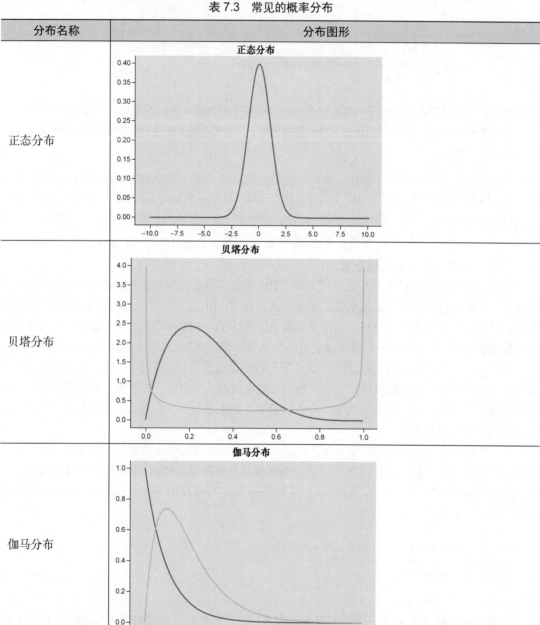
贝塔分布	
伽马分布	

7.3 贝尔曼方程

我们在第 1 章中提到了 Richard Bellman，这里我们将讨论贝尔曼方程（Bellman equation），它是强化学习的基础。贝尔曼方程在强化学习文献中随处可见，但是如果你想做的只是编写 Python 代码，即便不理解贝尔曼方程，也可以完成。本节是选读内容，是为那些对数学背景感兴趣的人准备的。

你应该还记得，Q 函数告诉我们状态–动作对的价值，而价值被定义为时间贴现奖励的期望总和。例如，在 Gridworld 游戏中，$Q_\pi(s,a)$ 会告诉我们在状态 s 中采取动作 a 并从此刻起遵循策略 π 将获得的平均奖励。最优 Q 函数表示为 Q^*，它是完全准确的 Q 函数。当利用一个随机初始化的 Q 函数首次开始玩游戏时，它将返回非常不准确的 Q 值预测，但我们的目标是迭代更新 Q 函数，直到接近最优的 Q^*。

贝尔曼方程告诉我们观察到奖励时如何更新 Q 函数，即

$$Q_\pi(s_t, a_t) \leftarrow r_t + \gamma \cdot V_\pi(s_{t+1})$$

其中 $V_\pi(s_{t+1}) = \max[Q_\pi(s_{t+1}, a)]$。

所以当前状态的 Q 值 $Q_\pi(s_t,a)$ 应该更新为奖励观察值 r_t 加上下一个状态的值 $V_\pi(s_{t+1})$ 乘贴现因子 γ（方程中的左向箭头意味着"将右侧的值分配给左侧变量"），其中下一个状态的值就是下一个状态的最高 Q 值（因为每个可能动作都会得到一个不同的 Q 值）。

如果使用神经网络来近似 Q 函数，我们将尝试通过更新神经网络的参数来最小化贝尔曼方程左侧预测的 $Q_\pi(s_t,a_t)$ 与右侧的数学量之间的误差。

分布式贝尔曼方程

贝尔曼方程隐式地假设环境是确定的，因此观察到的奖励也是确定的（也就是说，如果在相同的状态下采取相同的动作，那么观察到的奖励也总是相同的）。在某些情况下是这样的，但在其他情况下却并非如此。我们已经使用过和将要使用的所有游戏（除了 Gridworld）都至少包含一定程度的随机性。例如，当下采样游戏帧时，两个原本不同的状态会映射到相同的下采样状态，导致观察奖励具有一定程度的不可预测性。在这种情况下，我们可以将确定性变量 r_t 变成具有某种潜在的概率分布的随机变量 $R(s_t,a)$。如果状态演变成新状态是随机的，那么 Q 函数也必须是一个随机变量。此时，原始的贝尔曼方程可以表示为

$$Q(s_t, a_t) \leftarrow \mathbb{E}[R(s_t, a)] + \gamma \cdot \mathbb{E}[Q(s_{t+1}, a_{t+1})]$$

同样，Q 函数是一个随机变量，因为我们将环境解释为具有随机变换性。采取一个动作可能不会导致相同的下一个状态，所以我们得到的是下一个状态和动作的概率分布。下一个状态–动作对的期望 Q 值是给定最有可能的下一个状态–动作对下最有可能的 Q 值。

如果去掉期望运算符，就得到一个完整的分布式贝尔曼方程：

$$Z(s_t, a_t) \leftarrow R(s_t, a_t) + \gamma \cdot Z(s_{t+1}, a_{t+1})$$

此处，我们使用 Z 表示分布式 Q 值函数（也称其为**值分布**）。当利用原始贝尔曼方程进行 Q-learning 时，Q 函数将学习值分布的期望值，因为这是它能做得最好的，但在本章中我们将使用一个稍微复杂的神经网络，以期返回一个值分布，从而可以学习观察奖励的分布，而非仅仅是期望值。这是很有用的，我们在 7.1 节中描述了其原因——通过学习分布，我们可以获得一种方式来利用风险敏感的策略，以顾及分布的方差和可能的多峰性。

7.4 分布式 Q-learning

至此，我们已经讨论了实现 Dist-DQN 所需的所有预备知识。如果你没有完全理解前面章节的内容，也不必担心，一旦开始编写代码，你就会豁然开朗了。

在本章中，我们将使用 OpenAI Gym 中一个简单的雅达利游戏 *Freeway*（见图 7.7），这样就可以在笔记本电脑的 CPU 上训练算法。与其他章节不同，我们还将使用游戏的 RAM 版本。如果你查看可用的游戏环境，将会看到每个游戏都有两个版本，其中一个被标记为"RAM"。

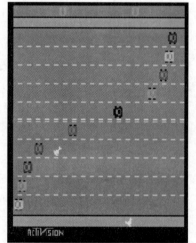

Freeway 是一款可以通过向上、向下或无操作（"不操作"或什么都不做）来控制一只鸡的游戏。玩家需要移动小鸡，使其穿过高速公路到达另一边，并避开迎面而来的车辆，以获得+1奖励。如果不能在限定的时间内让 3 只鸡都通过高速公路，就会输掉游戏并获得负奖励。

在本书中，大多数情况下，我们用游戏的原始像素表示来训练 DRL 智能体，为此会在神经网络中使用卷积层。不过，在这种情况下，通过创建一个 Dist-DQN，我们引入了新的复杂性，因此我们将避开卷积层，专注于手头的话题，以保持训练有效。

每款游戏的 RAM 版本实质上都是以一个包含 128 个元素的向量（如每个游戏角色的位置和速度等）形式压缩的游戏表现。一个包含 128 个元素的向量已经足够小了，可以通过几个全连接（密集）层处理。一旦熟悉了此处使用的简单实现，你就可以使用游戏的像素版本，并将 Dist-DQN 升级为使用卷积层。

图 7.7　雅达利游戏 *Freeway* 截图。目标是让鸡穿过高速公路，避开迎面而来的车辆

7.4.1　使用 Python 表示概率分布

如果你没有阅读 7.3 节，那么你错过的唯一重要的事情是，与其用一个神经网络表示一个返回单个 Q 值的 Q 函数 $Q_\pi(s,a)$，不如用其表示一个值分布 $Z_\pi(s,a)$——它表示一个给定状态-动作

对时 Q 值的随机变量。这种概率形式包含了前面章节中所使用的确定性算法，因为确定性结果总是可以用退化概率分布来表示（见图 7.8），其中所有的概率都分配给单个结果。

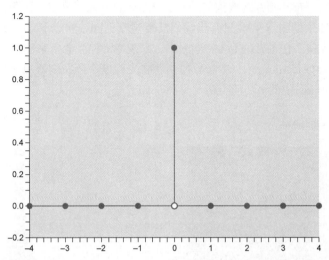

图 7.8　这是一个退化概率分布，因为除了一个值，其他所有可能值的概率都是 0。未被赋予概率 0 的结果值称为概率分布的支集，退化分布拥有一个单元素的支集（本例中值为 0）

　　我们先从如何表示和处理值分布开始。正如在 7.2 节中所做的那样，我们将用两个 NumPy 数组表示奖励的离散概率分布：一个 NumPy 数组表示可能的结果（分布的支集）；另一个大小相同的数组用于存储每个相关结果的概率。如前所述，如果取支集数组和概率数组的内积，就会得到分布的期望奖励。

　　我们表示值分布 $Z(s,a)$ 的方式存在一个问题，由于数组大小有限，因此只能表示有限数量的结果。在某些情况下，奖励通常限制在某个有限的固定范围内，但在股票市场上，你能够赚取或损失的钱理论上是无限的。利用我们的方法，你就必须选择一个可以表示范围的最小值和最大值。Dabney 等人的论文 "Distributional Reinforcement Learning with Quantile Regression"（2017）突破了这一局限性，我们将在本章末尾简要讨论他们的方法。

　　对于 *Freeway*，我们限制支集在−10 和+10 之间。所有非终结的时间步（那些未导致胜利或失败状态的时间步）都会给予−1 的奖励，以惩罚花太多时间过高速公路的行为。小鸡成功穿过高速公路的奖励为+10，游戏失败（如果小鸡在计时器结束前没有穿过马路）的奖励为−10。当小鸡被车撞到时，玩家不一定会输掉游戏，但小鸡会被推离目标。

　　Dist-DQN 将接收一个状态（一个包含 128 个元素的向量），并将返回 3 个独立但大小相等的张量，表示给定输入状态下 3 种可能动作（向上、向下和无操作）支集的概率分布。我们将使用一个包含 51 个元素的支集，所以支集和概率张量将包含 51 个元素。

　　如果智能体以随机初始化的 Dist-DQN 开始游戏，采取动作，并收到−1 的奖励，那么如何更新 Dist-DQN 呢？什么是目标分布？如何计算两个分布之间的损失函数？我们使用 Dist-DQN 返回的任何分布作为后续状态 s_{t+1} 的先验概率分布，并使用单个观察奖励 r_t 来更新先验概率分布，这样一些分布会围绕观察奖励 r_t 重新分配。

　　如果从一个均匀分布开始并观察到奖励 $r_t=1$，那么后验概率分布应该不再是均匀的，但它仍然应该是近乎均匀的（见图 7.9）。只有当我们反复观察到同一状态下 $r_t=-1$ 时，分布才会在−1附近开始急速到峰值。在正常的 Q-learning 中，贴现率 γ 控制着未来奖励期望值对当前状态值的贡献大小。在 Dist-Q-learning 中，γ 参数控制着将先验概率分布朝着观察奖励更新值的大小，其功能与正常 Q-learning 中的 γ 功能类似（见图 7.10）。

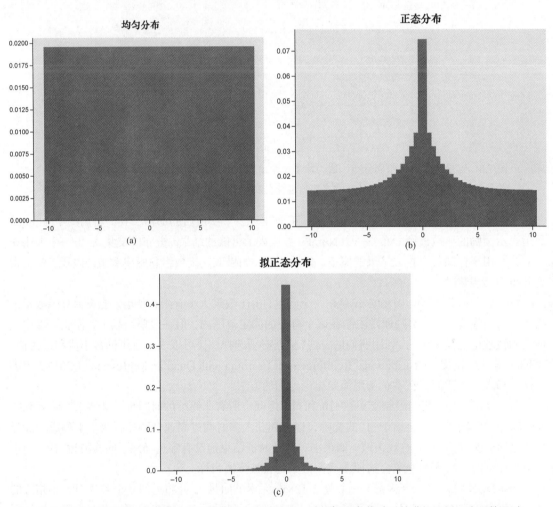

图 7.9　我们创建了一个函数，用于接收一个离散分布，并根据观察奖励对其进行更新。该函数通过将先验概率分布更新为后验概率分布来执行一种近似贝叶斯推理。最初为均匀分布［见图 7.9（a）］，我们观察到一些奖励，并在 0 处出现峰值分布［见图 7.9（b）］，然后观察到更多奖励（都为 0），最终分布变成一个狭窄的拟正态分布［见图 7.9（c）］

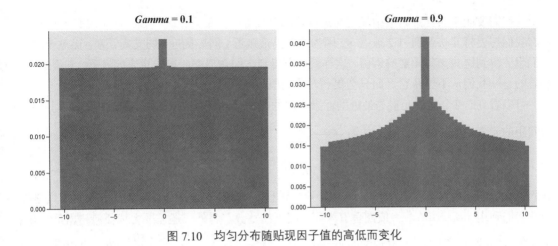

图 7.10 均匀分布随贴现因子值的高低而变化

如果对未来贴现很多，那么后验概率分布会强烈地集中在最近观察的奖励上。如果对未来贴现较弱，那么观察奖励只会轻微地更新先验概率分布 $Z(s_{t+1}, a_{t+1})$。由于 *Freeway* 在开始时具有稀疏的正向奖励（因为在观察到首胜之前需要做出很多动作），因此我们将设置 γ，以保证对先验概率分布只做较小的更新。

在代码清单 7.1 中，我们创建了一个初始均匀的离散概率分布，并展示了它的绘制方法。

代码清单 7.1　使用 NumPy 创建一个离散概率分布

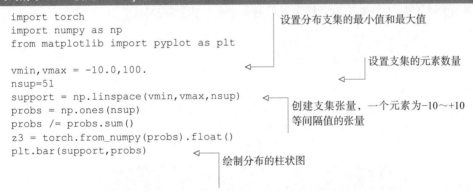

```
import torch
import numpy as np
from matplotlib import pyplot as plt

vmin,vmax = -10.0,100.
nsup=51
support = np.linspace(vmin,vmax,nsup)
probs = np.ones(nsup)
probs /= probs.sum()
z3 = torch.from_numpy(probs).float()
plt.bar(support,probs)
```

设置分布支集的最小值和最大值

设置支集的元素数量

创建支集张量，一个元素为-10～+10 等间隔值的张量

绘制分布的柱状图

我们定义了一个均匀分布，再来看一下如何更新分布。我们想要一个函数 update_dist(z,reward)，使之接收一个先验概率分布和一个观察奖励，并返回一个后验概率分布。我们将分布的支集表示为一个元素为-10～10 的向量：

```
>>> support
array([-10.0,  -9.6,  -9.2,  -8.8,  -8.4,  -8. ,  -7.6,  -7.2,  -6.8,
        -6.4,  -6.0,  -5.6,  -5.2,  -4.8,  -4.4,  -4.0,  -3.6,  -3.2,
        -2.8,  -2.4,  -2.0,  -1.6,  -1.2,  -0.8,  -0.4,   0.0,   0.4,
         0.8,   1.2,   1.6,   2.0,   2.4,   2.8,   3.2,   3.6,   4.0,
         4.4,   4.8,   5.2,   5.6,   6.0,   6.4,   6.8,   7.2,   7.6,
         8.0,   8.4,   8.8,   9.2,   9.6,  10.0])
```

我们需要能够在支集向量中找到与观察奖励最接近的支集元素。例如，如果观察到 $r_t = -1$，那么我们想要将其映射到-1.2 或-0.8，因为这些是最接近（同等接近）的支集元素。更重要的是，我们想要得到这些支集元素的索引，这样就可以得到它们在概率向量中对应的概率。支集向量是静态的——我们从不更新它，而只会更新对应的概率。

可以看到，每个支集元素与最近的元素之间的距离是 0.4。NumPy 函数 linspace 创建一个等间距的元素序列，间距计算方式为 $\dfrac{v_{max} - v_{min}}{N - 1}$，其中 N 是支集元素的数量。如果将 10、-10 和 $N = 51$ 代入公式，将得到 0.4。我们称这个值为 dz（表示 delta z），并使用它根据方程 $b_j = \dfrac{r - v_{min}}{dz}$ 找到最接近的支集元素索引，其中 b_j 是索引。由于 b_j 可能是一个小数，而索引需要是非负整数，因此我们利用 np.round 将值四舍五入到最接近的整数。另外，还需要去掉任何超出最小和最大支集范围的值。例如，如果观测的 $r_t = -2$，那么 $b_j = \dfrac{-2 - (-10)}{0.4} = \dfrac{-2 + 10}{0.4} = 20$。可以看到，索引 20 的支集元素为-2，本例中刚好对应观察到的奖励（不需要四舍五入）。然后，使用索引查找支集元素-2 对应的概率。

一旦找到了与观察奖励对应的支集元素的索引，我们就希望将一些概率质量重新分配到该支集元素及其附近的支集元素上。必须注意的是，最终的概率分布必须是一个真正的分布，且其总和为 1。我们将"窃取"左侧和右侧临近元素的概率质量，并将其添加到观察奖励对应的元素上。然后，那些最临近的元素会从最临近的元素那里窃取一些概率质量，以此类推，如图 7.11 所示。随着观察奖励距离的增大，被窃取的概率质量的数量会呈指数级减小。

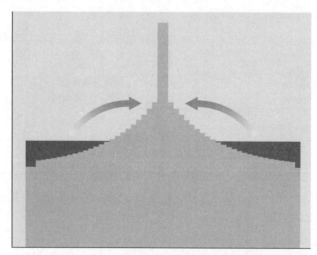

图 7.11 update_dist 函数将临近元素的概率重新分配给观察奖励

在代码清单 7.2 中，我们实现了一个函数，用其接收一组支集、相关的概率和一个观察值，并通过向观察值重新分配概率质量来返回一个更新后的概率分布。

代码清单 7.2 更新概率分布

```
def update_dist(r,support,probs,lim=(-10.,10.),gamma=0.8):
    nsup = probs.shape[0]
    vmin,vmax = lim[0],lim[1]          计算支集间距
    dz = (vmax-vmin)/(nsup-1.)
    bj = np.round((r-vmin)/dz)          计算观察奖励在支集中的索引
    bj = int(np.clip(bj,0,nsup-1))
    m = probs.clone()                   取整和截取值以确保它是一个有效的
    j = 1                               支集索引
    for i in range(bj,1,-1):
        m[i] += np.power(gamma,j) * m[i-1]     从左近邻开始，窃取其部分概率质量
        j += 1
    j = 1
    for i in range(bj,nsup-1,1):
        m[i] += np.power(gamma,j) * m[i+1]     从右近邻开始，窃取其
        j += 1                                 部分概率质量
    m /= m.sum()
    return m                            除以总和，以确保其总和为 1
```

下面我们分析更新概率分布的机制，以了解它是如何工作的。我们从一个均匀的先验分布开始：

```
>>> probs
array([0.01960784, 0.01960784, 0.01960784, 0.01960784, 0.01960784,
       0.01960784, 0.01960784, 0.01960784, 0.01960784, 0.01960784,
       0.01960784, 0.01960784, 0.01960784, 0.01960784, 0.01960784,
       0.01960784, 0.01960784, 0.01960784, 0.01960784, 0.01960784,
       0.01960784, 0.01960784, 0.01960784, 0.01960784, 0.01960784,
       0.01960784, 0.01960784, 0.01960784, 0.01960784, 0.01960784,
       0.01960784, 0.01960784, 0.01960784, 0.01960784, 0.01960784,
       0.01960784, 0.01960784, 0.01960784, 0.01960784, 0.01960784,
       0.01960784, 0.01960784, 0.01960784, 0.01960784, 0.01960784,
       0.01960784, 0.01960784, 0.01960784, 0.01960784, 0.01960784,
       0.01960784])
```

可以看到，每个支集的概率约为 0.02。我们观察到 $r_t = -1$，并计算得到 $b_j \approx 22$，然后找到最近的左邻和右邻（以 m_l 和 m_r 表示）的索引分别为 21 和 23。我们将 m_l 乘 γ^j，其中 j 是一个从 1 开始逐步增加 1 的值，由此得到一个指数递减的 γ 序列：$\gamma^1, \gamma^2, \cdots, \gamma^j$。记住，$\gamma$ 的值必须在 0 和 1 之间，如果 $\gamma = 0.5$，那么 γ 序列将是 $0.5, 0.25, 0.125, 0.0625$。所以，首先我们从左邻和右邻得到 $0.5 \times 0.02 = 0.01$，并将其加到 $b_j = 22$ 处的现有概率（也是 0.02）上，所以 $b_j = 22$ 处的概率将变成 $0.01 + 0.01 + 0.02 = 0.04$。

此时，左邻 m_l 从它自己的左邻索引 20 处窃取概率质量，但它窃取得少，因为会乘 γ^2。同样，右邻也从它自己的右邻那里窃取概率质量。每个元素依次从它的左邻或右邻窃取概率，直至到达数组末尾。如果 γ 接近于 1，例如 0.99，那么大量的概率质量将被重新分配到接近 r_t 的支集。

下面我们测试一下分布更新函数。从均匀分布开始，我们向它提供一个 -1 的观察奖励，如代码清单 7.3 所示。

代码清单 7.3　在一次观察后重新分配概率质量

```
ob_reward = -1
Z = torch.from_numpy(probs).float()
Z = update_dist(ob_reward,torch.from_numpy(support).float(), \
    Z,lim=(vmin,vmax),gamma=0.1)
plt.bar(support,Z)
```

在图 7.12 中可以看到，分布仍然相当均匀，但此时在-1 处有一个明显的"凸起"。我们可以通过贴现因子 γ 控制这个凸起的大小。你可以自行尝试改变 γ，以查看它是如何改变更新的。

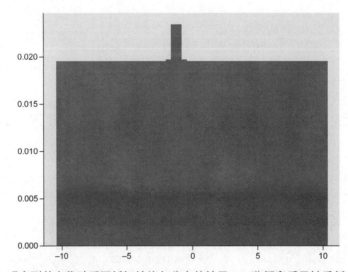

图 7.12　观察到单个奖励后更新初始均匀分布的结果。一些概率质量被重新分配到与观察奖励对应的支集元素上

现在，我们看一下当观察到一系列不同的奖励时，分布是如何变化的，如代码清单 7.4 所示（这个奖励序列是我们编造的，并非来自 *Freeway* 游戏）。我们应该能够观察到多峰性。

代码清单 7.4　利用一系列观察值重新分配概率质量

```
ob_rewards = [10,10,10,0,1,0,-10,-10,10,10]
for i in range(len(ob_rewards)):
    Z = update_dist(ob_rewards[i], torch.from_numpy(support).float(), Z, \
                    lim=(vmin,vmax), gamma=0.5)
plt.bar(support, Z)
```

在图 7.13 中可以看到，现在有 4 个不同高度的峰值，分别对应 4 个不同类型的观察奖励，即 10、1、0 和-10。最高的峰值（分布模态）对应于 10，因为它是频率最高的观察奖励。

现在，从一个均匀的先验分布开始，让我们看一下，如果多次观察到相同的奖励，方差是如何减小的，如代码清单 7.5 所示。

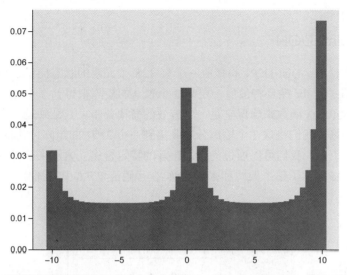

图 7.13 观察一系列不同奖励后更新初始均匀分布的结果，其中分布中的每个"峰"对应一个观察奖励

代码清单 7.5 利用一系列相同的奖励来减小方差

```
ob_rewards = [5, 5, 5, 5, 5, 5, 5, 5, 5, 5, 5, 5, 5, 5, 5, 5, 5, 5, 5]
for i in range(len(ob_rewards)):
    Z = update_dist(ob_rewards[i], torch.from_numpy(support).float(), \
                    Z, lim=(vmin,vmax), gamma=0.7)
plt.bar(support, Z)
```

在图 7.14 中可以看到，均匀分布转变成一个以 5 为中心的、方差更小的拟正态分布。我们将使用该函数来生成希望 Dist-DQN 学习近似的目标分布。现在，我们开始构建 Dist-DQN。

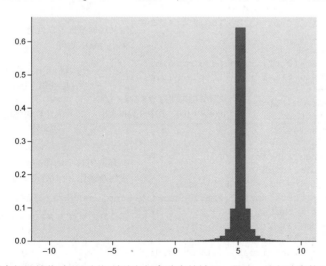

图 7.14 多次观察相同的奖励后更新初始均匀概率分布的结果。最终，均匀分布趋于一个拟正态分布

7.4.2　实现 Dist-DQN

正如前面所讨论的，Dist-DQN 将接收一个有 128 个元素的状态向量，将其通过一些密集的前馈层，然后用一个 for 循环将最后一层乘 3 个独立的矩阵来得到 3 个独立的分布向量。最后，我们将应用 Softmax 函数来确保它是一个有效的概率分布。其结果是一个具有 3 个不同输出"头"的神经网络。我们将这 3 个输出分布收集到一个 3×51 的矩阵，并将其作为 Dist-DQN 最终的输出返回。因此，我们可以通过为输出矩阵的特定行建立索引来获得特定动作的单个动作-价值分布。图 7.15 展示了整个架构和张量变换。在代码清单 7.6 中，我们定义了实现 Dist-DQN 的函数。

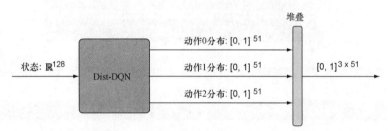

图 7.15　Dist-DQN 接收一个有 128 个元素的状态向量，并产生 3 个独立的有 51 个元素的概率分布向量，然后将这些向量堆叠成一个 3×51 的矩阵

代码清单 7.6　实现 Dist-DQN 的函数

x 是有 128 个元素的状态向量，theta 是参数向量，aspace 是动作空间的大小

```
def dist_dqn(x,theta,aspace=3):
    dim0,dim1,dim2,dim3 = 128,100,25,51          定义层的维度，以便将 theta 分解成
    t1 = dim0*dim1                                大小合适的矩阵
    t2 = dim2*dim1
    theta1 = theta[0:t1].reshape(dim0,dim1)       将 theta 的第一部分分解
    theta2 = theta[t1:t1 + t2].reshape(dim1,dim2)  压到第一层矩阵中
    l1 = x @ theta1                              该计算的维度为 B × 128 × 128 ×
    l1 = torch.selu(l1)                          100=B×100，其中 B 为批大小     该计算的维度为 B × 100 × 100 × 25
    l2 = l1 @ theta2                                                           = B × 25
    l2 = torch.selu(l2)
    l3 = []
    for i in range(aspace):                      循环遍历每个动作来生
        step = dim2*dim3                         成每个动作-价值分布
        theta5_dim = t1 + t2 + i * step
        theta5 = theta[theta5_dim:theta5_dim+step].reshape(dim2,dim3)
        l3_ = l2 @ theta5                        该计算的维度为 B × 25 × 25 × 51 = B × 51
        l3.append(l3_)
    l3 = torch.stack(l3,dim=1)
    l3 = torch.nn.functional.softmax(l3,dim=2)
    return l3.squeeze()                          最后一层的维度为 B × 3 × 51
```

在本章中，我们将手动进行梯度下降操作。我们用 Dist-DQN 接收一个名为 theta 的参数向量，并将该向量拆包并重塑成大小合适的多个单独的层矩阵。这可以让梯度下降操作变得更加容易，因为我们可以在单个向量上而非多个独立的实体上进行梯度下降。我们还将像第 3 章中那样使用一个单独的目标网络，为此需要保留一个 theta 的副本，并将其传递到相同的 dist_dqn 函数。

此处的另一个新颖之处是多个输出"头"。我们习惯让一个神经网络返回一个输出向量，但在这种情况下，我们希望它返回一个矩阵。为此，我们设置了一个循环，让 3 个独立的层矩阵分别乘 12，从而产生 3 个不同的输出向量，然后将它们堆叠成一个矩阵。除此之外，它是一个共包含 5 个密集层的非常简单的神经网络。

现在，我们需要一个函数，用于接收 Dist-DQN 的输出、一个奖励和一个动作，并生成我们希望神经网络接近的目标分布。这个函数将用到 update_dist 函数，但它只想更新与实际执行的动作关联的分布。此外，正如你在第 3 章中学到的，当达到终止状态时，我们还需要一个不同的目标。在终止状态下，期望的奖励就是观察到的奖励，因为根据定义，此时不存在未来奖励。这意味着贝尔曼更新会减小到 $Z(s_t,a_t){\leftarrow}R(s_t,A_t)$。由于只观察到一个奖励，且没有先验概率分布去更新，因此目标分布就变成所谓的退化分布。它只是一种特别的分布，其中所有的质量集中在单个值上，如代码清单 7.7 所示。

代码清单 7.7　计算目标分布

```
def get_target_dist(dist_batch,action_batch,reward_batch,support,lim=(- \
        10,10),gamma=0.8):
    nsup = support.shape[0]
    vmin,vmax = lim[0],lim[1]
    dz = (vmax-vmin)/(nsup-1.)
    target_dist_batch = dist_batch.clone()
    for i in range(dist_batch.shape[0]):          ◁──── 遍历批次维度
        dist_full = dist_batch[i]
        action = int(action_batch[i].item())
        dist = dist_full[action]
        r = reward_batch[i]
        if r != -1:                               ◁──── 如果奖励不是-1，它就是一个终止状态，此
            target_dist = torch.zeros(nsup)            时目标分布是一个奖励值上的退化分布
            bj = np.round((r-vmin)/dz)
            bj = int(np.clip(bj,0,nsup-1))
            target_dist[bj] = 1.                  ◁──── 如果是非终止状态，则目标分布是给定奖励上
        else:                                          的先验分布的贝叶斯更新
            target_dist = update_dist(r,support,dist,lim=lim,gamma=gamma)
        target_dist_batch[i,action,:] = target_dist   ◁──── 只改变所采取动作的分布

    return target_dist_batch
```

get_target_dist 函数接收一批维度为 $B{\times}3{\times}51$ 的数据（其中 B 是批大小），并返回一个尺寸相等的张量。例如，如果批次中只有一个样本 $1{\times}3{\times}51$，智能体采取动作 1 并观察到奖励-1，该函数将返回一个 $1{\times}3{\times}51$ 的张量，而与索引 1（维度为 1）相关的 $1{\times}51$ 的分布将使用观察奖励-1

根据 update_dist 函数进行改变。如果观察到的奖励为 10，那么与动作 1 关联的 1×51 的分布将被更新为一个退化分布，除了与奖励 10 关联的元素（索引 50），其他元素的概率都为 0。

7.5　比较概率分布

我们有了一个 Dist-DQN 和一种生成目标分布的方法，还需要一个损失函数来计算预测的动作-价值分布与目标分布之间的差异，然后才可以像往常一样进行反向传播和梯度下降，以便更新 Dist-DQN 参数，使其下次预测更准确。在尝试最小化两批标量或向量之间的距离时，通常使用 MSE 损失函数，但它并不是两个概率分布之间合适的损失函数。概率分布之间的损失函数有很多可能的选择。我们想要通过一个函数来衡量两个概率分布之间的差异或距离，并最小化该距离。

在机器学习中，我们通常试图训练一个参数模型（例如一个神经网络）来从某个数据集预测或产生匹配经验数据的数据。通过概率性地思考，我们可以将神经网络想象为生成合成数据并试图训练神经网络产生更多更现实的数据——一些与经验数据集非常相似的数据。这就是训练**生成**模型（生成数据的模型）的方式。我们更新模型的参数，使生成的数据看起来非常接近一些训练（经验）数据集。

例如，假设我们想创建一个生成模型，用来生成名人的面部图像，要做到这一点，需要一些训练数据，为此将使用开源的 CelebA 数据集——该数据集包含各种名人的成千上万张高质量照片，例如 Will Smith 和 Britney Spears。我们把生成模型称为 P，把经验数据集称为 Q。

数据集 Q 中的图像是从真实世界中采样得到的，但它们只是无数幅图像的一个小样本。有些图像已经存在但并不包含于数据集中，以及本可以拍摄但却未拍摄。例如，数据集中可能只有一张 Will Smith 的照片，但从不同角度拍摄的另一张 Will Smith 的照片可能很容易就成为数据集的一部分。然而，一只小象在 Will Smith 头上的照片虽然不是不可能的，但不太可能包含在数据集中，因为它不太可能存在（谁会将一只小象放在自己头上呢？）。

名人的照片自然有多有少，所以现实世界中名人照片有一个概率分布。我们可以将名人照片的真实概率分布表示为 $Q(x)$，其中 x 是任意图像，$Q(x)$ 表示那幅图像存在于世界上的概率。如果 x 是数据集 Q 中的特定图像，则 $Q(x)=1.0$，因为该图像确实存在于现实世界中。然而，如果输入一幅不存在于数据集中但是可能存在于样本之外的真实世界中的图像，那么 $Q(x)$ 可能等于 0.9。

当随机初始化生成模型 P 时，它将输出看起来像白噪声的随机图像。我们可以将生成模型看作一个随机变量，每个随机变量都有一个相关的概率分布，我们将其表示为 $P(x)$，所以也可以在给定特定图像当前参数集的情况下询问生成模型该图像的概率是多少。当首次初始化模型时，它会认为所有图像的概率都差不多，并且会为所有图像分配一个相当低的概率。所以，如果我们问 $P("Will\ Smith\ 图像")$，它将返回一个很小的概率，但如果问 $Q("Will\ Smith\ 图像")$，我们将得到 1.0。

为了训练生成模型 P 使用数据集 Q 生成真实的名人照片，我们需要保证生成模型为 Q 中的数据以及不存在于 Q 中但可能真实存在的图像分配较高的概率。从数学角度来讲，我们想最大化这个比率：

$$LR = \frac{P(x)}{Q(x)}$$

我们称之为 $P(x)$ 和 $Q(x)$ 之间的似然比（Likelihood Ratio，LR），如表 7.4 所示。此处，似然是概率的另一种说法。

以一幅存在于 Q 中的 Will Smith 图像为例，如果我们使用一个未经训练的 P 来计算比例，可能会得到

$$LR = \frac{P(x=\text{Will Smith})}{Q(x=\text{Will Smith})} = \frac{0.0001}{1.0} = 0.0001$$

这是一个很小的比例。我们希望反向传播到生成模型并通过梯度下降来更新它的参数，从而最大化该比例。这个似然比就是我们想要最大化（或最小化其负值）的目标函数。

但我们不想只对一幅图像这么做，而是希望得到生成模型最大化数据集 Q 中所有图像的总概率。我们可以通过计算所有个体样本的乘积（因为当 A 和 B 相互独立且服从相同的分布时，A 和 B 的概率就等于 A 的概率乘 B 的概率）来得到总概率。所以，我们的新目标函数就是数据集中每个数据似然比的乘积。接下来，我们会给出一些数学方程，但只是用它们解释底层的概率概念，不需要你花任何时间去记住它们。

表 7.4　数学和 Python 中的似然比

数学公式	Python

$LR = \prod_i \dfrac{P(x_i)}{Q(x_i)}$	```p = np.array([0.1,0.1])```
	 ```q = np.array([0.6,0.5])```
	 ```def lr(p,q):```
	 ``` return np.prod(p/q)```

该目标函数的一个问题是，计算机很难乘一批概率，因为它们都是较小的浮点数，当一起相乘时将得到更小的浮点数，这将导致数值的不准确性，并最终导致数值下溢，因为计算机能表示的数值范围是有限的。为了改善这种情况，我们一般使用对数概率（等价于对数似然），因为对数函数会将较小的概率转变成较大的数值，这些数值范围为负无穷（概率趋于 0 时）到最大值 0（概率为 1 时）。

对数还有一个很好的性质，即 $\log(a \cdot b) = \log(a) + \log(b)$，因此可以将乘法转换为加法——计算机可以更好地处理加法，不会导致数值不稳定或溢出。所以，我们可以将之前的乘积对数似然比方程转变成表 7.5 所示的样式。

表 7.5　数学和 Python 中的对数似然比

数学公式	Python

$LR = \sum_i \log\left(\dfrac{P(x_i)}{Q(x_i)}\right)$	```p = np.array([0.1,0.1])```
	 ```q = np.array([0.6,0.5])```
	 ```def lr(p,q):```
	 ``` return np.sum(np.log(p/q))```

这个对数概率版本的方程更简单、更便于计算，但另一个问题是我们想让每个样本的权重不同。例如，如果从数据集中抽样一幅 Will Smith 的图像，它应该比某个不那么著名的名人图像具有更高的概率，因为他们可能拍摄的照片较少。我们想让模型更侧重于学习更有可能存在于真实世界中的图像，即那些更有可能存在于经验分布 $Q(x)$ 中的图像。我们将通过每个对数似然比的 $Q(x)$ 概率对其进行加权（见表 7.6）。

表 7.6　数学和 Python 中的加权对数似然比

数学公式	Python

$LR = \sum_i Q(x_i) \cdot \log\left(\dfrac{P(x_i)}{Q(x_i)}\right)$	```p = np.array([0.1,0.1])
	q = np.array([0.6,0.5])
	def lr(p,q):
	    x = q * np.log(p/q)
	    x = np.sum(x)
	    return x```

现在，我们有了一个目标函数，可以衡量生成模型的样本与真实数据的分布之间的相似程度，并通过样本在现实世界中可能存在的程度进行加权。

最后还有一个小问题，那就是必须最大化该目标函数，因为我们希望对数似然比很高，但出于方便和惯例，我们更想得到最小化误差或损失函数的目标函数。我们可以通过添加一个负号来弥补这一点，这样较高的似然比就变成了一个较小的误差或损失。

你可能会注意到我们将 LR 转换成了奇怪的符号：$D_{KL}(Q \| P)$。这是因为我们刚刚创建的目标函数是所有机器学习中一个非常重要的函数，即 Kullback-Leibler 散度（Kullback-Leibler divergence，简称 KL 散度，见表 7.7）。KL 散度是一种概率分布之间的误差函数，可用于表示两个概率分布之间的差异程度。

表 7.7　Kullback-Leibler 散度

数学公式	Python

$D_{KL}(Q \| P) = -\sum_i Q(x_i) \cdot \log\left(\dfrac{P(x_i)}{Q(x_i)}\right)$	```p = np.array([0.1,0.1])
	q = np.array([0.6,0.5])
	def lr(p,q):
	    x = q * np.log(p/q)
	    x = -1 * np.sum(x)
	    return x```

我们通常试图最小化生成模型概率分布和某个真实数据的经验分布之间的差异，所以希望能最小化 KL 散度。正如你刚才看到的，最小化 KL 散度等价于最大化生成数据与经验数据相比的联合对数似然比。需要注意一件重要的事情，KL 散度是非对称的，即 $D_{KL}(Q \| P) \neq D_{KL}(P \| Q)$，这一点在其数学定义中很明确。KL 散度包含一个比率，没有一个比率能等于它的倒数，即 $\dfrac{a}{b} \neq \dfrac{b}{a}$，除非两者左右两侧的比率都等于 1，即 $a = b$。

虽然 KL 散度是一个完美的目标函数，但可以根据我们的目的对其进行轻微简化。回想一下，一般来说 $\log(a/b)=\log(a)-\log(b)$ ，所以我们可以把 KL 散度重新写成

$$D_{\mathrm{KL}}(Q\,\|\,P)=-\sum_i Q(x)\cdot\log(P(x_i))-\log(Q(x_i))$$

注意，在机器学习中，我们只想优化模型（更新模型参数，以减小误差），而不能改变经验分布 $Q(x)$ 。因此，我们实际上只关心左侧的加权对数概率：

$$H(Q,P)=-\sum_i Q(x)\cdot\log(P(x_i))$$

这个简化版本称为交叉熵损失，表示为 $H(Q,P)$ 。在本章中，我们实际上将使用该损失函数来得到预测的动作-价值分布和目标（经验）分布之间的误差。

在代码清单 7.8 中，我们将交叉熵损失实现为一个函数，用于接收一批动作-价值分布，并计算预测分布与目标分布之间的损失。

代码清单 7.8　交叉熵损失函数

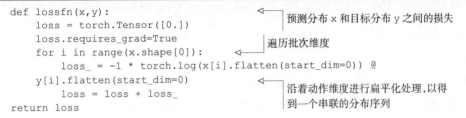

```
def lossfn(x,y):
    loss = torch.Tensor([0.])          ← 预测分布 x 和目标分布 y 之间的损失
    loss.requires_grad=True
    for i in range(x.shape[0]):        ← 遍历批次维度
        loss_ = -1 * torch.log(x[i].flatten(start_dim=0)) @
    y[i].flatten(start_dim=0)          ← 沿着动作维度进行扁平化处理，以得
        loss = loss + loss_              到一个串联的分布序列
    return loss
```

`lossfn` 函数接收一个维度为 $B\times3\times51$ 的预测分布 x 和一个相同维度的目标分布 y，然后沿着动作维度将分布扁平化，从而得到一个 $B\times153$ 的矩阵；接着，遍历矩阵中每个 1×153 的行并计算 1×153 预测分布和 1×153 目标分布之间的交叉熵。我们不用显式地对 x 和 y 的乘积求和，而是可以结合这两个操作通过使用内积操作符 "@" 一次性得到结果。

我们可以选择只计算所采取动作的特定动作-价值分布之间的损失，但最终计算了所有这 3 个动作-价值的损失，以便 Dist-DQN 学习保持其他两个未采取的动作不变，而只更新所采取动作的动作-价值分布。

7.6　模拟数据上的 Dist-DQN

下面我们用一个模拟的目标分布来测试目前为止的所有部分，以查看 Dist-DQN 是否能够成功地学习匹配目标分布。在代码清单 7.9 中，我们采用一个初始的均匀分布，将其通过 Dist-DQN 运行，并使用两个奖励观察值的合成向量来更新它。

代码清单 7.9　使用模拟数据进行测试

```
aspace = 3                ←─ 定义动作空间的大小为 3
tot_params = 128*100 + 25*100 + aspace*25*51   ←─ 根据层大小定义 Dist-DQN 参数的总数
theta = torch.randn(tot_params)/10.
theta.requires_grad=True       ←─ 为 Dist-DQN 随机初始化一个参数向量
theta_2 = theta.detach().clone()   ←─ 复制 theta 作为一个目标网络

vmin,vmax= -10,10
gamma=0.9
lr = 0.00001
update_rate = 75          ←─ 每 75 步同步主模型的参数和目标 Dist-DQN 参数
support = torch.linspace(-10,10,51)
state = torch.randn(2,128)/10.     ←─ 为测试随机初始化两个状态
action_batch = torch.Tensor([0,2])   ←─ 创建合成动作数据
reward_batch = torch.Tensor([0,10])   ←─ 创建合成奖励数据
losses = []
pred_batch = dist_dqn(state,theta,aspace=aspace)   ←─ 初始化一个预测批次
target_dist = get_target_dist(pred_batch,action_batch,reward_batch, \
                            support, lim=(vmin,vmax),gamma=gamma)   ←─
plt.plot((target_dist.flatten(start_dim=1)[0].data.numpy()),color='red',label
    ='target')
plt.plot((pred_batch.flatten(start_dim=1)[0].data.numpy()),color='green',labe
    l='pred')
plt.legend()              ←─ 初始化一个目标批次
```

代码清单 7.9 的目的是测试 Dist-DQN 对两个合成数据样本的分布的学习能力。在合成数据中，动作 0 与奖励 0 相关联，而动作 2 与奖励 10 相关联。我们期望 Dist-DQN 学习到状态 1 与动作 1 关联，状态 2 与动作 2 关联，并学习其分布。在图 7.16 中可以看到，利用随机初始化的参数向量，所有这 3 个动作的预测分布（记住，我们沿着动作维度进行了扁平化处理）几乎是均匀分布，而目标分布在无操作动作（因为我们仅绘制了第一个样本）处有一个峰值。训练之后，预测分布和目标分布应该比较匹配。

目标网络之所以如此重要，是因为在 Dist-DQN 中体现得非常清楚。记住，目标网络仅仅是滞后一段时间更新的主模型的副本。我们使用目标网络的预测来创建学习的目标，但仅使用主模型的参数来实现梯度下降，这样可以稳定训练，因为在没有目标网络的情况下，每个参数从梯度下降更新后目标分布都会发生变化。

然而，梯度下降试图将参数朝着更好匹配目标分布的方向移动，因此存在一个循环（因此不稳定），可能会因为 Dist-DQN 的预测与目标分布之间的跳跃导致目标分布发生显著变化。使用 Dist-DQN 预测的一个滞后副本（通过参数的滞后副本，即目标网络），目标分布不会在每次迭代时发生变化，也不会立即受到主 Dist-DQN 模型的持续更新的影响，这就大大稳定了训练。如果将 update_rate 降低到 1 并尝试训练，你将看到目标变得完全错误。现在，我们看一下如何训练 Dist-DQN（见代码清单 7.10）。

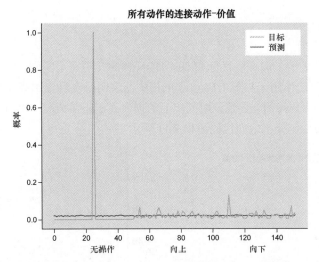

所有动作的连接动作–价值

图 7.16 观察一个奖励后未经训练的 Dist-DQN 产生的预期动作–价值分布和目标分布。有 3 个独立的包含 51 个元素的动作–价值分布，但此处它们被连接成一个长向量来说明预测和目标之间的整体匹配程度。前 51 个元素对应无操作动作的动作–价值分布，中间 51 个元素对应向上动作的动作–价值分布，最后 51 个元素对应向下动作的动作–价值分布。可以看到，这 3 个动作的预测都是完全平坦（均匀）的分布，而目标分布对无操作动作有一个模态（峰值），对其他两个动作有一些噪声峰值。目标是让预测匹配目标分布

代码清单 7.10 Dist-DQN 在合成数据上的训练

添加一些随机噪声到奖励中，以减少过拟合

使用主模型 Dist-DQN 进行分布预测

用目标网络 Dist-DQN 进行分布预测（使用滞后参数）

```
for i in range(1000):
    reward_batch = torch.Tensor([0,8]) + torch.randn(2)/10.0
    pred_batch = dist_dqn(state,theta,aspace=aspace)
    pred_batch2 = dist_dqn(state,theta_2,aspace=aspace)
    target_dist = get_target_dist(pred_batch2,action_batch,reward_batch, \
                            support, lim=(vmin,vmax),gamma=gamma)
    loss = lossfn(pred_batch,target_dist.detach())
    losses.append(loss.item())
    loss.backward()
    # Gradient Descent
    with torch.no_grad():
        theta -= lr * theta.grad
    theta.requires_grad = True

    if i % update_rate == 0:
        theta_2 = theta.detach().clone()

fig,ax = plt.subplots(1,2)
ax[0].plot((target_dist.flatten(start_dim=1)[0].data.numpy()),color='red',lab
    el='target')
```

用目标网络的分布来创建学习的目标分布

在损失函数中使用主模型的分布预测

将目标网络参数与主模型参数同步

```
ax[0].plot((pred_batch.flatten(start_dim=1)[0].data.numpy()),color='green',la
    bel='pred')
ax[1].plot(losses)
```

图 7.17（a）的图显示了训练后目标和 Dist-DQN 预测几乎完全匹配（你甚至可能看不出有两个重叠的分布）。模型起作用了！图 7.17（b）的损失图表明每次目标网络同步到主模型以及目标分布突然变化时都会出现峰值，导致该时间步上的损失高于正常情况。我们也可以看一下学习到的批次中每个样本的动作分布，如代码清单 7.11 所示。

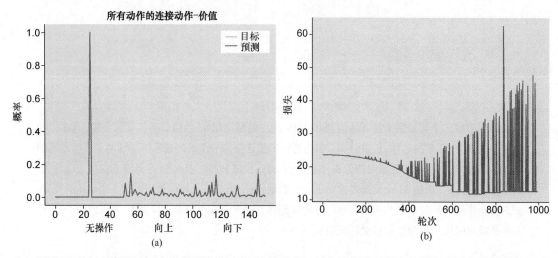

图 7.17　（a）训练后 3 个动作的连接动作-价值分布。（b）随训练时间变化的损失图。基线损失正在减小，但可以看到不断增大的峰值

代码清单 7.11　可视化学习到的动作-价值分布

```
tpred = pred_batch
cs = ['gray','green','red']
num_batch = 2
labels = ['Action {}'.format(i,) for i in range(aspace)]
fig,ax = plt.subplots(nrows=num_batch,ncols=aspace)          遍历每个动作

                                                  遍历批次中的经验
for j in range(num_batch):
    for i in range(tpred.shape[1]):
        ax[j,i].bar(support.data.numpy(),tpred[j,i,:].data.numpy(),\
                label='Action {}'.format(i),alpha=0.9,color=cs[i])
```

在图 7.18 中可以看到，在第一个样本中，左侧动作 0 相关的分布已经变为一个 0 处的退化分布，就像模拟数据一样。然而，其他两个动作的分布仍然相当平均，没有明确的峰值。同样，在批次的第二个样本中，动作 2（向下）的分布是一个接近于 10 处的退化分布，因为数据也退化了（一组相同的样本），而其他两个动作的分布仍然相当平均。

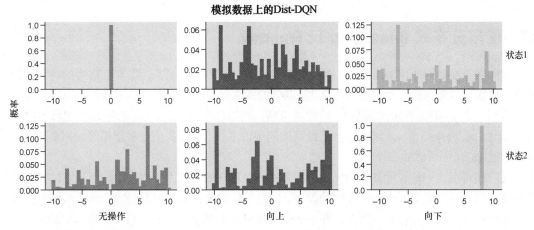

图 7.18　每行包含单个状态的动作-价值分布，行中的每一列分别是动作 0、1 和 2 的分布

这个 Dist-DQN 测试几乎包含了我们将在雅达利游戏 *Freeway* 的真实实验中使用的所有内容。在玩 *Freeway* 之前，我们只需要两个函数（见代码清单 7.12），其中一个函数用于预处理从 OpenAI Gym 环境中返回的状态。我们将得到一个元素值范围为 0～255 的包含 128 个元素的 NumPy 数组，接着需要将它转换成一个 PyTorch 张量，并将它的值归一化到 0～1，从而减小梯度。

我们还需要一个策略函数来选择在给定预测的动作-价值分布时要采取哪个动作。通过获取动作-价值的全概率分布，我们可以利用更复杂的风险敏感的策略。在本章中，我们将用一个简单的策略基于动作的期望值选择动作，以便将复杂性降到最低。虽然我们在学习一个完整的概率分布，但是将基于动作的期望值来选择动作，就像在普通的 Q-learning 中一样。

代码清单 7.12　预处理状态和选择动作

```
def preproc_state(state):
    p_state = torch.from_numpy(state).unsqueeze(dim=0).float()
    p_state = torch.nn.functional.normalize(p_state,dim=1)
    return p_state

def get_action(dist,support):
    actions = []
    for b in range(dist.shape[0]):
        expectations = [support @ dist[b,a,:] for a in range(dist.shape[1])]
        action = int(np.argmax(expectations))
        actions.append(action)
actions = torch.Tensor(actions).int()
return actions
```

将状态值归一化到 0～1

遍历分布的批次维度

计算每个动作-价值分布的期望值

计算最高期望值关联的动作

回想一下，我们可以通过简单地取支集张量和概率张量的内积来计算离散分布的期望值，并对 3 个动作都进行这样的计算，以选择具有最高期望值的动作。一旦熟悉了此处的代码，你就可以尝试提出一个更复杂的策略，以考虑到每个动作-价值分布的方差（置信）。

7.7　使用分布式 Q-learning 玩 Freeway

我们终于准备好使用 Dist-DQN 算法来玩雅达利游戏 *Freeway* 了。除了已描述的功能，我们不再需要其他主要功能。我们将用一个主 Dist-DQN 模型和一个副本（目标网络）来稳定训练。我们将用一个 ε 值随着轮次减小的 ε 贪婪策略：将以概率 ε 随机选择动作，否则将通过函数 get_action 选择动作，该函数将基于最高的期望值进行选择。我们还将使用经验回放机制，就像在普通 DQN 中所做的那样。

我们还将引入一种非常基本的优先回放形式。在正常的经验回放中，我们将智能体拥有的所有经验存储在一个固定大小的内存缓冲器中，让新的经验随机取代旧的经验，然后从该内存缓冲器中随机抽样一批进行训练。然而，在 *Freeway* 这样的游戏中，几乎所有动作都会导致−1 奖励，而很少得到+10 或−10 奖励，经验回放内存将严重受控于基本上相同的数据。对于智能体来说，这并不能提供足够的信息，而真正重要的经验（例如游戏的胜利或失败），则会被强烈稀释，明显会减缓学习进度。

为了缓解这个问题，当采取一个导致游戏输赢状态（得到一个−10 或+10 奖励时）的动作时，我们将这条经验的多个副本添加到回放缓冲器中，以防它被所有的−1 奖励经验稀释。我们之所以会**优先**考虑某些信息丰富的经验而非其他信息不丰富的经验，是因为我们确实希望智能体能够学习到哪些动作会导致成功或失败，而不仅仅是游戏继续进行。

如果在本书 GitHub 仓库中访问本章代码，你会发现我们在训练期间用来记录现场游戏帧的代码。我们还记录了动作-价值分布的实时变化，这样你就可以看到游戏如何影响预测分布，反之亦然。囿于篇幅，我们省略了这些代码。在代码清单 7.13 中，我们初始化了 Dist-DQN 算法所需的超参数和变量。

代码清单 7.13　使用 Dist-DQN 玩 *Freeway*，初始化超参数和变量

```
import gym
from collections import deque
env = gym.make('Freeway-ram-v0')
aspace = 3
env.env.get_action_meanings()

vmin,vmax = -10,10
replay_size = 200
batch_size = 50
nsup = 51
dz = (vmax - vmin) / (nsup-1)
support = torch.linspace(vmin,vmax,nsup)
replay = deque(maxlen=replay_size)                使用 deque 数据结构的经验回放缓冲器
lr = 0.0001      ◄───────────────── 学习率
gamma = 0.1      ◄─── 贴现因子
epochs = 1300
```

```
eps = 0.20                    ←─ ε贪婪策略的起始 ε 值          ε结束值或最小值
eps_min = 0.05      ←──────────────────────────              优先回放:在回放中重复信息
priority_level = 5  ←──────────────                          丰富的经验 5 次
update_freq = 25    ←──────── 每 25 步更新目标网络

#Initialize DQN parameter vector                            Dist-DQN 参数的总数量
tot_params = 128*100 + 25*100 + aspace*25*51  ←───────
theta = torch.randn(tot_params)/10.  ←──────
theta.requires_grad=True                      随机初始化 Dist-DQN 的参数
theta_2 = theta.detach().clone()          ←── 为目标网络初始化参数
losses = []                      将每次胜利(成功穿过高速公路)
cum_rewards = []  ←────────────  都作为 1 存储在这个列表中
renders = []
state = preproc_state(env.reset())
```

这些是进入主训练循环之前需要的所有设置和启动对象。这些与我们在模拟测试中所做的大致相同,除了存在一个优先回放设置来控制应该在回放中添加多少个高信息量经验(例如获胜)的副本。我们还使用一个 ε 贪婪策略,从一个初始值较高的 ε 开始,并在训练期间将其降到最小值,以保持最少量的探索(如代码清单 7.14 所示)。

代码清单 7.14　主训练循环

```
from random import shuffle
for i in range(epochs):
    pred = dist_dqn(state,theta,aspace=aspace)
    if i < replay_size or np.random.rand(1) < eps:      ←── ε贪婪动作选择
        action = np.random.randint(aspace)
    else:                                                      在环境中执行选定的动作
        action = get_action(pred.unsqueeze(dim=0).detach(),support).item()
    state2, reward, done, info = env.step(action)  ←──
    state2 = preproc_state(state2)                      如果环境产生奖励 1(成功穿过高速公路),
    if reward == 1: cum_rewards.append(1)               则将奖励改为+10
    reward = 10 if reward == 1 else reward  ←──             如果游戏结束(很长一段时间未
    reward = -10 if done else reward                       穿过),则将奖励改为-10
    reward = -1 if reward == 0 else reward  ←──
    exp = (state,action,reward,state2)  ←──            如果原始奖励为 0(游戏继续),将奖励改
    replay.append(exp)  ←──                             为-1 来惩罚无动作
                         添加经验到回放内存中     将经验准备为一个起始状态、观察奖励、所采取动
    if reward == 10:    ←──                             作和后续状态的元组
        for e in range(priority_level):
            replay.append(exp)                         如果奖励为 10,表明玩家成功穿
                                                        越,我们想放大这种经验
    shuffle(replay)
    state = state2
                        ┌── 一旦回放缓冲器满,则开始训练
    if len(replay) == replay_size:  ←──
        indx = np.random.randint(low=0,high=len(replay),size=batch_size)
        exps = [replay[j] for j in indx]
        state_batch = torch.stack([ex[0] for ex in exps],dim=1).squeeze()
        action_batch = torch.Tensor([ex[1] for ex in exps])
        reward_batch = torch.Tensor([ex[2] for ex in exps])
        state2_batch = torch.stack([ex[3] for ex in exps],dim=1).squeeze()
```

```
        pred_batch = dist_dqn(state_batch.detach(),theta,aspace=aspace)
        pred2_batch = dist_dqn(state2_batch.detach(),theta_2,aspace=aspace)
        target_dist = get_target_dist(pred2_batch,action_batch,reward_batch, \
                                support, lim=(vmin,vmax),gamma=gamma)
        loss = lossfn(pred_batch,target_dist.detach())
        losses.append(loss.item())
        loss.backward()                              ◄───  梯度下降
        with torch.no_grad():
            theta -= lr * theta.grad
        theta.requires_grad = True
                                                     ◄───  同步目标网络参数到主模型参数
    if i % update_freq == 0:
        theta_2 = theta.detach().clone()
                                                     ◄───  作为轮次数量的函数来递减 ε
    if i > 100 and eps > eps_min:
        dec = 1./np.log2(i)
        dec /= 1e3
        eps -= dec
                                                     ◄───  若游戏结束，则重置环境
    if done:
        state = preproc_state(env.reset())
        done = False
```

大部分代码与前几章用于普通 DQN 的代码相同。唯一的变化是，此处处理的是 Q 分布而非单个 Q 值，并且使用了优先回放。如果你绘制出损失图，那么将得到图 7.19 所示的结果。

图 7.19 中的损失通常呈下降趋势，但由于目标网络的更新而出现波动，就像在模拟样本中看到的那样。如果你研究 cum_rewards 列表，应该会得到一个元素均为 1 的列表 $[1,1,1,1,1,1]$，表明成功到达路的另一侧的小鸡的数量。如果得到 4 个或更多列表，就表明得到了一个成功训练的智能体。

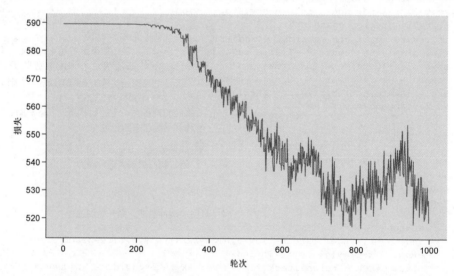

图 7.19　在雅达利游戏 *Freeway* 上训练 Dist-DQN 的损失图。损失值逐渐下降，但由于目标网络的周期性更新，损失值会有明显的"尖峰"（波动）

图 7.20 显示了一个训练期间的游戏截图以及对应的预测动作-价值分布（请再次参阅本书 GitHub 仓库代码了解实现原理）。可以看到，向上动作的动作-价值分布具有两个模态（峰值）：一个在-1，另一个在+10。该分布的期望值比其他动作的要大得多，所以该动作将被选中。

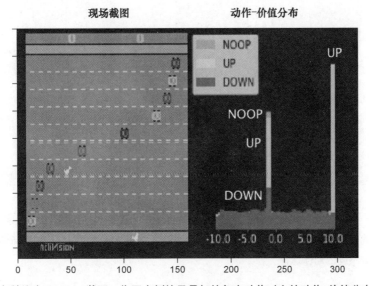

图 7.20　雅达利游戏 *Freeway* 截图。位于右侧的是叠加的每个动作对应的动作-价值分布。高一点的"尖峰"对应向上动作，而低一点的"尖峰"大部分对应无操作动作。由于高一点的"尖峰"更大，因此智能体更有可能采取向上动作，这似乎是该情况下的正确做法。很难看出的是，低一点的无操作"尖峰"顶端也存在一个向上动作的"尖峰"，所以向上的动作-价值分布具有双模态，表明采取向上动作可能会导致-1奖励或+10奖励，但导致+10奖励的可能性更大，因为它的"尖峰"更高

图 7.21 显示了在经验回放缓冲器中学习到的一些分布。其中，每一行都是一个与单个状态关联的回放缓冲器样本，行中的每个图分别是无操作、向上和向下动作的动作-价值分布，每个图的上方都是该分布的期望值。可以看到，在所有样本中，向上动作具有最高的期望值，且具有两个明显的峰值：一个在-1，另一个在+10。另外，两个动作的分布具有更多的差异，因为一旦智能体学习到向上是获胜的最佳方法，使用另外两种动作的经验就会越来越少，所以它们就会保持相对平均。如果继续训练更长时间，它们最终会收敛到一个-1 处的峰值，也可能收敛到一个-10处的较小峰值，因为利用 ε 贪婪策略时仍然会采取一些随机动作。

分布式 Q-learning 是过去几年中对 Q-learning 最大的改进之一，目前仍是业内人士积极研究的对象。如果将 Dist-DQN 与普通的 DQN 加以比较，你会发现使用 Dist-DQN 可以获得更好的总体性能。目前还不太清楚为什么 Dist-DQN 的性能会这么好，特别是考虑到只是基于期望值来选择动作，但可能有几个原因。其中一个就是，经证明，训练神经网络同时预测多个事物，确实可

以提高模型的泛化能力和整体性能。在本章中，Dist-DQN 学会了预测 3 个全概率分布，而不是单一的动作-价值，因此这些辅助任务迫使算法学习更稳健的抽象。

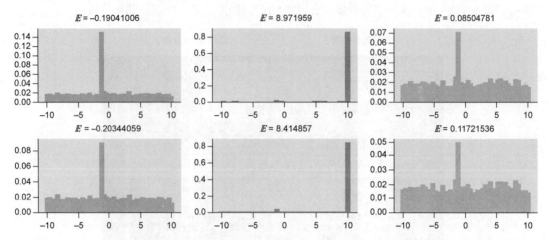

图 7.21　每一列都有给定状态（行）下特定动作的动作-价值分布。每个图上的数字是该分布的期望值，也就是该分布的加权平均值。从视觉上来看，这些分布非常相似，但期望值截然不同，从而导致显著不同的动作选择

我们还讨论了实现 Dist-DQN 的方式的一个重要限制，即使用的是具有有限支集的离散概率分布，因此只能表示-10～10（很小范围内）的动作-价值。我们可以用更多的计算处理代价来扩大这个范围，但是无法通过这种方法表示任意大小的值。我们的实现方式是使用一个固定大小的支集来学习所关联的概率集合。

解决这个问题的一种方法是，在一个变化的（学习到的）支集集合上使用一组固定的概率。我们可以将概率张量固定在 0.1～0.9，例如数组([0.1,0.2,0.3,0.4,0.5,0.6,0.7,0.8,0.9])，并让 Dist-DQN 预测与这些固定概率关联的支集集合。也就是说，我们让 Dist-DQN 学习什么支集值具有概率 0.1、0.2……这被称为**分位数回归**（quantile regression），因为这些固定概率最终代表了分布的分位数（见图 7.22）。在图 7.22 中，我们可以了解第 60 个百分位、第 50 个百分位（概率为 0.5）及以下的支集等信息。

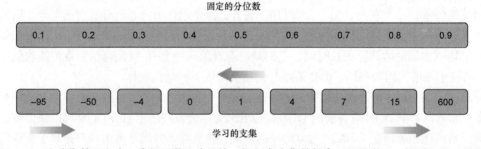

图 7.22　在分位数回归中，我们不学习分配给一组固定支集的概率，而是学习一组对应于一组固定概率（分位数）的支集。这里可以看到中位数是 1，因为它位于第 50 个百分位

利用这种方法，我们还是会得到一个离散的概率分布，但现在可以表示任何可能的动作-价值——它可以任意小或任意大，没有固定的范围。

小结

- 分布式 Q-learning 的优势包括改进的性能以及提供了一种使用风险敏感策略的方式。
- 优先回放可以通过在经验回放缓冲器中提高信息丰富的经验的比例来加速学习。
- 贝尔曼方程提供了一种更新 Q 函数的精确方法。
- OpenAI Gym 包含可以产生 RAM 状态（而非原始视频帧）的替代环境。RAM 状态更容易学习，因为它们的维度通常要低得多。
- 随机变量是一种可以接收一组由潜在概率分布加权的结果的变量。
- 概率分布的熵描述了它包含多少信息。
- KL 散度和交叉熵可用来衡量两个概率分布之间的损失。
- 概率分布的支集是一组具有非 0 概率的值。
- 分位数回归是一种通过学习支集集合（而非概率集合）来学习高度灵活的离散分布的方法。

第 8 章　好奇心驱动的探索

本章主要内容

- 理解稀疏奖励问题。
- 理解好奇心如何充当一种内在奖励。
- 玩转 OpenAI Gym 中的《超级马里奥兄弟》游戏。
- 在 PyTorch 中实现一个内在好奇心模块。
- 训练一个 DQN 智能体在不使用奖励的情况下成功玩《超级马里奥兄弟》。

到目前为止，我们研究的基础强化学习算法（例如深度 Q-learning 和策略梯度法）在很多情况下都是非常强大的技术，但在有些场景下它们会严重失效。2013 年，谷歌的 DeepMind 使用深度 Q-learning 训练智能体以超越人类水平玩转多款雅达利游戏，开深度强化学习领域之先河。然而，智能体在不同类型游戏中的表现存在很大差异。在一个极端例子中，DQN 智能体在玩雅达利游戏 *Breakout* 时的表现远超人类，但在另一个极端例子中，DQN 在玩 *Montezuma's Revenge* 时的表现却远不及人类（见图 8.1），甚至连第一关都无法通过。

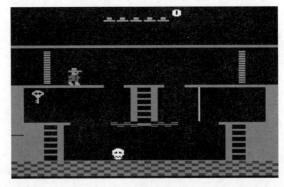

图 8.1　雅达利游戏 *Montezuma's Revenge* 的截图。玩家必须越过障碍物找到钥匙才能得到奖励

注意　在深度强化学习领域引起巨大关注的论文是 2015 年由 Volodymyr Mnih 和谷歌 DeepMind 合著者发表的 "Human-level control through deep reinforcement learning"，这篇论文具有较强的可读性，其中有足以复现结果的详细信息。

这些不同表现的环境差异是什么？DQN 成功玩的所有游戏在游戏过程中都给出了相对频繁的奖励，并且不需要重要的长期计划。在 *Montezuma's Revenge* 中则相反，DQN 只有玩家在房间中找到钥匙后才会给出奖励，房间中还有很多障碍物和敌人。使用普通的 DQN，智能体基本上是随机开始探索，将采取随机动作并等待观察奖励——这些奖励会强化给定环境中最佳的动作。但在 *Montezuma's Revenge* 中，智能体不太可能通过这种随机探索策略找到钥匙并获得奖励，所以它永远也不会观察到奖励，从而永远无法学习。

由于环境中的奖励是稀疏分布（见图 8.2）的，因此这个问题被称作**稀疏奖励问题**（sparse reward problem）。如果智能体没有观察到足够的奖励信号来强化其行为，就无法学习。

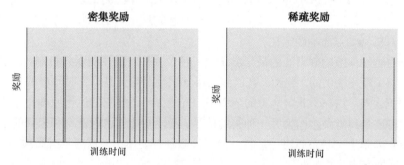

图 8.2　在密集奖励的环境中，训练期间会频繁接收到奖励，从而更容易强化行为。在稀疏奖励的环境中，只有在很多子问题得以解决后才能获得奖励，使得智能体很难甚至无法仅基于奖励信号进行学习

动物和人类学习提供了唯一的智能系统的自然例子，让我们可以从中获取灵感。事实上，研究人员在尝试解决稀疏奖励问题时注意到，人类不仅会最大化外部奖励（来自环境的奖励），例如食物，他们还表现出与生俱来的好奇心，一种为了理解事物的工作原理并减小对环境的不确定性而去探索的动机。

在本章中，使用人类智慧（特别是我们与生俱来的好奇心）法则，你会了解在稀疏奖励的环境中成功训练强化学习智能体的方法。你将看到，好奇心是如何驱动供智能体用以解决子问题并找到稀疏奖励的基本技能的发展的。特别是，你将看到好奇心驱动的智能体如何玩雅达利游戏《超级马里奥兄弟》，并学习如何仅凭好奇心在动态地形中导航。

注意　本章代码存放于本书 GitHub 仓库第 8 章的文件夹中。

8.1　利用预测编码处理稀疏奖励

在神经科学尤其是计算神经科学领域，有一个从高层次上理解神经系统的模型，该模型叫作

预测编码模型（predictive coding model）。在该模型中，理论上说从单个神经元到大规模神经网络的所有神经系统都在运行一种算法，该算法试图预测输入，并试图最小化期望体验与真实体验之间的**预测误差**（prediction error）。所以，在较高层次上，当新的一天开始时，你的大脑会从环境中接收大量的感官信息，并训练预测这些感官信息将如何演变，力求做到比即将到来的真实原始数据领先一步。

如果发生了出乎意料的事情（意想不到的事情），你的大脑可能会产生很大的预测误差，然后可能会进行参数更新，以防这种情况再次发生。例如，你可能在和一个刚认识的人说话，那么在他说出下一个词之前，你的大脑会不断地预测他要说的下一个词是什么。由于你不了解这个人，因此你的大脑可能会有较高的平均预测误差，但如果你们成了要好的朋友，那么你可能很容易预测出他要说什么。这并非你想要做这样的事，而是不管你想不想，你的大脑都在努力减小它的预测误差。

好奇心可以被视为一种减小环境中的不确定性（从而减小预测误差）的愿望。如果你是一名软件工程师，在网上看到了一些关于机器学习这个有趣领域的帖子，那么你想阅读这类图书，可能是为了减少对机器学习的不确定性。

为强化学习智能体灌输好奇心的最早尝试之一涉及使用一种预测误差机制。其思想是，除了试图最大化外部（环境提供的）奖励，智能体还将尝试预测给定其动作时环境的下一个状态，并尝试减小其预测误差。在一个非常熟悉的环境中，智能体将了解它的运作原理，并具有较低的预测误差。我们将这个预测误差作为另一种奖励信号，激励智能体访问新奇和未知的环境区域。也就是说，预测误差越大，状态越出乎意料，更应该激励智能体访问这些具有高预测误差的状态。图 8.3 展示了这种方法的基本框架。

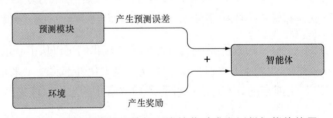

图 8.3　对预测误差与外部环境的奖励求和以供智能体使用

这种方法的思想是将预测误差（我们称其为**内在奖励**）与外部环境的奖励（我们称其为外在奖励）相加，并将结果作为环境新的奖励信号。现在，智能体不仅被激励去思考如何最大化环境奖励，还会对环境充满好奇。预测误差的计算如图 8.4 所示。

内在奖励基于环境中状态的预测误差。在第一遍时它运行得相当好，但人们最终意识到它会遇到另一个问题，通常称为"嘈杂电视问题"（noisy TV problem）（见图 8.5）。事实证明，如果你在一个拥有恒定随机源的环境中训练智能体，例如电视产生的随机噪声，那么智能体将不断产生较大的预测误差，且无法减小误差值。由于结果是高度不可预测的，且有一个恒定的内在奖励源，因此智能体只会无限期地盯着嘈杂的电视。该问题不仅仅是一个学术问题，因为很多现实环境具有类似的随机源（例如，树叶在风中沙沙作响）。

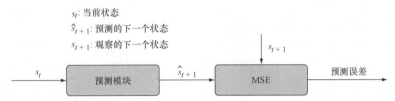

s_t: 当前状态
$\hat{s}_{t+1}$: 预测的下一个状态
s_{t+1}: 观察的下一个状态

图 8.4　预测模块接收一个状态 s_t（以及动作 a_t，图中未展示），并产生预测的下一个状态 $\hat{s}_{t+1}$（读作 "S 帽子 $t+1$"，其中帽子符号表示这是一个近似值）的预测值。这个预测值和真实的下一个状态一起被传递给一个 MSE 函数（或其他误差函数），由此产生预测误差

图 8.5　电视嘈杂问题既是理论问题又是实际问题，具有朴素好奇心的强化学习智能体会沉迷于电视的嘈杂，从而永远盯着电视。这是因为不可预测性会对智能体进行内在奖励，而白噪声则是高度不可预测的

在这一点上，预测误差似乎有很大潜力，但电视嘈杂问题则是一个很大的缺陷。也许我们不应该关注预测误差的绝对值，而应该关注预测误差的变化率。如果智能体过渡到不可预测的状态，会经历一段短暂的预测误差波动，但随后就消失了。同样，如果智能体遇到电视的嘈杂问题，一开始它是高度不可预测的，因此具有较高的预测误差，但较高的预测误差会被保持，所以误差变化率为 0。

虽然这种提法比较好，但仍然存在一些潜在的问题。想象一下，处于室外的智能体看到树叶在风中飘动。由于树叶是随机飘动，因此具有较高的预测误差。风停止吹动，树叶不再飘动则预测误差也会减小。风又开始吹动，则预测误差再次增大。在这种情况下，即使我们使用的是预测误差率，误差率也会随着风的变化而出现波动。因此，我们需要更健壮的方法。

我们希望使用预测误差的概念，但却不想让它遭受环境中无关紧要的微弱随机性或不可预测性的影响。那么，如何将"无关紧要"的约束添加到预测误差模块中呢？我们说一些事情无关紧要，意思是它不会影响到我们，或者它也许是无法控制的。如果树叶在风中随机飘动，智能体的行为不会影响树叶，那么树叶也不会影响智能体的行为。事实证明，除了状态预测模块（这是本章的主题），我们可以将该想法实现为一个单独的模块。在本章中，我们基于 Deepak Pathak 等人的论文"Curiosity-driven Exploration by Self-supervised Prediction"（2017）思想的阐明和实现，成功解决了我们一直在讨论的问题。

我们将严格遵循这篇论文中的方法，因为它是解决稀疏奖励问题贡献最大的方法之一，还引起了相关研究的一阵轰动，还被誉为该领域内众多算法中最容易实现的算法之一。此外，本书不仅教授强化学习的基础知识和技能，还教你足够扎实的数学背景知识，帮助你阅读、理解和自行实现强化学习论文。当然，有些论文需要高等数学知识，这些知识不在本书所述范围之内，但该领域的很多论文巨作仅需要用到一些基本的微积分、代数和线性代数知识——如果你已经走到这一步，那么很可能已经掌握了这些知识。唯一的障碍是理解数学符号，我们希望本书的内容能让这一过程变得更容易。本书要教授的是学习深度强化学习的能力和技巧，而非仅仅教授知识，即"授人以鱼不如授人以渔"。

8.2 反向动态预测

在前文中，我们描述了如何用预测误差作为好奇心信号。我们将 8.1 节中的预测误差模块实现为一个函数 $f:(s_t, a_t) \rightarrow \hat{s}_{t+1}$，用于接收一个状态和所执行的动作，并返回预测的下一个状态（见图 8.6）。由于它是对环境的未来（正向）状态进行预测，因此我们称之为正向预测模型（forward-prediction model）。

记住，我们只想预测状态中真正重要的部分，而非微不足道的部分或噪声。我们给预测模型构建"无足轻重"的约束的方式是添加另一个名为反向模型（inverse model）的模型 $g:(s_t, s_{t+1}) \rightarrow \hat{a}_t$，其中函数 g 接收一个状态和该状态的下一个状态，然后返回造成从 s_t 转变为 s_{t+1} 所采取动作的预测值，如图 8.7 所示。

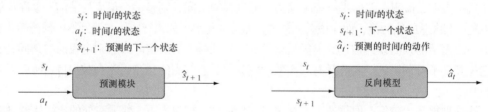

图 8.6 正向预测模块函数 $f:(s_t, a_t) \rightarrow \hat{s}_{t+1}$，用于将当前状态和动作映射到预测的下一个状态

图 8.7 反向模型接收两个连续的状态，并尝试预测所采取的动作

就其本身而言，这个反向模型并不是很有用，还有一个与反向模型紧密耦合的附加模型叫作编码器模型（encoder model），表示为 ϕ。编码器函数 $\phi:s_t \rightarrow \tilde{s}_t$ 接收一个状态并返回一个编码后的状态 $\tilde{s}_t$，其中 $\tilde{s}_t$ 的维度远远低于原始状态 s_t 的（见图 8.8）。原始状态可能是一个具有高度、宽度和通道维度的 RGB 视频帧，ϕ 将该状态编码成一个低维度的向量。例如，一帧可能是 100 像素乘 100 像素乘 3 个颜色通道，即共有 30000 个元素。其中的很多像素都是冗余且无用的，所以我们希望编码器将该状态编码为一个具有高级非冗余特征的（例如）元素

数为 200 的向量。

注意　顶部带有波浪符号的变量（例如 $\tilde{s}_t$）表示潜在变量的某种转换版本，可能具有不同的维度。顶部带有帽子符号的变量（例如 $\hat{s}_t$）表示潜在状态的近似值（或预测值），并且具有相同的维度。

编码器模型通过反向模型进行训练，因为我们实际上使用编码状态作为正向模型 f 和反向模型 g 的输入，而不是原始状态。也就是说，正向模型变成了一个函数 $f:\phi(s_t)\times a_t \to \hat{\phi}(s_{t+1})$，其中 $\hat{\phi}(s_{t+1})$ 指的是编码状态的预测值。同时，反向模型也变成了一个函数 $g:\phi(s_t)\times \hat{\phi}(s_{t+1}) \to \hat{a}_t$（见图 8.9）。符号 $P:a\times b \to c$ 表示定义了某个函数 P，可接收 (a,b) 并将其转换为一个新的对象 c。

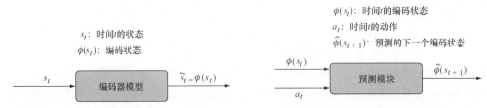

图 8.8　编码器模型接收一个高维状态表示（例如一个 RGB 数组），并将其编码为一个低维向量

图 8.9　正向预测模块实际上使用编码状态，而非原始状态，其中编码状态表示为 $\phi(s_t)$ 或 $\tilde{s}_t$

由于编码器模型不是一个自动编码器，因此它不是直接训练的，只能通过反向模型进行训练。反向模型试图使用编码状态作为输入来预测将一个状态转变成下一个状态所采取的动作，并且为了最小化自己的预测误差，它会将误差反向传播到编码器模型以及它本身。然后，编码器模型将学习以一种对反向模型任务有用的方式对状态进行编码。重要的是，尽管正向模型也使用编码状态作为输入，但我们不会从正向模型反向传播到编码器模型。如果这样做了的话，正向模型将迫使编码器模型将所有状态映射到一个固定的输出，因为这是最容易预测的。

图 8.10 显示了整个好奇心模块的结构：通过组件的正向传递和后向传递（反向传播）来更新模型参数。值得重复的是，反向模型反向传播回编码器模型，编码器模型只能与反向模型一起训练。我们必须使用 PyTorch 的 detach() 方法将正向模型与编码器模型分离，使之不会反向传播到编码器模型。编码器模型的目的不是提供一个低维的输入来提高性能，而是使用一种只包含与预测动作相关的信息的表征来学习编码状态。这意味着，状态中随机波动且对智能体的动作没有影响的方面将从该编码后的表征中剥离。理论上，它应该能够避免电视嘈杂问题。

请注意，无论是正向模型还是反向模型，都需要访问完整转换的数据，即 (s_t, a_t, s_{t+1})。当使用经验回放内存时不存在该问题，就像我们在第 3 章对 Q-learning 所做的那样，因为内存中将存储大量这类元组。

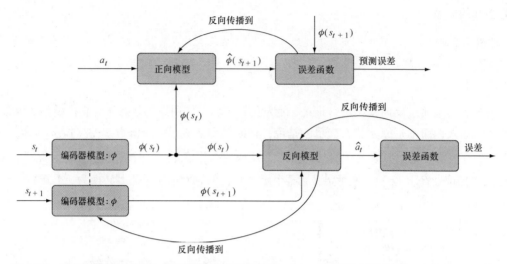

图 8.10　好奇心模块。首先，编码器模型分别将状态 s_t 和 s_{t+1} 编码成低维向量 $\phi(s_t)$ 和 $\phi(s_{t+1})$，然后这些编码状态被传递给正向模型和反向模型。注意，反向模型反向传播到编码器模型，从而通过自身的误差对自己进行训练。正向模型通过从自己的误差函数反向传播进行训练，但不像反向模型那样反向传播到编码器模型，从而确保了编码器模型学习产生只对预测所采取的动作有用的状态表示。图中的黑点表示复制操作，该操作从编码器模型复制输出，并将副本传递给正向模型和反向模型

8.3　搭建《超级马里奥兄弟》环境

正向模型、反向模型和编码器模型共同构成了内在好奇心模块（Intrinsic Curiosity Module，ICM）。ICM 函数各组成部分共同的唯一目的是产生一种驱动智能体好奇心的内在奖励。ICM 基于环境信息生成新的内在奖励信号，所以它与智能体模型的实现方式无关。ICM 可用于任何类型的环境，但在稀疏奖励环境中最有用。

我们可以使用任何想要的智能体模型实现，例如分布式演员-评论家模型（见第 5 章）。在本章中，为了保持简单性并专注于实现 ICM，我们将使用一个 Q-learning 模型，并使用《超级马里奥兄弟》作为测试平台。

其实，《超级马里奥兄弟》并不存在稀疏奖励问题。我们将使用的特定环境实现会部分基于游戏进程提供奖励，所以几乎会持续提供正向奖励。然而，《超级马里奥兄弟》仍然是测试 ICM 的绝佳选择，因为我们可以选择"关闭"外在（环境提供的）奖励信号，从而可以看到智能体仅基于好奇心探索环境的好坏程度，还可以看到外在奖励与内在奖励之间的关联程度。

我们将使用的《超级马里奥兄弟》实现包含 12 个离散动作，这些动作可执行于每个时间步上，其中包括一个 NO-OP（无操作）动作，如表 8.1 所示。

表 8.1　《超级马里奥兄弟》中的动作

索引	动作
0	无操作
1	向右
2	向右+跳跃
3	向右+奔跑
4	向右+跳跃+奔跑
5	跳跃
6	向左
7	向左+奔跑
8	向左+跳跃
9	向左+跳跃+奔跑
10	向下
11	向上

你可以使用 pip 命令自动安装《超级马里奥兄弟》环境：

```
pip install gym-super-mario-bros
```

安装之后，你可以使用一个随机智能体并执行随机动作来测试环境（例如，尝试在 Jupyter Notebook 中运行代码）。关于如何使用 OpenAI Gym 的内容参见第 4 章。在代码清单 8.1 中，我们实例化了《超级马里奥兄弟》环境，并通过执行随机动作对其进行测试。

代码清单 8.1　实例化并测试《超级马里奥兄弟》环境

```
import gym
from nes_py.wrappers import JoypadSpace      ← 这个包装器模块通过将动作组合
import gym_super_mario_bros                      在一起来缩小动作空间
from gym_super_mario_bros.actions import SIMPLE_MOVEMENT, COMPLEX_MOVEMENT  ←
env = gym_super_mario_bros.make('SuperMarioBros-v0')
env = JoypadSpace(env, COMPLEX_MOVEMENT)  ←  我们可以导入两组动作空间：一组有 5 个动
done = True                                       作（简单），另一组有 12 个动作（复杂）
for step in range(2500):  ←  通过执行随机动
    if done:                  作来测试环境      将环境的动作空间包装为 12 个离散的动作
        state = env.reset()
    state, reward, done, info = env.step(env.action_space.sample())
    env.render()
env.close()
```

如果一切顺利，应该会弹出一个显示《超级马里奥兄弟》的小窗口，智能体会采取随机动作，但不会取得任何闯关进展。在本章结束时，你将训练出一个能够持续向前闯关的智能体，并且它将学会躲避或踩踏敌人以及跳过障碍物（仅仅使用基于好奇心的内在奖励）。

在 OpenAI Gym 接口中，环境被实例化为一个名为 env 的类对象，而你需要使用的主要方法就是 env 的 step 方法。step 方法接收一个代表要执行的动作的整数。与所有 OpenAI Gym 环境一样，它会在每个动作完成后返回 state、reward、done 和 info 数据。其中，state 是一个尺寸为(240,256,3)的 NumPy 数组，表示一个 RGB 视频帧。reward 的取值范围为−15～15，其大小取决于前进的数量。done 变量是一个布尔值，表示游戏是否结束（马里奥是否死亡）。info 变量是一个 Python 字典，其元数据如表 8.2 所示。

表 8.2　每个动作执行之后返回的 info 变量中的元数据

键	数据类型	说明
coins	int	收集金币的数量
flag_get	bool	如果马里奥拿到了旗子或斧头，则为 True
life	int	剩余的生命数，即{3,2,1}
score	int	累计游戏分数
stage	int	当前阶段，即 {1,…, 4}
status	str	马里奥的状态，即{'small', 'tall', 'fireball'}
time	int	时钟上剩余的时间
world	int	当前的世界，即{1,…,8}
x_pos	int	游戏台上马里奥的 x 位置

我们只需要使用 x_pos 键。除了获取调用 step 方法之后的状态，你还可以在任何时候通过调用 env.render("rgb_array")来检索状态。要训练一个智能体玩《超级马里奥兄弟》游戏，这基本上就是你需要知道的关于环境的所有内容了。

8.4　预处理和 Q 网络

原始状态是一个尺寸为(240,256,3)的 RGB 视频帧，其尺寸过大且计算成本没有优势。因此，我们将把这些 RGB 图转换为灰度图，并将其大小调整为 42×42，以使模型训练得更快（见代码清单 8.2）。

代码清单 8.2　下采样状态并将之转换为灰度图

```
import matplotlib.pyplot as plt                    scikit-image 库内置了一个图像
from skimage.transform import resize   ◄─┘        大小调整函数
import numpy as np

def downscale_obs(obs, new_size=(42,42), to_gray=True):
    if to_gray:
        return resize(obs, new_size, anti_aliasing=True).max(axis=2)
    else:
        return resize(obs, new_size, anti_aliasing=True)
```

为了将 RGB 图转换为灰度图，我们简单地取通道维度的最大值，以获得良好的对比度

downscale_obs 函数接收一个状态数组（obs）、一个以高度和宽度表示新大小的元组，以及一个表示是否转换为灰度图的布尔值。我们默认将其设置为 True，因为这就是我们想要的。我们使用 scikit-image 库的 resize 函数，所以如果还没有该库，请先安装它，它是一个在以多维数组形式处理图形数据方面非常有用的库。

你可以使用 Matplotlib 来可视化一帧状态：

```
>>> plt.imshow(env.render("rgb_array"))
>>> plt.imshow(downscale_obs(env.render("rgb_array")))
```

下采样后的图像看起来相当模糊，但还是包含了足够多用于玩游戏的视觉信息。

我们需要创建一些其他的数据处理函数，将这些原始状态转换为一种有用的形式。我们不仅要传递单个 42×42 的帧到模型中，还要传递游戏的最后 3 帧（本质上增加了一个通道维度），所以状态将是一个 3×42×42 的张量（见图 8.11）。使用最后 3 帧可以让模型获得速度信息（对象移动的速度和方向），而不仅仅是位置信息。

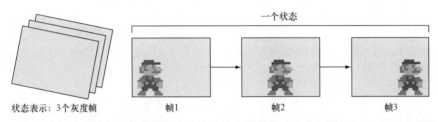

图 8.11　提供给智能体的每个状态都包含连接游戏中最新的 3 帧（灰度图）。这是很有必要的，这样模型不仅可以访问对象的位置，还可以访问它们的移动方向

当游戏首次开始时，我们仅能访问第一帧，所以需要通过将相同状态连接 3 次得到 3×42×42 的初始状态。在该初始状态之后，我们可以用环境中最新的一帧替换掉状态中的最后一帧，用状态中的最后一帧替换掉第二帧，用第二帧替换掉第一帧。基本上，我们拥有一个固定长度的先进先出数据结构，其中将新帧附加到右侧，而左侧的旧帧则自动弹出。Python 的 collections 库中有一个名为 deque（双端队列）的内置数据结构，当其 maxlen 属性设置为 3 时就可以实现这种目的。

我们会用 3 个函数以智能体和编码器模型将使用的形式来准备原始状态（见代码清单 8.3）。prepare_state 函数用于调整图像大小、转换为灰度图、从 NumPy 转换为 PyTorch 张量，并用 unsqueeze 方法添加一个批次维度。prepare_multi_state 函数接收一个形状为批次×通道×高度×宽度的张量，并使用新帧更新通道维度，该函数仅在对训练后的模型进行测试时使用。在训练期间，我们将用 deque 数据结构来持续地附加和弹出帧。最后，prepare_initial_state 函数会在首次开始游戏时准备原始状态，且没有之前两帧的历史记录，该函数将同一帧复制 3 次来创建一个形状为批次×3×高度×宽度的张量。

代码清单 8.3　准备原始状态

```python
import torch
from torch import nn
from torch import optim
import torch.nn.functional as F
from collections import deque

def prepare_state(state):
    return torch.from_numpy(downscale_obs(state,
     to_gray=True)).float().unsqueeze(dim=0)

def prepare_multi_state(state1, state2):
    state1 = state1.clone()
    tmp = torch.from_numpy(downscale_obs(state2, to_gray=True)).float()
    state1[0][0] = state1[0][1]
    state1[0][1] = state1[0][2]
    state1[0][2] = tmp
    return state1

def prepare_initial_state(state,N=3):
    state_ = torch.from_numpy(downscale_obs(state, to_gray=True)).float()
    tmp = state_.repeat((N,1,1))
    return tmp.unsqueeze(dim=0)
```

缩小状态尺寸并转换为灰度图和 PyTorch 张量，最后添加批次维度

给定一个现有的 3 帧状态 1 和一个新的单帧状态 2，将最新帧添加到队列中

使用同一帧的 3 个副本创建一个状态，并添加一个批次维度

8.5　创建 Q 网络和策略函数

如前所述，我们将为智能体使用 DQN。回想一下，DQN 接收状态并产生动作-价值，即采取各个可能动作的期望奖励的预测值，我们使用这些动作-价值来确定动作选择策略。对于这个特定的游戏，其中存在 12 个离散的动作，所以 DQN 的输出层将产生一个长度为 12 的向量，其中第一个元素是采取动作 0 的预测值，以此类推。

请记住，动作-价值（通常）在任何方向上都是不受限制的，如果奖励可正可负（在该游戏中是如此），那么它们就可正可负，所以我们不会在最后一层应用任何激活函数。DQN 的输入是一个形状为批次×3×42×42 的张量，其中通道维度（3）表示游戏过程中最新的 3 帧。

对于 DQN，我们使用一个由 4 个卷积层和两个线性层组成的架构。指数线性单元（Exponential Linear Unit，ELU）激活函数用在每个卷积层和第一个线性层之后（但最后的线性层之后没有激活函数），架构如图 8.12 所示。作为练习，你可以添加一个 LSTM 或 GRU 层，以允许智能体从长期时间模式中学习。

DQN 将学习预测给定状态下每个可能动作的期望奖励（动作-价值或 Q 值），并使用这些动作-价值来决定采取哪个动作。我们应该"天真地"只采取与最高值相关的动作，但由于 DQN 在一开始不会产生准确的动作-价值，因此需要一个允许进行某种探索的策略，这样 DQN 就可以学习到更佳的动作-价值估计。

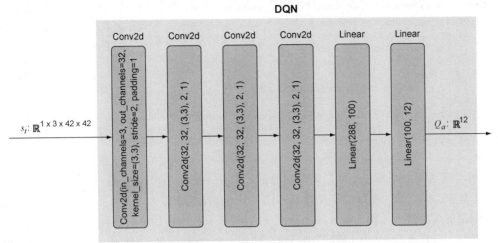

注：除输出层外，每层后面都应用了ELU激活函数。

图 8.12　我们将使用的 DQN 架构。状态张量是输入，它将依次通过 4 个卷积层和两个线性层。ELU 激活函数应用于前 5 层之后，但不包括输出层，因为输出需要能够生成任意大小的 Q 值

前面我们讨论了使用 ε 贪婪策略，即以概率 ε 采取一个随机动作，以概率 $(1-\varepsilon)$ 采取最大值关联的动作。我们通常将 ε 设为某个合理的小概率，例如 0.1，然后在训练过程中慢慢减小 ε，以便它越来越可能选择最大值对应的动作。

我们还讨论了将从 Softmax 函数采样作为我们的策略。本质上，Softmax 函数接收任意实数的向量输入，并输出相同大小的向量，其中每个元素都是一个概率，并且所有元素之和为 1。因此，它创建了一个离散概率分布。如果输入向量是一组动作-价值，那么 Softmax 函数将基于动作-价值返回动作的离散概率分布，这样具有最高动作-价值的动作将被分配最高的概率。如果从该分布中进行抽样，那么具有最大值的动作被选中的概率更高，但也会选中其他动作。这种方法的问题在于，如果最佳动作（根据动作-价值判断）只比其他选项好一点儿，那么较差的动作仍然会以相当高的概率被选中。例如，在下面的示例中，我们使用 5 个动作的动作-价值张量，并应用 PyTorch 功能模块中的 softmax 函数。

```
>>> torch.nn.functional.softmax(th.Tensor([3.6, 4, 3, 2.9, 3.5]))
tensor([0.2251, 0.3358, 0.1235, 0.1118, 0.2037])
```

如你所见，最佳动作（索引 1）只比其他动作稍好一点儿，因此所有动作都具有相当高的概率，此时该策略与均匀随机策略并没有太大区别。我们将使用这样一种策略，它起始时使用 Softmax 策略鼓励探索，在固定数量的游戏步骤之后，将转换成 ε 贪婪策略，它将继续提供一些探索能力，但大多数时候只是采取最好的动作（见代码清单 8.4）。

代码清单 8.4 策略函数

```
def policy(qvalues, eps=None):
    if eps is not None:
        if torch.rand(1) < eps:
            return torch.randint(low=0,high=7,size=(1,))
        else:
            return torch.argmax(qvalues)
    else:
        return torch.multinomial(F.softmax(F.normalize(qvalues)), num_samples=1)
```

策略函数接收一个动作-价值向量和一个 ε（eps）参数

如果未提供 eps，则使用 Softmax。我们使用 multinomial 函数从 Softmax 中进行抽样

DQN 需要的另一个重要组件是经验回放记忆（experience replay memory）。如果每次只传递一个样本数据，那么基于梯度的优化效果不佳，因为梯度的噪声太多。为了平均噪声梯度，我们需要使用足够多的样本（称为批次或小批次），并取所有样本的均值或总和。因为在玩游戏时每次只能看到一个样本数据，所以我们将经验存储在一个"记忆"存储器中，然后从记忆中抽取小批量样本用于训练。

接下来，我们将创建一个经验回放类，使其包含一个存储经验元组的列表，其中每个元组的形式都是 (s_t, a_t, r_t, s_{t+1})（见代码清单 8.5）。该类还拥有添加记忆和抽样小批量的方法。

代码清单 8.5 经验回放

```
from random import shuffle
import torch
from torch import nn
from torch import optim
import torch.nn.functional as F

class ExperienceReplay:
    def __init__(self, N=500, batch_size=100):
        self.N = N
        self.batch_size = batch_size
        self.memory = []
        self.counter = 0

    def add_memory(self, state1, action, reward, state2):
        self.counter +=1
        if self.counter % 500 == 0:
            self.shuffle_memory()
        if len(self.memory) < self.N:
            self.memory.append( (state1, action, reward, state2) )
        else:
            rand_index = np.random.randint(0,self.N-1)
            self.memory[rand_index] = (state1, action, reward, state2)

    def shuffle_memory(self):
        shuffle(self.memory)
```

N 为记忆列表的最大容量

batch_size 是使用 get_batch 方法从记忆中生成的样本数量

每 500 次添加记忆的迭代，就会打乱记忆列表以生成一个更随机的样本

如果记忆列表未满，则将其添加到列表，否则将一条随机记忆替换为新的记忆

使用 Python 内置的 shuffle 函数来打乱记忆列表

```
                                  ┌── 从记忆列表中随机抽样一个小批量
def get_batch(self):          ◄───┘
    if len(self.memory) < self.batch_size:
        batch_size = len(self.memory)
    else:
        batch_size = self.batch_size
    if len(self.memory) < 1:
        print("Error: No data in memory.")
        return None                   ┌── 创建一个表示索引的随机整数数组
                              ◄───────┘
    ind = np.random.choice(np.arange(len(self.memory)), \
    batch_size,replace=False)
    batch = [self.memory[i] for i in ind] #batch is a list of tuples
    state1_batch = torch.stack([x[0].squeeze(dim=0) for x in batch],dim=0)
    action_batch = torch.Tensor([x[1] for x in batch]).long()
    reward_batch = torch.Tensor([x[2] for x in batch])
    state2_batch = torch.stack([x[3].squeeze(dim=0) for x in batch],dim=0)
    return state1_batch, action_batch, reward_batch, state2_batch
```

经验回放类本质上封装了一个具有额外功能的列表。我们希望能够向列表中添加元组，但最多只能添加到列表指定的最大容量，并且希望能够从列表中进行抽样。当使用 get_batch 方法进行抽样时，我们创建了一个表示记忆列表索引的随机整数数组，并使用这些索引从记忆列表中检索随机样本。由于每个样本都是一个元组 (s_t, a_t, r_t, s_{t+1})，我们希望分离出不同组件，并将它们堆叠成一个 S_t 张量、a_t 张量等，其中数组的第一个维度是批大小。例如，我们想返回的 S_t 张量的形状应该是 batch_size×3（通道）×42（高度）×42（宽度）。PyTorch 的 stack 函数可以将一系列单个张量连接成一个张量。此外，我们还使用 squeeze 和 unsqueeze 方法来移除和添加单个维度。

设置好所有这些之后，除了训练循环本身，我们已经具备了训练一个普通 DQN 所需的一切。接下来，我们将实现内在好奇心模块。

8.6 内在好奇心模块

如前所述，内在好奇心模块（ICM）由 3 个独立的神经网络模型组成：正向模型、反向模型和编码器模型（见图 8.13）。正向模型的训练用于在给定当前（编码的）状态和动作的情况下预测下一个（编码的）状态。反向模型的训练用于在给定两个连续（编码的）状态 $\phi(s_t)$ 和 $\phi(s_{t+1})$ 的情况下预测所采取的动作。编码器模型仅仅将一个原始的 3 通道状态转换成一个低维向量。反向模型间接地训练编码器模型，以一种只保留与预测动作相关的信息的方式对状态进行编码。

ICM 各组成部分的输入和输出类型如图 8.14 所示。正向模型是一个带线性层的简单两层神经网络。正向模型的输入通过连接状态 $\phi(s_t)$ 和动作 a_t 构成。编码状态 $\phi(s_t)$ 是一个 $B×288$ 的张量，动作 a_t（维度为 $B×1$）是一批表示动作索引的整数，所以我们通过创建一个大小为 12 的向量并将相应的 a_t 索引设置为 1 来生成一个独热编码的向量。然后，我们连接这两个张量来创建一个形状为批次×(288 + 12) = 批次×300 的张量。我们在第一层后面使用了 ReLU 激活函数，但在输出层后面未使用激活函数。输出层产生一个 $B×288$ 的张量。

图 8.13　ICM 的宏观概览。ICM 包含 3 个组成部分，每个部分都是一个独立的神经网络。编码器模型将状态编码成低维向量，它通过反向模型间接进行训练，而后者试图在给定两个连续状态时预测所采取的动作。正向模型预测下一个编码的状态，其误差为用作内在奖励的预测误差

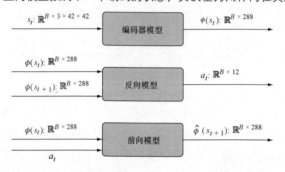

图 8.14　ICM 各组成部分的输入和输出的类型和维度

反向模型也是一个带线性层的简单两层神经网络。其输入是两个编码状态 s_t 和 s_{t+1}，二者连接组成一个形状为批次×(288 + 288) = 批次×576 的张量。我们在第一层后面使用了一个 ReLU 激活函数。输出层使用一个 Softmax 函数产生一个形状为批次×12 的张量，结果为一个动作的离散概率分布。当训练反向模型时，我们将计算动作的离散分布和所采取的真实动作的独热编码向量之间的误差。

编码器模型是一个包含 4 个卷积层的神经网络（与 DQN 具有相同的架构），每层后面都有一个 ELU 激活函数。最终的输出被压平以得到一个扁平的 288 维向量。

ICM 的关键是产生一个量，即正向模型预测误差（见图 8.15）。我们将损失函数产生的误差作为 DQN 的内在奖励信号。另外，我们可以将这个内在奖励和外在奖励相加来得到最终的奖励信号 $r_t = r_i + r_e$，并可以通过缩放内在或外在奖励来控制总奖励的比例。

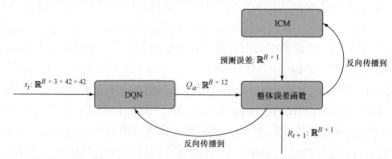

图 8.15　DQN 和 ICM 组成了一个整体损失函数，该函数将传递给优化器并通过 DQN 和 ICM 参数进行最小化。我们将 DQN 的 Q 值预测与观察到的奖励进行比较，然后将后者与 ICM 的预测误差求和得到一个新的奖励值

图 8.16 更详细地展示了 ICM，包括智能体模型（DQN）。接下来，我们看一下 ICM 组成部分的代码（见代码清单 8.6）。

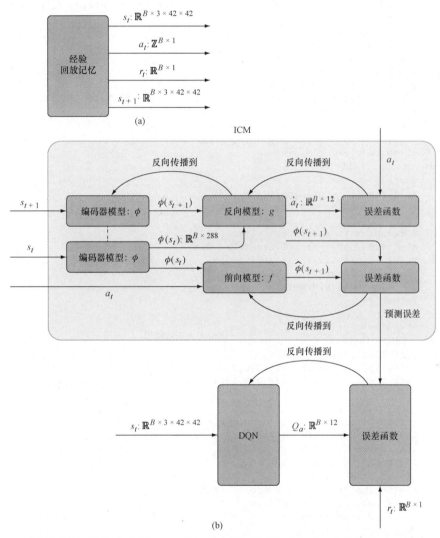

图 8.16 整个算法的完整视图，包括 ICM。首先，从经验回放记忆中生成 B 个样本并用于 ICM 和 DQN。正向运行 ICM 生成一个预测误差，然后将该误差提供给 DQN 的误差函数。DQN 学习预测动作-价值，这些动作-价值不仅反映外在（环境提供的）奖励，还反映内在（基于预测误差的）奖励

代码清单 8.6　ICM 组件

```
class Phi(nn.Module):          ◁──── Phi 为编码器模型
    def __init__(self):
        super(Phi, self).__init__()
```

```
        self.conv1 = nn.Conv2d(3, 32, kernel_size=(3,3), stride=2, padding=1)
        self.conv2 = nn.Conv2d(32, 32, kernel_size=(3,3), stride=2, padding=1)
        self.conv3 = nn.Conv2d(32, 32, kernel_size=(3,3), stride=2, padding=1)
        self.conv4 = nn.Conv2d(32, 32, kernel_size=(3,3), stride=2, padding=1)

    def forward(self,x):
        x = F.normalize(x)
        y = F.elu(self.conv1(x))
        y = F.elu(self.conv2(y))
        y = F.elu(self.conv3(y))
        y = F.elu(self.conv4(y)) #size [1, 32, 3, 3] batch, channels, 3 x 3
        y = y.flatten(start_dim=1) #size N, 288
        return y

class Gnet(nn.Module):          ◄──┐  Gnet 为反向模型
    def __init__(self):
        super(Gnet, self).__init__()
        self.linear1 = nn.Linear(576,256)
        self.linear2 = nn.Linear(256,12)

    def forward(self, state1,state2):
        x = torch.cat( (state1, state2) ,dim=1)
        y = F.relu(self.linear1(x))
        y = self.linear2(y)
        y = F.softmax(y,dim=1)
        return y

class Fnet(nn.Module):          ◄──┐  Fnet 为正向模型
    def __init__(self):
        super(Fnet, self).__init__()
        self.linear1 = nn.Linear(300,256)
        self.linear2 = nn.Linear(256,288)
                                              动作以整数形式存储在回放记忆
                                              中，因此将其转换为一个独热编
    def forward(self,state,action):           码向量
        action_ = torch.zeros(action.shape[0],12)  ◄──┘
        indices = torch.stack( (torch.arange(action.shape[0]),
     action.squeeze()), dim=0)
        indices = indices.tolist()
        action_[indices] = 1.
        x = torch.cat( (state,action_) ,dim=1)
        y = F.relu(self.linear1(x))
        y = self.linear2(y)
        return y
```

这些组件都没有复杂的架构，它们相当普通，但一起构成了一个强大的系统。现在，我们将在这个系统中加入 DQN 模型——它是一个简单的卷积层集合，如代码清单 8.7 所示。

代码清单 8.7　DQN 模型

```
class Qnetwork(nn.Module):
    def __init__(self):
        super(Qnetwork, self).__init__()
        self.conv1 = nn.Conv2d(in_channels=3, out_channels=32,
```

```
                  kernel_size=(3,3), stride=2, padding=1)
          self.conv2 = nn.Conv2d(32, 32, kernel_size=(3,3), stride=2, padding=1)
          self.conv3 = nn.Conv2d(32, 32, kernel_size=(3,3), stride=2, padding=1)
          self.conv4 = nn.Conv2d(32, 32, kernel_size=(3,3), stride=2, padding=1)
          self.linear1 = nn.Linear(288,100)
          self.linear2 = nn.Linear(100,12)

      def forward(self,x):
          x = F.normalize(x)
          y = F.elu(self.conv1(x))
          y = F.elu(self.conv2(y))
          y = F.elu(self.conv3(y))
          y = F.elu(self.conv4(y))
          y = y.flatten(start_dim=2)
          y = y.view(y.shape[0], -1, 32)
          y = y.flatten(start_dim=1)
          y = F.elu(self.linear1(y))
          y = self.linear2(y)          ←┐ 输出的形状为 N × 12
          return y
```

　　我们已经介绍了所有的 ICM 组件，现在将它们组合在一起。我们将定义一个函数，用于接收 (s_t, a_t, s_{t+1}) 并返回正向模型预测误差和反向模型误差。其中，正向模型误差不仅用于正向模型的反向传播和训练，还将作为 DQN 的内在奖励。反向模型误差则仅用于反向传播和训练反向模型与编码器模型。首先，我们将查看超参数的设置和模型的实例化（见代码清单 8.8）。

代码清单 8.8　超参数的设置和模型的实例化

```
params = {
    'batch_size':150,
    'beta':0.2,
    'lambda':0.1,
    'eta': 1.0,
    'gamma':0.2,
    'max_episode_len':100,
    'min_progress':15,
    'action_repeats':6,
    'frames_per_state':3
}

replay = ExperienceReplay(N=1000, batch_size=params['batch_size'])
Qmodel = Qnetwork()
encoder = Phi()
forward_model = Fnet()
inverse_model = Gnet()
forward_loss = nn.MSELoss(reduction='none')
inverse_loss = nn.CrossEntropyLoss(reduction='none')
qloss = nn.MSELoss()
all_model_params = list(Qmodel.parameters()) + list(encoder.parameters())   ←┐
all_model_params += list(forward_model.parameters()) +
    list(inverse_model.parameters())
opt = optim.Adam(lr=0.001, params=all_model_params)      我们可以将每个模型的参数添加到单个列
                                                         表中，并将其传递给单个优化器
```

params 字典中的一些参数看起来比较熟悉，例如 batch_size，但另一些参数可能看起来比较陌生。我们将对其逐个分析，但先看一下总体损失函数。

所有 4 个模型（包括 DQN）总体损失的公式为：

$$\text{minimize}\left[\lambda \cdot Q_{\text{loss}} + (1-\beta)F_{\text{loss}} + \beta \cdot G_{\text{loss}}\right]$$

该公式将 DQN 损失与正向和反向模型的损失相加，其中每个损失都按系数进行缩放。DQN 损失具有一个自由缩放的参数 λ，而正向和反向模型损失则共用一个缩放参数 β，因此这两个参数成反比关系。这是反向传播的唯一一个损失函数，因此在每个时间步中，我们都从这个单一的损失函数开始，反向传播到这 4 个模型。

max_episode_len 和 min_progress 参数用于设置马里奥必须前进或重置环境的最小进度。有时马里奥会被卡在障碍后面，并将永远持续采取相同的动作，所以如果马里奥在合理的时间内没有向前移动足够远的距离，我们就认为它被卡住了。

训练期间，如果策略函数要求采取动作 3（假如），我们将重复该动作 6 次（通过 action_repeats 参数设置）而非 1 次，这样有助于 DQN 更快地学习动作-价值。测试期间（推理），只采取动作 1 次。λ 参数与第 7 章中的 λ 参数相同。训练 DQN 时，目标值不只是当前的奖励 r_t，还是下一个状态的最高预测动作-价值，因此总体目标为 $r_t + \gamma \cdot \max(Q(s_{t+1}))$。最后，由于每个状态都是游戏的最后 3 帧，因此将 frames_per_state 参数设置为 3。损失函数和重置环境的代码如代码清单 8.9 所示。

代码清单 8.9　损失函数和重置环境

```
def loss_fn(q_loss, inverse_loss, forward_loss):
    loss_ = (1 - params['beta']) * inverse_loss
    loss_ += params['beta'] * forward_loss
    loss_ = loss_.sum() / loss_.flatten().shape[0]
    loss = loss_ + params['lambda'] * q_loss
    return loss

def reset_env():
    """
    Reset the environment and return a new initial state
    """
    env.reset()
    state1 = prepare_initial_state(env.render('rgb_array'))
    return state1
```

最后，我们来看实际的 ICM 函数，如代码清单 8.10 所示。

代码清单 8.10　ICM 预测误差计算

使用编码器模型编码 state1 和 state2　　　　　　　　使用编码状态运行正向模型，将它们从计算图中剥离出来

```
def ICM(state1, action, state2, forward_scale=1., inverse_scale=1e4):
    state1_hat = encoder(state1)
    state2_hat = encoder(state2)
    state2_hat_pred = forward_model(state1_hat.detach(), action.detach())
    forward_pred_err = forward_scale * forward_loss(state2_hat_pred, \
```

```
                      state2_hat.detach()).sum(dim=1).unsqueeze(dim=1)
    pred_action = inverse_model(state1_hat, state2_hat)
    inverse_pred_err = inverse_scale * inverse_loss(pred_action, \
                                       action.detach().flatten())
                                       .unsqueeze(dim=1)
    return forward_pred_err, inverse_pred_err
```

反向模型返回一个动作的
Softmax 概率分布

我们必须不断强调在运行 ICM 时将节点适当地从计算图中剥离出来的重要性。回想一下，PyTorch（以及几乎其他所有机器学习库）构建了一个计算图，其中节点为操作（计算），节点之间的连接（也称为边）是流入和流出单个操作的张量。通过调用 detach 方法，我们将张量与计算图断开连接，并将其视为原始数据，这就防止了 PyTorch 通过该边进行反向传播。如果在运行正向模型及其损失时不剥离 state1_hat 和 state2_hat 张量，那么正向模型将反向传播到编码器，并破坏编码器模型。

现在，我们已经接近了主训练循环。记住，由于我们正在使用经验回放，因此只有在从回放缓冲器抽样时才会进行训练。我们将创建一个函数，用于从回放缓冲器中抽样并计算单个模型的误差，如代码清单 8.11 所示。

代码清单 8.11 使用经验回放的小批量训练

运行 ICM

我们重塑这些张量来添加
单个维度以与模型兼容

```
def minibatch_train(use_extrinsic=True):
    state1_batch, action_batch, reward_batch, state2_batch = replay.get_batch()
    action_batch = action_batch.view(action_batch.shape[0],1)
    reward_batch = reward_batch.view(reward_batch.shape[0],1)

    forward_pred_err, inverse_pred_err = ICM(state1_batch, action_batch,
     state2_batch)
    i_reward = (1. / params['eta']) * forward_pred_err
    reward = i_reward.detach()
    if use_explicit:
        reward += reward_batch
    qvals = Qmodel(state2_batch)
    reward += params['gamma'] * torch.max(qvals)
    reward_pred = Qmodel(state1_batch)
    reward_target = reward_pred.clone()
    indices = torch.stack( (torch.arange(action_batch.shape[0]), \
    action_batch.squeeze()), dim=0)
    indices = indices.tolist()
    reward_target[indices] = reward.squeeze()
    q_loss = 1e5 * qloss(F.normalize(reward_pred), \
    F.normalize(reward_target.detach()))
    return forward_pred_err, inverse_pred_err, q_loss
```

使用 eta 参数缩放正向预测
误差

开始合计奖励，并确保分离 i_reward 张量

布尔变量 use_explicit 让我们决定除了使用内
在奖励是否还使用外在奖励

计算下
一状态
的动作-
价值

由于 action_batch 是一个动作索引
的整数张量，因此将其转换为一个独热
编码向量的张量

现在，我们处理主训练循环，如代码清单 8.12 所示。我们用之前定义的 prepare_initial_state 函数初始化第一个状态。该函数仅接收第一帧，并将该帧沿着通道维度重复 3 次。我们还创建了

一个 deque 实例，一旦观察到视频帧，就会将每一帧附加到它上。deque 的最大长度 maxlen 设置为 3，所以只会存储最近的 3 帧。在将 deque 传递给 Q 网络之前，我们先将其转换成一个列表，然后转换成一个形状为 1×3×42×42 的 PyTorch 张量。

代码清单 8.12　主训练循环

```
epochs = 3500
env.reset()
state1 = prepare_initial_state(env.render('rgb_array'))
eps=0.15
losses = []
episode_length = 0
switch_to_eps_greedy = 1000
state_deque = deque(maxlen=params['frames_per_state'])
e_reward = 0.
last_x_pos = env.env.env._x_position          ◁──── 我们需要跟踪最后的 x 位置，以便在没有前进的情况下
ep_lengths = []                                        进行重置
use_explicit = False
for i in range(epochs):
    opt.zero_grad()
    episode_length += 1
    q_val_pred = Qmodel(state1)               ◁──── 正向运行 DQN，以获得动作-价值预测
    if i > switch_to_eps_greedy:
        action = int(policy(q_val_pred,eps))  ◁──── 执行 1000 个轮次之后，切换到 ε 贪婪策略
    else:
        action = int(policy(q_val_pred))
    for j in range(params['action_repeats']):        ◁──── 将策略所说的任何动作重复
        state2, e_reward_, done, info = env.step(action)      6 次以加快学习速度
        last_x_pos = info['x_pos']
        if done:
            state1 = reset_env()
            break
        e_reward += e_reward_
        state_deque.append(prepare_state(state2))    ◁──── 将 deque 对象转换为一个张量
    state2 = torch.stack(list(state_deque),dim=1)   ◁
    replay.add_memory(state1, action, e_reward, state2)   ◁──── 将单条经验添加到回放缓冲器
    e_reward = 0
    if episode_length > params['max_episode_len']:   ◁──── 如果马里奥没有
        if (info['x_pos'] - last_x_pos) < params['min_progress']:   取得足够的进展，
            done = True                                             则重启游戏并再
        else:                                                       次尝试
            last_x_pos = info['x_pos']
    if done:
        ep_lengths.append(info['x_pos'])
        state1 = reset_env()
        last_x_pos = env.env.env._x_position
        episode_length = 0
    else:
        state1 = state2
    if len(replay.memory) < params['batch_size']:
        continue
```

```
forward_pred_err, inverse_pred_err, q_loss =           从回放缓冲器获取一小批数据的误差
 minibatch_train(use_extrinsic=False)
loss = loss_fn(q_loss, forward_pred_err, inverse_pred_err)   计算总体损失
loss_list = (q_loss.mean(), forward_pred_err.flatten().mean(),\
                 inverse_pred_err.flatten().mean())
losses.append(loss_list)
loss.backward()
opt.step()
```

虽然该训练循环有点儿冗长，但是相当简单。我们所做的就是准备一个状态，输入 DQN，获取动作-价值（Q 值），输入策略，获取要执行的动作，然后调用 env.step(action) 方法来执行动作。接下来，获取下一个状态和一些元数据。我们将这条完整的经验作为一个元组 (s_t, a_t, r_t, s_{t+1}) 添加到经验回放记忆中。大多数动作发生在我们介绍过的小批量训练函数中。

这就是构建一个端到端的 DQN 和 ICM 在《超级马里奥兄弟》游戏上训练所需要的主要代码。我们通过训练 5000 个轮次来对它进行测试，在一台普通配置的 MacBook Air（无 GPU）上运行时大约需要花费 30 分钟。我们将在小批量函数中使用 use_extrinsic=False 进行训练，所以它仅从内在奖励进行学习。你可以利用以下代码绘制每个 ICM 组件和 DQN 的单独损失。我们将对损失数据进行对数变换，以使它们保持在相似的尺度上，代码如下：

```
>>> losses_ = np.array(losses)
>>> plt.figure(figsize=(8,6))
>>> plt.plot(np.log(losses_[:,0]),label='Q loss')
>>> plt.plot(np.log(losses_[:,1]),label='Forward loss')
>>> plt.plot(np.log(losses_[:,2]),label='Inverse loss')
>>> plt.legend()
>>> plt.show()
```

如图 8.17 所示，DQN 损失最初下降，然后缓慢增大并趋于平稳。正向模型的损失看起来在慢慢减小，但相当嘈杂。反向模型的损失看起来有点儿平直，但如果放大查看，就会发现它确实是随着时间的推移慢慢减小。如果设置 use_extrinsic=True 来使用外在奖励，那么损失图看起来会更好。你不必对此感到失望。如果我们测试训练过 DQN，就会发现它比损失图显示的要好得多，这是因为 ICM 和 DQN 表现得像一个对抗的动态系统，因为正向模型正试图降低其预测误差，而 DQN 试图通过向不可预测的环境状态引导智能体来最大化预测误差（见图 8.18）。

如果查看一个GAN的损失图，你就会发现生成器和鉴别器的损失看起来use_extrinsic=False时 DQN 和正向模型的损失有点儿类似，该损失不会像你训练单个机器学习模型时所习惯的那样平稳减小。

一种评估整体训练进展好坏程度更好的方式是，跟踪轮次时长随时间的变化。如果智能体正在学习如何更有效地在环境中前进，那么轮次时长应该一直增大。在训练循环中，每当轮次结束时（因智能体"死亡"或没有取得足够的进展而造成变量 done 变为 True 时），我们就将当前的 info['x_pos'] 保存到 ep_lengths 列表中。我们希望随着训练时间的推移，最大轮次时长将越来越长，代码如下：

```
>>> plt.figure()
```

```
>>> plt.plot(np.array(ep_lengths), label='Episode length')
```

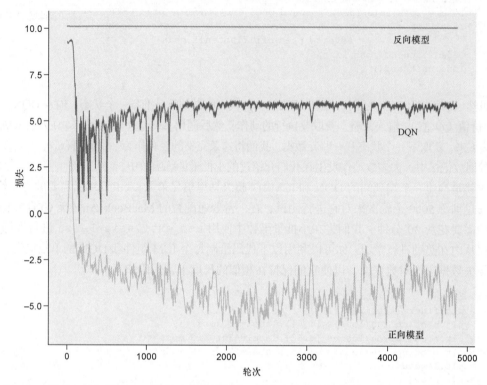

图 8.17　这些是 ICM 和 DQN 的单个组件的损失。损失不会像我们在单个监督神经网络中所习惯的那样平稳减小，因为 DQN 和 ICM 是对立训练的

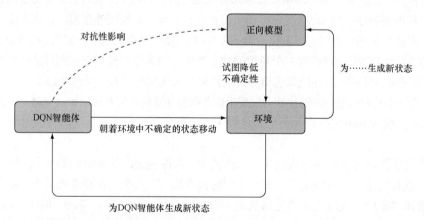

图 8.18　DQN 智能体和正向模型试图优化对抗性的目标，因此形成一个对抗性对

在图 8.19 中可以看到，早期轮次长度的最大峰值接近 150 标记处（游戏中的 x 位置），但随

着训练时间的推移，虽然存在一些随机性，智能体能够到达的最远距离（由峰值的高度表示）却在稳步增加。

图 8.19 看起来很有希望！让我们来渲染一下训练的智能体玩《超级马里奥兄弟》的视频。如果你在自己的计算机上运行该游戏，可以使用 OpenAI Gym 提供的一个渲染函数，以打开一个显示实时游戏场景的新窗口。然而，如果你使用的是远程机器或云虚拟机，这个函数将不起作用。在这种情况下，最简单的替代方法之一是运行一个游戏循环，将每个观察帧保存到一个列表中，在循环结束后，将其转换为一个 NumPy 数组。然后，你可以将这个视频帧的 NumPy 数组保存为一个视频，并在 Jupyter Notebook 中播放它，代码如下：

```
>>> import imageio;
>>> from IPython.display import Video;
>>> imageio.mimwrite('gameplay.mp4', renders, fps=30);
>>> Video('gameplay.mp4')
```

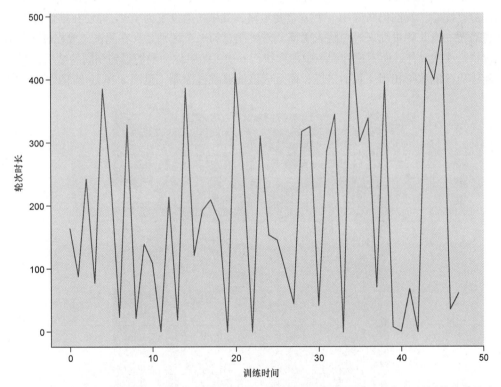

图 8.19　训练时间位于横轴，轮次时长位于纵轴。随着训练时间的推移，你可以看到其峰值越来越大，这正是我们所期望的

在代码清单 8.13 中，我们使用内置的 OpenAI Gym 渲染方法测试训练的智能体。

```
eps=0.1
done = True
state_deque = deque(maxlen=params['frames_per_state'])
for step in range(5000):
    if done:
        env.reset()
        state1 = prepare_initial_state(env.render('rgb_array'))
    q_val_pred = Qmodel(state1)
    action = int(policy(q_val_pred,eps))
    state2, reward, done, info = env.step(action)
    state2 = prepare_multi_state(state1,state2)
    state1=state2
    env.render()
env.close()
```

如果你跟随训练循环，那么此处就没什么好解释的，我们只是提取了正向运行网络和执行动作的部分。注意，我们仍然使用一个 ε 贪婪策略，其中 ε 值设置为 0.1。即使在推理过程中，智能体也需要一点儿随机性来避免陷入困境。需要注意的一个区别是，在测试（或推理）模式中，我们仅执行 1 次动作，而不是像训练中那样执行 6 次。如果你和我们得到相同的结果，那么训练的智能体应该能取得相当一致的进展，而且应该能够跳过深渊（见图 8.20）。恭喜你！

图 8.20　仅通过内在奖励训练的马里奥智能体成功跳过深渊，这表明它在没有任何明确奖励的情况下学会了基本技能。利用随机策略，智能体甚至无法前进，更别提学会跳过深渊了

如果你没有得到相同的结果，就尝试改变超参数，特别是学习率、批大小、最大轮次长度和最小进度。利用内在奖励训练 5000 个轮次起作用了，但在我们的训练中，它对这些超参数很敏

感。当然，5000 个轮次并不是很多，训练更长的时间将会产生更有趣的反应。

> **在其他环境中这将如何工作**
>
> 　　在《超级马里奥兄弟》这一环境中，我们利用一个基于 ICM 的内在奖励训练了 DQN 智能体，但 Yuri Burda 等人（2018）的论文 "Large-Scale Study of Curiosity-Driven Learning" 展示了内在奖励本身的有效程度。他们使用基于好奇心的奖励在多款游戏中进行了大量实验，发现基于好奇心的智能体可以通过《超级马里奥兄弟》中的 11 个关卡，并能够学习玩 Pong 等游戏。他们基本上使用了与我们刚建立的相同的 ICM，还使用了一个名为近端策略优化（Proximal Policy Optimization，PPO）的更复杂的演员-评论家模型，而非使用 DQN。
>
> 　　你可以尝试的一个实验是用一个随机映射替换编码器模型。随机映射仅仅意味着将输入数据乘一个随机初始化的矩阵（例如，一个随机初始化的固定且未经训练的神经网络）。Burda 等人 2018 年的论文证明了随机映射几乎和训练过的编码器模型一样有效。

8.7　可替代的内在奖励机制

在本章中，我们描述了强化学习智能体在具有稀疏奖励的环境中所面临的严重问题。我们考虑的解决方案是给智能体注入一种好奇心，并实现了 Pathak 等人的论文中的算法。该论文是近年来强化学习研究中引用最广泛的论文之一。我们之所以选择展示该算法，不仅因为它很著名，还因为它建立在我们在前面章节中所学内容的基础之上，无须引入太多的新概念。基于好奇心的学习（具有很多名称）是一个非常活跃的研究领域，并存在很多替代方法，其中一些在我们看来要比 ICM 更好。

很多其他令人兴奋的算法使用贝叶斯推理和信息论提出新颖的机制来驱动好奇心。我们在本章使用的预测误差（PE）法仅仅是更广泛的预测误差种类下的一个实现。正如你现在所知道的，其基本思想是智能体想要减小它的预测误差（或它对环境的不确定性），所以它必须通过积极地寻找新奇事物来做到这一点，以免被意想不到的事物打扰。

另一个实现是智能体授权（agent empowerment）。授权法并不是寻求将预测误差最小化并使环境更加可预测，而是优化智能体以最大限度地控制环境（见图 8.21）。该领域的一篇论文为 Shakir Mohamed 和 Danilo Jimenez Rezende 的 "Variational Information Maximisation for Intrinsically Motivated Reinforcement Learning"（2015）。我们可以将最大限度地控制环境这种非正式陈述转变成一种精确的数学陈述（只会近似说明）。

智能体授权的前提依赖于互信息（Mutual Information，MI）的多少。这里我们不会从数学角度定义它，简单来讲，MI 用于衡量两种名为随机变量（random variable）的数据源之间共享信息的多少（因为通常我们处理的数据具有一定的随机性或不确定性）。另一个更简洁的定义是，MI 衡量了给定另一个变量 y 时，关于变量 x 的不确定性降低的程度。

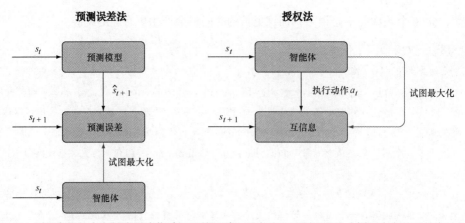

图 8.21 利用类似好奇心解决稀疏奖励问题的两种主要方法是预测误差法（例如本章使用的方法）和授权法。授权法的目标是最大化智能体动作和下一个状态之间的 MI，而非最大化给定状态和下一个预测状态之间的预测误差。如果智能体动作与下一个状态之间的 MI 很高，这意味着智能体对产生的下一个状态进行较高的控制（或权利）（例如，如果你知道智能体执行了哪个动作，你就可以很好地预测下一个状态）。这就刺激了智能体去学习如何最大限度地控制环境

信息论最初是在考虑现实世界中的通信问题的情况下发展起来的，其中一个问题是如何在一个可能包含噪声的通信信道中对消息进行最佳编码，从而使接收到的消息受到最低程度的损坏（见图 8.22）。假设有一条原始消息 x，我们想通过一条包含噪声的通信线路（例如，使用无线电波）发送它，并且想最大化 x 和接收消息 y 之间的互信息。为此，我们开发了一种将 x（可能是一个文本文档）编码为无线电波模式的方法，该模式可以将数据被噪声损坏的概率最小化。一旦其他人收到解码后的消息 y，他们就可以确定收到的消息与原始消息非常接近。

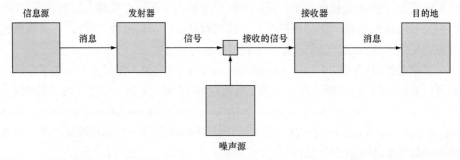

图 8.22 克劳德·香农（Claude Shannon）提出了通信理论，它的诞生基于此处描述的通过嘈杂的通信信道时有效、健壮地编码消息的需求。目标是对消息进行编码，以使接收的消息和发送的消息之间的 MI 最大化

在我们的例子中，x 和 y 都是某种类型的书面消息，但二者不必是相同类型的量。例如，我们可以问一家公司一年的历史股价与其年度收入之间的 MI 是多少：如果从一个非常不确定的公

司年收入估计开始，然后学习了一年历史股价，那么不确定性降低了多少呢？如果降低了很多，那么 MI 就很高。

这个例子涉及不同的量，但二者都使用了美元单位——也不一定非要如此。我们可以问每日温度和冰淇淋店销售额之间的 MI 是多少。

对于强化学习中的智能体授权来说，其目标是最大化一个动作（或一系列动作）和所产生的未来状态（或多个状态）之间的 MI。最大化这个目标意味着，如果你知道智能体采取了什么动作，就会对结果状态怀有很高的信心，这意味着智能体可对环境进行高度的控制，因为它可以可靠地到达给定动作的状态。因此，授权最大的智能体拥有最高的自由度。

这与预测误差法不同，因为最小化预测误差直接鼓励探索，而最大化授权则可能诱导探索性行为成为学习授权技能的一种手段，但只是间接地。

授权和好奇心目标都有各自的使用案例。基于授权的目标已被证明有助于训练智能体在不需要任何外在奖励（例如机器人任务或运动游戏）的情况下获得复杂的技能，而基于好奇心的目标往往更有助于探索（例如，像《超级马里奥兄弟》这样的游戏，其目标是通过关卡取得进展）。在任何情况下，这两种方法的相似性都远大于其差异性。

小结

- 稀疏奖励问题是指环境很少产生有用的奖励信号，这严重影响了普通 DRL 试图学习的方式。
- 稀疏奖励问题可以通过创建综合奖励信号来解决，我们称该奖励信号为好奇心奖励。
- 好奇心模块基于环境下一个状态的不可预测性来创建综合奖励，从而鼓励智能体探索环境中更多不可预测的部分。
- 内在好奇心模块（ICM）由 3 个独立的神经网络组成：一个正向模型、一个反向模型和一个编码器模型。
- 编码器模型将高维状态编码成一个具有高级特征的低维向量（消除噪声和琐碎特征）。
- 正向模型预测下一个编码状态，其误差提供好奇心信号。
- 反向模型通过接收两个连续的编码状态并预测所采取的动作来训练编码器。
- 授权是一种与基于好奇心的学习密切相关的可替代方法。授权方法会激励智能体学习如何最大限度地控制环境。

第 9 章　多智能体强化学习

本章主要内容

- 为何普通的 Q-learning 在多智能体环境中会失败。
- 如何处理多智能体的"维度灾难"。
- 如何实现可感知其他智能体的多智能体 Q-learning 模型。
- 如何使用平均场近似来扩展多智能体 Q-learning。
- 如何在多智能体物理模拟和游戏中使用 DQN 控制大量智能体。

到目前为止，我们所涉及的强化学习算法（Q-learning、策略梯度和演员–评论家算法）都已应用于控制环境中的单个智能体。如果想控制多个能够交互的智能体，应该怎么办呢？这种情况下最简单的例子就是双人游戏，其中每个玩家都被实现为一个强化学习智能体。但是，如果想构建成百上千个能够交互的智能体，例如交通模拟，又该如何呢？在本章中，你将学习如何通过实现一种名为**平均场 Q-learning**（Mean Field Q-learning，MF-Q）的算法将迄今为止所学的知识应用到这个多智能体场景中。Yaodong Yang 等人（2018）在他们的论文 "Mean Field Multi-Agent Reinforcement Learning" 中首次描述了这种算法。

9.1　从单个到多个智能体

在游戏中，环境可能包含不受我们控制的其他智能体，通常称为**非玩家角色**（Non-Player Character，NPC）。例如，在第 8 章中，我们训练了一个智能体来玩《超级马里奥兄弟》，该游戏中有很多 NPC。这些 NPC 由某个不可见的游戏逻辑所控制，但可以且经常与玩家互动。从 DQN 智能体的角度来看，这些 NPC 不过是环境状态中随时间变化的模式。DQN 并不直接感知其他玩家的行为，不过这不是问题，因为这些 NPC 不会进行学习，而是拥有固定的策略。在本章你将看到，有时候我们想要的不仅仅是 NPC，而是要实际模拟很多相互作用且能够学习的智能体的行为（见图 9.1），这需要将目前本书涉及的基本强化学习框架进行信息重组。

假设我们想直接使用深度强化学习算法来控制某个环境中很多相互作用的智能体的行为,例如,有些游戏将多个玩家分成小组,我们可能想开发一种算法让某个小组的一群玩家与另一个小组的玩家对抗。又如,我们可能想控制数百辆模拟汽车的行为来模拟交通模式。又或者,假设我们是经济学家,想在一个经济模型中模拟上千个智能体的行为。这与拥有 NPC 是不同的情况,因为与 NPC 不同的是,这些智能体都会学习,并且它们的学习会受到彼此的影响。

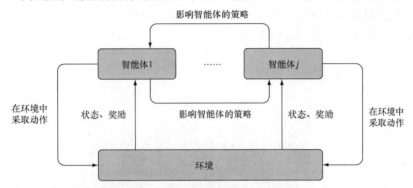

图 9.1　在多智能体环境中,每个智能体的行为不仅会影响环境的演化,还会影响其他智能体的策略,导致高动态的智能体交互。环境将产生一个状态和奖励,而从 1 到 j 的每个智能体会基于此根据各自的策略来采取动作。每个智能体的策略将影响其他所有智能体的策略

将我们已知的内容扩展到多智能体环境最直接的方式之一是,为不同智能体实例化多个 DQN(或其他类似的算法),让每个智能体都能看到真实的环境信息并采取动作。如果我们想要控制的所有智能体使用相同的策略——这在某些情况下是合理的假设(例如,在一个所有玩家都相同的多玩家游戏中),那么甚至可以复用单个 DQN(单个参数集)来模拟多个智能体。

这种算法称为**独立 Q-learning**(Independent Q-learning,IL-Q),它的效果相当好,但却忽略了一个事实,即智能体之间的交互会影响每个智能体的决策。利用 IL-Q 算法,每个智能体完全不知道其他智能体在做什么,也不知道其他智能体的行为如何影响自己。每个智能体仅仅获得环境的一个状态表示,其中包含其他各个智能体的当前状态,但本质上它将环境中其他智能体的活动视为噪声,因为其他智能体的行为最多只具有部分可预测性(见图 9.2)。

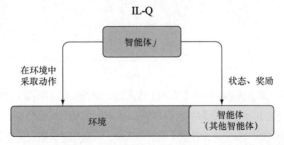

图 9.2　在 IL-Q 中,一个智能体并不直接感知其他智能体的行为,而是假装它们是环境的一部分。这是一种近似,失去了 Q-learning 在单智能体环境中具有的收敛性保证,因为其他智能体使环境变得不平稳

在我们目前所实现的普通 Q-learning 中，环境中只有一个智能体，我们知道 Q 函数会收敛到最优值，进而会收敛到一个最优策略（数学上能够保证长期收敛）。这是因为在单智能体环境中，环境是平稳的，这意味着在给定状态下，给定行为的奖励分布总是相似的（见图 9.3）。在多智能体环境中，这种平稳特性被打破，因为单个智能体获得的奖励不仅会根据其自身的行为而变化，还会根据其他智能体的行为而变化。这是因为，所有的智能体都是通过经验进行学习的强化学习智能体，它们的策略随着环境的变化而不断变化。如果在这种非平稳环境中使用 IL-Q，那么将失去收敛性保证，并且会严重削弱 IL-Q 的性能。

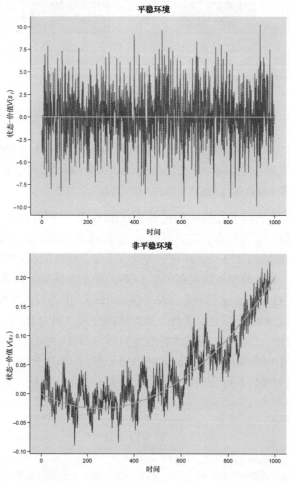

图 9.3　在平稳环境中，给定状态的期望（平均）值不随时间而变化（平稳）。任何特定的状态转换可能包含随机成分，因此看起来是有噪声的时间序列，但时间序列的均值是常数。在非平稳环境中，给定状态转换的期望值会随时间而变化，在这个时间序列中，它被描述为随时间变化的平均值或基线。Q 函数试图学习状态–动作的期望值，其值只有在状态–动作–价值是平稳的情况下才会收敛。但在多智能体环境中，期望的状态–动作–价值会随时间而变化，因为其他智能体的策略会不断变化

　　一般 Q 函数表示为函数 $Q(s,a):S\times A\rightarrow R$（见图 9.4），它是一个状态-动作-价值到奖励（某个实数）的函数。我们可以通过创建一个稍微复杂的 Q 函数来解决 IL-Q 问题，其中包含其他智能体动作的信息 $Q_j(s,a_j,a_{-j}):S\times A_j\times A_{-j}\rightarrow R$。这是索引 j 指代的智能体的 Q 函数，可用于接收一个状态、智能体 j 的动作以及其他所有智能体的动作（表示为 $-j$，读作"非 j"）的元组来为该元组（只是一个实数）预测奖励。众所周知，这种 Q 函数重新获得了最终学习最优值和策略函数的收敛性保证，因此修改后的 Q 函数能够表现得更好。

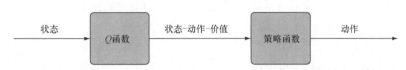

图 9.4　Q 函数接收一个状态并生成状态-动作-价值（Q 值），然后策略函数使用该值生成一个动作。你也可以直接训练一个策略函数，以处理一个状态并返回动作的概率分布

　　然而，当智能体数量很大时，新的 Q 函数就会很棘手，因为联合动作空间 a_{-j} 会非常大，并且会随着智能体的数量呈指数级增长。还记得我们如何编码动作吗？我们使用一个长度等于动作数量的向量，如果想编码单个动作，就将其设置为一个独热向量，其中除了将与动作对应位置的元素设置为 1，其他元素都为 0。例如，在 Gridworld 环境中，智能体有 4 个动作（向上、向下、向左和向右），因此我们将动作编码为长度为 4 的向量，其中[1,0,0,0]可以编码为"向上"，[0,1,0,0]可以编码为"向下"，等等。

　　记住，策略 $\pi(s):S\rightarrow A$ 是一个函数，可用于接收一个状态并返回一个动作。如果它是确定性策略，那么必须返回这些独热向量中的一个。如果它是随机策略，那么将返回动作的概率分布，例如[0.25,0.25,0.2,0.3]。指数增长的原因在于，如果想明确地编码一个联合动作（例如，Gridworld 中两个智能体各 4 个动作的联合动作），那么必须使用一个长度为 $4^2=16$ 的独热向量，而非长度为 4 的向量。这是因为两个智能体（各有 4 个动作）之间存在 16 个不同的动作组合（见图 9.5），如[智能体 1:动作 A，智能体 2:动作 D]、[智能体 1:动作 C，智能体 2:动作 C]，等等。

　　如果想建模 3 个智能体的联合动作，那么必须使用一个长度为 $4^3=64$ 的向量。所以，通常对于 *Gridworld* 来说，我们必须使用一个长度为 4^N 的向量，其中 N 为智能体的数量。对于任何环境来说，联合动作向量的大小将为 $|A|^N$，其中 $|A|$ 代表动作空间的大小（例如，离散动作的数量）。这是一个随着智能体数量呈指数级增长的向量，对于任何数量可观的智能体来说，这都是不切实际且难以解决的。指数级增长大多是一件坏事，因为这意味着你的算法无法扩展。这种指数级规模的联合动作空间是**多智能体强化学习**（Multi-Agent Reinforcement Learning，MARL）带来的主要的新问题，也是我们在本章中将要解决的问题。

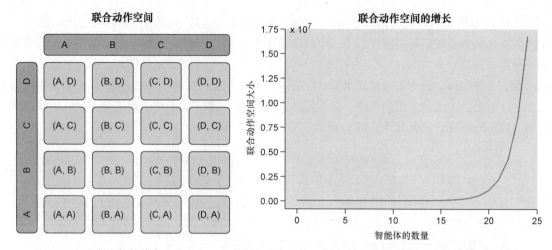

图 9.5　如果每个智能体有一个大小为 4 的动作空间（表示成一个包含 4 个元素的独热向量），则两个智能体的联合动作空间为 $4^2 = 16$ 或 4^N，其中 N 为智能体的数量。这意味着联合动作空间的增长与智能体数量成指数关系。右图显示了联合动作空间大小与个体动作空间大小为 2 的智能体数量的关系。即使只有 25 个智能体，联合动作空间也变成了一个包含 33 554 432 个元素的独热向量，这在计算上是不切实际的

9.2　邻域 Q-learning

你可能想问，有没有一种更高效、更简洁的表示动作和联合动作的方式，可以避开规模大得不切实际的联合动作空间问题？不幸的是，并没有明确的方式可用更简洁的编码表示动作。试想一下，如何使用单个数字来清楚地传达一组智能体采取了哪些动作？你会意识到，没有比用一个指数级增长的数字更好的了。

在这一点上，MARL 似乎并不实用，但我们可以通过对这个理想化的联合动作 Q 函数做一些近似来改变这一点。一种选择是承认在大多数环境中，只有彼此接近的智能体才会对彼此产生较大的影响。我们不必模拟环境中所有智能体的联合动作，而是通过仅模拟相同邻域内的智能体的联合动作来近似。在某种意义上，我们将整个联合动作空间分成一组重叠的子空间，而仅仅计算这些小得多的子空间的 Q 值。我们可以称这种算法为**邻域 Q-learning** 或**子空间 Q-learning**（见图 9.6）。

通过限制邻域的大小，我们将联合动作空间的指数增长限制到为邻域设置的固定大小。如果有一个多智能体的 Gridworld 共包含 100 个智能体且每个智能体有 4 个动作，那么整个联合动作空间为 4^{100}，这是一个比较棘手的大小，几乎没有计算机可以计算（甚至存储）这么大的向量。然而，如果使用联合动作空间的子空间并设置每个子空间的大小（邻域）为 3（每个子空间的大小为 $4^3 = 64$），那么即便这是一个比单智能体大得多的向量，也能够对其进行计算。在这种情况下，如果要计算智能体 1 的 Q 值，我们会找到距离智能体 1 最近的 3 个智能体，并为这 3 个智能体创建一个长度为 64 的联合动作独热向量，这就是提供给 Q 函数的信息（见图 9.7）。因此，

对于这 100 个智能体中的每一个,我们都将创建这些子空间联合动作独热向量,并用它们来计算每个智能体的 Q 值,然后像往常一样根据这些 Q 值来采取动作。

邻域多智能体强化学习

视场

图 9.6 每个智能体都有一个视场(Field of View,FoV)或邻域,它只能看到该邻域内其他智能体的动作,但是仍然可以获得环境的完整状态信息

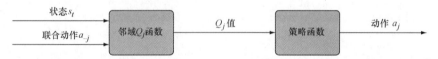

状态 s_t
联合动作 a_{-j} → 邻域 Q_j 函数 → Q_j 值 → 策略函数 → 动作 a_j

图 9.7 智能体 j 的邻域 Q 函数接收当前状态和邻域(或视场)内其他智能体的联合动作向量 a_{-j}。它会生成要传递到策略函数的 Q 值,而策略函数则会选择要采取的动作

下面我们编写一些伪代码(见代码清单 9.1)来说明它是如何工作的。

代码清单 9.1 邻域 Q-learning 的伪代码,第一部分

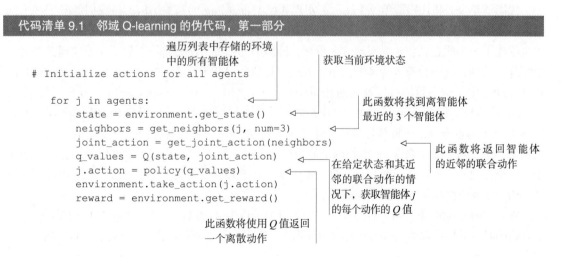

遍历列表中存储的环境中的所有智能体

获取当前环境状态

此函数将找到离智能体最近的 3 个智能体

```
# Initialize actions for all agents

    for j in agents:
        state = environment.get_state()
        neighbors = get_neighbors(j, num=3)
        joint_action = get_joint_action(neighbors)
        q_values = Q(state, joint_action)
        j.action = policy(q_values)
        environment.take_action(j.action)
        reward = environment.get_reward()
```

此函数将返回智能体的近邻的联合动作

在给定状态和其近邻的联合动作的情况下,获取智能体 j 的每个动作的 Q 值

此函数将使用 Q 值返回一个离散动作

代码清单 9.1 中的伪代码表明，我们需要一个函数，用于接收当前智能体 *j* 并找到离该智能体最近的 3 个近邻，还需要另一个函数，以使用这 3 个最近的近邻来构建联合动作。在这里，我们有另一个问题：如何在不知道其他智能体的动作的情况下构建联合动作？为了计算智能体 *j* 的 *Q* 值（从而采取一个动作），我们需要知道智能体 −*j* 正在采取的动作（我们使用 −*j* 来表示除智能体 *j* 之外的其他智能体，但在本例中它只表示最近的近邻）。然而，为了算出智能体 −*j* 的动作，需要计算所有智能体的 *Q* 值，我们似乎陷入了一个永远无法摆脱的循环。

为了避免这个问题，我们先随机初始化智能体的所有动作，然后使用这些随机动作计算出联合动作。如果这就是所做的一切，那么计算出联合动作不会有太大帮助，因为它们都是随机的。在代码清单 9.2 的伪代码中，我们通过将上述过程重复运行几次（代码 for m in range(M) 部分，其中 M 是某个较小的数字，例如 5）来解决这一问题。首次运行时，联合动作将是随机值，但接着所有智能体将基于它们的 *Q* 函数采取动作，所以第二次运行时的联合动作稍微不那么随机，如果继续这样做几次，那么初始随机性会得到充分的稀释，因而迭代结束时就可以在现实环境中采取动作。

代码清单 9.2　邻域 Q-learning 的伪代码，第二部分

```
# Initialize actions for all agents

for m in range(M):                              ◀── 多次迭代计算联合动作和 Q 值的
    for j in agents:                                过程，以稀释初始随机性
        state = environment.get_state()
        neighbors = get_neighbors(j, num=3)
        joint_actions = get_joint_action(neighbors)
        q_values = Q(state, joint_actions)
        j.action = policy(q_values)
    for j in agents:                            ◀── 需要再次循环遍历智能体，以执行在
        environment.take_action(j.action)          前一个循环中计算的最终动作
        reward = environment.get_reward()
```

代码清单 9.1 和代码清单 9.2 展示了实现邻域 Q-learning 的基本结构，但我们遗漏了一个细节，那就是如何构建邻近智能体的联合动作空间。我们利用线性代数中的外积运算从一组个体动作中创建了一个联合动作，要实现这个目标，最简单的一种方法是将一个普通向量"提升"为一个矩阵。例如，有一个长度为 4 的向量，我们可以将它"提升"为一个 4×1 的矩阵。在 PyTorch 和 NumPy 中，这一目的可以通过对张量使用 reshape 方法来实现，例如 torch.Tensor([1,0,0,0]).reshape(1,4)。两个矩阵相乘的结果取决于它们的维度和相乘的顺序。如果取一个 1×4 的矩阵 **A**，并将其与另一个 4×1 的矩阵 **B** 相乘，那么将得到一个 1×1 的结果，这个结果是一个标量（单个数字），也是两个向量的内积（"提升"为矩阵），因为最大的维度介于两个单一维度之间。外积则与此相反，两个较大维度处于外部，而两个单一维度则处于内部，从而结果为一个 $4 \times 1 \otimes 1 \times 4 = 4 \times 4$ 的矩阵。

如果 Gridworld 中有两个智能体，它们各自的动作为 [0,0,0,1]（向右）和 [0,1,0,0]（向下），那么它们的联合动作可以通过取这些向量的外积来计算得到。下面是我们在 NumPy 中的实现方式：

```
>>> np.array([[0,0,0,1]]).T @ np.array([[0,1,0,0]])
array([[0, 0, 0, 0],
       [0, 0, 0, 0],
       [0, 0, 0, 0],
       [0, 1, 0, 0]])
```

结果是一个 4×4 的矩阵，总共有 16 个元素，正如我们在 9.1 节讨论中所期望的那样。两个矩阵外积结果的维度为 $\dim(A)\cdot\dim(B)$，其中 A 和 B 是向量，"dim"表示向量的大小（维度）。外积是联合动作空间呈指数级增长的原因。一般来说，需要神经网络 Q 函数对向量输入进行操作，但由于外积给出了一个矩阵结果，因此需要将其扁平化为一个向量：

```
>>> z = np.array([[0,0,0,1]]).T @ np.array([[0,1,0,0]])
>>> z.flatten()
array([0, 0, 0, 0, 0, 0, 0, 0, 0, 0, 0, 0, 0, 1, 0, 0])
```

邻域 Q-learning 并不比普通 Q-learning 复杂多少。你需要做的只是向它提供一个额外的输入，即每个智能体的最近邻的联合动作向量。接下来，我们通过处理一个实际问题来理解细节信息。

9.3　一维伊辛模型

在本节中，我们应用 MARL 来解决一个实际的物理问题，该问题由物理学家 Wilhelm Lenz 和他的学生 Ernst Ising 在 20 世纪 20 年代初首次描述。但在这之前，先带大家上一堂简单的物理课。物理学家曾试图通过数学模型来了解磁性材料（例如铁）的行为。你能够拿在手中的一块铁其实是由靠金属键组合在一起的铁原子集合组成的。原子由质子（带正电荷）、中子（不带电荷）和外层电子（带负电荷）组成。和其他基本粒子一样，电子也具有一种量子化的自旋性质，因此它在任何时候都只会自旋向上或自旋向下（见图 9.8）。

自旋性质可以认为是电子顺时针或逆时针旋转，虽然这样理解并不完全正确，但对于我们的目的来说已经足够了。带电物体旋转，就会产生一个磁场，所以如果你拿一个橡胶气球，并通过在地毯上摩擦它使它带上静电，然后旋转它，那么你将得到一个气球磁体（尽管是一个极弱的磁体）。同样，电子也会凭借其自旋和电荷创建一个磁场，所以事实上电子也是很小的磁体。所有铁原子都拥有电子，如果它的所有电子都朝着相同的方向（全部自旋向上或全部自旋向下），那么整块铁就可以成为一个较大的磁体。

物理学家曾试图研究电子如何"决定"自旋的朝向，以及铁的温度如何影响这一过程。如果你加热一块磁铁，在某种程度上，朝向一致的电子将开始随机交替变换自旋，这样材料就会失去其净磁场。物理学家知道单个电子会产生磁场，且微小

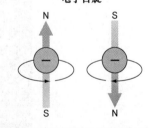

图 9.8　电子是带负电荷的基本粒子，环绕在每个原子的原子核周围。它们具有一种名为自旋的性质，可以自旋向上，也可以自旋向下。由于电子是带电粒子，因此会产生磁场，且它们自旋的方向决定了磁场两极（南北极）的方向

的磁场会影响附近的电子。如果你玩过两块磁铁，就会注意到它们会自然地向一个方向排列，或者在相反的方向上相互排斥。电子也一样，这样的话，它们试图使自己朝着相同的方向自旋也就讲得通了（见图 9.9）。

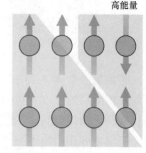

高能量

低能量

图 9.9　当电子紧挨在一起时，它们偏向于朝相同的方向自旋，因为这是比自旋方向相反时能量更低的一种配置，而所有物理系统都倾向于朝向较低的能量（其他所有条件都相同时）

不过，这也增加了复杂性。虽然单个电子趋向于自旋方向一致，但一组足够多的同向电子实际上会变得不稳定。这是因为，随着同向电子数量的增加，磁场也会增强，并会在材料上产生一些内部张力。所以，真正发生的是，电子会形成名为域的集群，在域内所有电子朝向一致（自旋向上或向下），但也会形成其他域。例如，可能有一个域中的 100 个电子都自旋向上，而旁边另一个域的 100 个电子全部自旋向下。所以在非常局部的水平上，电子通过朝向一致来最小化它们的能量，但当过多电子朝向一致时，磁场就会变得过强，此时系统的整体能量就会增强，导致电子仅仅在相对较小的域内朝向一致。

据推测，基体材料中数万亿电子之间的相互作用导致了电子域的复杂组织，但很难模拟这么多的相互作用。为此物理学家做了一个简化的假设，即给定的一个电子只受与它最邻近的电子的影响，这与我们在邻域 Q-learning 中所做的假设完全相同（见图 9.10）。

图 9.10　这是一个高分辨率的伊辛模型，其中每个像素代表一个电子。较亮的像素表示电子自旋向上，较暗的像素表示电子自旋向下。可以看到，电子会组织成域，域内所有的电子都朝向一致，但相邻域内的邻近电子相对于第一个域都朝向相反。这种组织降低了系统的能量

值得注意的是，我们可以通过 MARL 来模拟多个电子的行为，并观察大规模涌现的组织。我们需要做的就是将电子的能量解释为它的"奖励"。如果一个电子改变其自旋方向以与其邻居方向一致，我们就给它一个正奖励；如果它决定与其邻居朝向相反，则给它一个负奖励。如果所有电子都试图最大化它们的奖励，就等同于试图最小化它们的能量，我们就会得到与物理学家使用基于能量的模型时得到的相同的结果。

你可能会想，如果电子自旋方向一致得到正奖励，为什么这些模拟的电子不都朝着相同的方向自旋，而是会像真正的磁体那样形成域呢？我们的模型并不完全符合实际，但因为有足够多的电子，最终形成了域，考虑到这个过程存在一些随机性，所有电子朝相同的方向自旋变得越来越不可能（见图 9.11）。

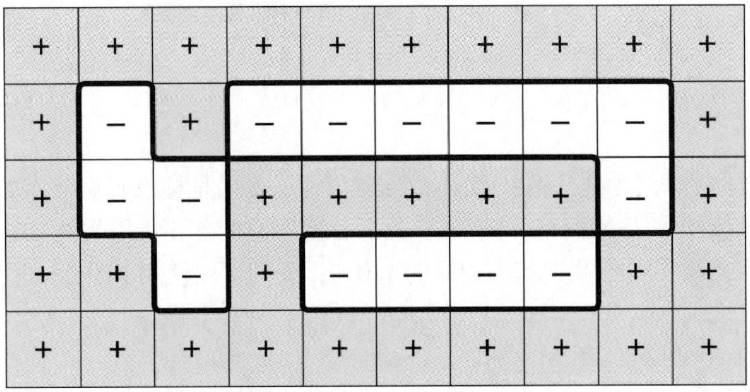

图 9.11 这是对电子自旋的二维伊辛模型的描述，其中+表示自旋向上，−表示自旋向下。有些域（黑色边框突出显示）中的所有电子都自旋向下，它们被自旋向上的电子所包围

如你所见，我们还可以通过改变探索和利用的数量来模拟系统的温度。记住，探索包含随机选择动作，高温也涉及随机变化，它们很相似。

模拟电子自旋的行为看似无关紧要，但用于电子的基本建模技术有助于解决遗传学、金融、经济学、植物学和社会学等问题。此外，它恰好也是测试 MARL 最简单的方法之一，所以这是我们此处的主要动机。

为了创建一个伊辛模型，唯一需要做的就是创建一个二进制数网格，其中 0 表示自旋向下，1 表示自旋向上，且这个网格可以是任何维度。我们可以创建一个一维网格（向量）、一个二维网格（矩阵），也可以创建某个高阶张量。

在接下来的几个代码清单中，我们将首先创建一维伊辛模型，因为它比较容易，所以不需要使用任何复杂的机制（例如经验回放或分布式算法），甚至不需要使用 PyTorch 内置的优化器，只需要几行代码，就可以手动写出梯度下降法。在代码清单 9.3 中，我们将定义一些函数来创建网格。

代码清单 9.3　一维伊辛模型：创建网格并产生奖励

```python
import numpy as np
import torch
from matplotlib import pyplot as plt

def init_grid(size=(10,)):
    grid = torch.randn(*size)
    grid[grid > 0] = 1
    grid[grid <= 0] = 0
    grid = grid.byte()          ← 将浮点数转换为字节对象使其二进制化
    return grid

def get_reward(s,a):            ← 此函数接收 s 中的邻居，并将它们与智能体
    r = -1                        a 比较，如果匹配，则奖励就会更高
    for i in s:
        if i == a:
            r += 0.9
    r *= 2.
    return r
```

代码清单 9.3 包含两个函数。第一个函数通过创建一个由呈标准正态分布的数字组成的网格来创建一个随机初始化的一维网格（向量）。然后，将所有的非正数设置为 0，将所有的正数设置为 1，结果将在网格中得到数量基本相同的 1 和 0。我们可以使用 Matplotlib 来可视化网格：

```python
>>> size = (20,)
>>> grid = init_grid(size=size)
>>> grid
tensor([1, 0, 0, 0, 0, 1, 0, 0, 1, 0, 0, 1, 0, 0, 0, 1, 0, 1, 0, 0],dtype=torch.uint8)

>>> plt.imshow(np.expand_dims(grid,0))
```

如图 9.12 所示，1 的阴影较浅，0 的阴影较深。我们必须使用 `np.expand_dims` 函数通过添加一个维度来将向量转换成一个矩阵，因为 `plt.imshow` 只适用于矩阵或 3-张量。

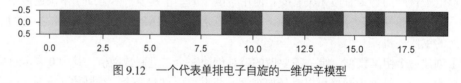

图 9.12　一个代表单排电子自旋的一维伊辛模型

代码清单 9.3 中的第二个函数是奖励函数，用于接收一个二进制数的列表 s 和一个二进制数 a，然后比较 s 中有多少个值与 a 匹配。如果所有值都匹配，则奖励为最大值；如果都不匹配，则奖励为负。输入 s 将是邻居的列表。在本例中，我们将使用两个最近的邻居，因此对于给定的智能体来说，它的邻居将是网格中位于它左侧和右侧的智能体。如果一个智能体位于网格的末尾，那么它的右邻居将是网格中的第一个元素，因此我们绕到了开头，从而使网格成了一个环形网格。

网格中的每个元素（1 或 0）表示一个自旋向上或自旋向下的电子。用强化学习的“行话”来说，电子是环境中的个体**智能体**。智能体需要有价值函数和策略，所以它们不能仅仅是一个二

进制数。网格上的二进制数表示智能体的动作，可以是自旋向上或自旋向下。因此，我们需要使用神经网络来为智能体建模。为此，我们将使用 Q-learning 算法而非策略梯度法。在代码清单 9.4 中，我们定义了一个函数，用于为神经网络生成一个参数向量列表。

代码清单 9.4　一维伊辛模型：生成神经网络参数

```
def gen_params(N,size):                    ◁—— 此函数为神经网络生成一个参数向量列表
    ret = []
    for i in range(N):
        vec = torch.randn(size) / 10.
        vec.requires_grad = True
        ret.append(vec)
    return ret
```

由于我们将用一个神经网络来模拟 Q 函数，因此需要为它生成参数。在该例子中，我们将为每个智能体使用一个单独的神经网络，尽管这是不必要的。所有智能体拥有相同的策略，所以可以重用相同的神经网络——这样做只是为了展示它的工作原理。对于稍后的示例，我们将为策略相同的智能体使用一个共享的 Q 函数。

由于一维伊辛模型非常简单，我们将通过指定所有的矩阵乘法来手动编写神经网络，而非使用 PyTorch 内置的层。我们需要创建一个 Q 函数，用于接收一个状态向量和一个参数向量，并将参数向量分解成多个矩阵，以形成神经网络的每一层（见代码清单 9.5）。

代码清单 9.5　一维伊辛模型：定义 Q 函数

```
def qfunc(s,theta,layers=[(4,20),(20,2)],afn=torch.tanh):
    l1n = layers[0]                        取 layers 中的第一个元组，将这些数相乘以获取
    l1s = np.prod(l1n)        ◁——          theta 向量的子集，并将其用作神经网络的第一层
    theta_1 = theta[0:l1s].reshape(l1n)  ◁—— 将 theta 向量子集重塑为一个矩阵，以用作
    l2n = layers[1]                           神经网络的第一层
    l2s = np.prod(l2n)
    theta_2 = theta[l1s:l2s+l1s].reshape(l2n)
    bias = torch.ones((1,theta_1.shape[1]))
    l1 = s @ theta_1 + bias              ◁—— 这是第一层计算，其中输入 s 是一个维度为
    l1 = torch.nn.functional.elu(l1)         (4,1)的联合动作向量
    l2 = afn(l1 @ theta_2)   ◁—— 我们也可以输入一个激活函数用于
    return l2.flatten()          最后一层，默认的是 tanh，因为我
                                 们的奖励范围是[-1,1]
```

这是用简单的两层神经网络实现的 Q 函数（见图 9.13）。它需要一个状态向量 s（邻居状态的二进制向量）和一个参数向量 theta，还需要关键字参数 layers——这是一个 [(s1,s2),(s3,s4),…] 形状的列表，表示各层参数矩阵的形状。所有的 Q 函数都会返回每个可能动作的 Q 值，在该示例中，分别是向下或向上（两个动作）。例如，若 Q 函数返回向量[-1,1]，则表明将自旋方向变为向下的期望奖励是-1，将自旋方向变为向上的期望奖励是+1。

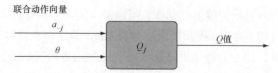

图9.13　智能体 j 的 Q 函数接收一个参数向量和一个独热编码的智能体 j 的邻居联合动作向量

使用单个参数向量的优势是，可以很容易地将多个神经网络的所有参数存储为一个向量列表。我们只需让神经网络将向量分解为层矩阵。我们之所以使用 tanh 激活函数，是因为它的输出范围是[-1,1]，而我们的奖励处于区间[-2,2]，所以+2 奖励将强烈地将 Q 值输出推向+1。然而，我们希望能够在后续项目中复用这个 Q 函数，所以以将激活函数作为一个可选的关键字参数 afn 来提供。在代码清单 9.6 中，我们定义了一些辅助函数，用于产生环境（网格）的状态信息。

代码清单9.6　一维伊辛模型：产生环境的状态信息

```
def get_substate(b):          ◁─── 取一个二进制数，并将其转换成一个类似于[0,1]的独热编码的动作向量
    s = torch.zeros(2)
    if b > 0:                 ◁─── 如果输入为 0（向下），那么动作向量为[1,0]，否则为[0,1]
        s[1] = 1
    else:
        s[0] = 1
    return s

def joint_state(s):           ◁─── s 是一个包含两个元素的向量，其中 s[0]=左邻居，s[1]=右邻居
    s1_ = get_substate(s[0])
    s2_ = get_substate(s[1])  ◁─── 获取 s 中每个元素的动作向量
    ret = (s1_.reshape(2,1) @ s2_.reshape(1,2)).flatten()  ◁─── 使用外积创建联合动作空间，然后展平成一个向量
    return ret
```

代码清单 9.6 中的函数是为 Q 函数准备状态信息所需要的两个辅助函数。get_substate 函数接收一个二进制数（0 表示自旋向下，1 表示自旋向上），并将其转换为一个独热编码的动作向量，其中 0 变成动作空间[向下,向上]中的[1,0]，1 变成[0,1]。网格只包含一系列代表每个智能体自旋方向的二进制数，但我们需要将这些二进制数转化为动作向量，然后通过求其外积来得到 Q 函数的联合动作向量。在代码清单 9.7 中，我们将之前编写的一些代码段组合在一起来创建一个新的网格和一组参数向量（实际上，还包括网格中的智能体集合）。

代码清单9.7　一维伊辛模型：初始化网格

```
plt.figure(figsize=(8,5))     ◁─── 将网格的总大小设置为一个长度为 20 的向量
size = (20,)
hid_layer = 20                ◁─── 设置隐藏层的大小。本例中的 Q 函数是一个两层神经网络，所以只有一个隐藏层
params = gen_params(size[0],4*hid_layer+hid_layer*2)  ◁─── 生成一个将参数化 Q 函数的参数向量列表
grid = init_grid(size=size)
```

```
grid_ = grid.clone()          ←──  复制网格（原因将在主训练循环中
print(grid)                         变得清晰）
plt.imshow(np.expand_dims(grid,0))
```

如果运行代码清单 9.7 的代码，应该会得到类似于图 9.14 所示的结果，但由于是随机初始化的，因此结果看起来会有所不同：

```
tensor([0, 0, 1, 0, 0, 1, 1, 0, 1, 0, 0, 1, 0, 0, 1, 0, 1, 0, 1, 0],dtype=torch.uint8)
```

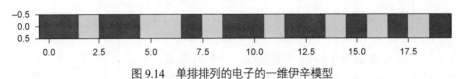

图 9.14　单排排列的电子的一维伊辛模型

你会注意到，自旋方向在向上（1）和向下（0）分布得相当随机。当训练 Q 函数时，我们期望电子朝向相同的自旋方向。这些电子可能并非都朝向相同的自旋方向，但至少应该聚集成朝向一致的域。既然已经定义了所有必要的函数，现在我们就来深入分析主训练循环（见代码清单 9.8）。

代码清单 9.8　一维伊辛模型：主训练循环

获取右邻居，如果处于末尾，则循环到开头

```
epochs = 200         学习率
lr = 0.001   ←──
losses = [[] for i in range(size[0])]   ←──
for i in range(epochs):       遍历每个智能体
    for j in range(size[0]):  ←──
        l = j - 1 if j - 1 >= 0 else size[0]-1
        r = j + 1 if j + 1 < size[0] else 0
        state_ = grid[[l,r]]
        state = joint_state(state_)
        qvals = qfunc(state.float().detach(),params[j],
        layers=[(4,hid_layer),(hid_layer,2)])
        qmax = torch.argmax(qvals,dim=0).detach().item()   ←──
        action = int(qmax)
        grid_[j] = action   ←──
        reward = get_reward(state_.detach(),action)
        with torch.no_grad():
            target = qvals.clone()   ←──
            target[action] = reward
        loss = torch.sum(torch.pow(qvals - target,2))
        losses[j].append(loss.detach().numpy())
        loss.backward()        手动梯度下降
    with torch.no_grad():  ←──
        params[j] = params[j] - lr * params[j].grad
    params[j].requires_grad = True
with torch.no_grad():   ←──
    grid.data = grid_.data
```

由于我们要处理多个智能体，而每个智能体由一个单独的 Q 函数控制，因此必须跟踪多个损失

获取左邻居，如果处于开头，则循环到末尾

state 是由两个二进制数（代表两个智能体的动作）组成的向量，将其转换成一个独热联合动作向量

策略是采取与最高 Q 值相关联的动作

state_ 是两个二进制数，分别表示左邻域和右邻域的自旋

将动作存入网格的临时副本 grid_ 中，只有所有智能体都执行了动作，才将它们复制到主网格中

target 值是 Q 值向量，将其中采取的动作关联的 Q 值替换成观察奖励

将临时网格的内容复制网格到主网格向量中

在主训练循环中，遍历所有 20 个智能体（代表电子），找到每个智能体的左邻居和右邻居，获取它们的联合动作向量，并据此来计算自旋向下和自旋向上这两种可能动作的 Q 值。我们建立的一维伊辛模型不仅是一条网格单元线，更是一个环形网格，这样的话，所有智能体都有一个左邻居和一个右邻居（见图 9.15）。

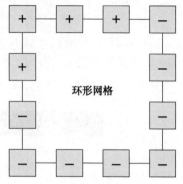

环形网格

每个智能体都有各自用于参数化 Q 函数的相关参数向量，所以每个智能体都由一个单独的深度 Q 网络控制（尽管它只是一个两层的神经网络，并不是真正的"深度"网络）。同样，由于每个智能体都有相同的最优策略，即与其邻居以相同的方式对齐，因此可以使用单个 DQN 来控制所有智能体。我们将在后续项目中使用这种方法，但展示单独建模每个智能体的简易性是很有必要的。在其他环境中，智能体可能有不同的最优策略，此时需要为每个智能体使用单独的 DQN。

图 9.15　用一个二进制向量来表示一维伊辛模型，但它实际上是一个环形网格，因为我们将最左侧的电子视为紧挨着最右侧的电子

我们简化了主训练循环，以避免干扰（见图 9.16）。首先，请注意我们使用的策略是 ε 贪婪策略。因为不存在有时采取随机动作的 ε 贪婪策略，智能体每次会采取 Q 值最高的动作。通常情况下，某种类型的探索策略是必要的，但由于这是一个非常简单的问题，因此模型仍然能够正常工作。在 9.4 节中，我们将在一个方形网格上处理一个二维伊辛模型，届时将使用 Softmax 策略，其中的温度参数将模拟我们试图建模的电子系统的实际物理温度。

主训练循环

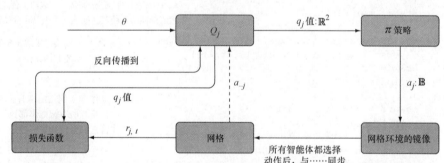

图 9.16　主训练循环。对于每个智能体 j，对应的 Q 函数接收一个参数向量和智能体 j 的联合动作向量（表示为 a_{-j}），并将输出一个包含两个元素的 Q 值向量作为策略函数的输入。策略函数选择一个动作（一个二进制数），然后将其存储在网格环境的镜像（副本）中。所有智能体都选择了动作后，网格环境的镜像将与主网格同步。然后，主网格会生成每个智能体的奖励并将其传递给损失函数，由损失函数计算损失并将其反向传播给 Q 函数，最终进入参数向量进行更新

我们所做的另一个简化是将目标 Q 值设置为 r_{t+1}（执行动作后的奖励）。正常情况下，目标 Q

值为 $r_{t+1} + \gamma \cdot V(s_{t+1})$，其中最后一项是贴现因子 γ 乘执行动作后的状态值。$V(s_{t+1})$ 通过取状态 s_{t+1} 的最大 Q 值计算得到，这就是我们在第 5 章中讲到的术语"自举"，还将用于本章稍后给出的二维伊辛模型的相关内容中。

如果运行主训练循环并再次绘制网格，你应该会看到这样的结果：

```
>>> fig,ax = plt.subplots(2,1)
>>> for i in range(size[0]):
        ax[0].scatter(np.arange(len(losses[i])),losses[i])
>>> print(grid,grid.sum())
>>> ax[1].imshow(np.expand_dims(grid,0))
```

图 9.17（a）是每个智能体在每个轮次的损失的散点图（实际上，每种颜色代表一个不同的智能体）。可以看到，所有损失都下降并稳定在大概 30 个轮次处。图 9.17（b）是伊辛模型网格，可以看到，电子已经聚集成两个完全对齐的域。中间颜色较浅的部分是一组按向上（1）方向对齐的智能体，其余的则按向下（0）方向对齐。这比开始时使用的随机分布要好得多，所以 MARL 算法在这个一维伊辛模型中肯定起了作用。

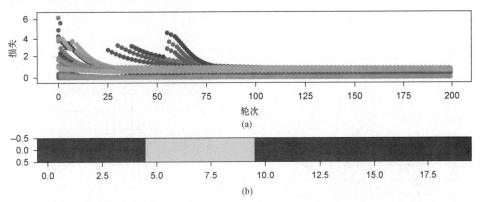

图 9.17　（a）每个智能体随着训练轮次变化的损失。可以看到，它们都在减小且大约稳定在 30 个轮次处。（b）最大化奖励（最小化能量）后的一维伊辛模型。可以看到，所有电子聚集在一起形成域，域中它们的自旋方向完全一致

我们成功地"求解"了一维伊辛模型。接下来，我们通过转移到一个二维伊辛模型来增加一点复杂性。除了解决所做的一些简化，我们还将向邻域 Q-learning 引入一种名为**平均场 Q-learning** 的新算法。

9.4　平均场 Q-learning 和二维伊辛模型

我们已经看到，利用邻域 Q-learning 是如何快速创建一维伊辛模型的。之所以如此快速，是因为我们没有使用完整的联合动作空间（它将是一个包含 $2^{20} = 1\,048\,576$ 个元素的联合动作向量，这是很棘手的），而只是使用了每个智能体的左邻和右邻，从而将规模减小到包含 $2^2 = 4$ 个元素的联合动作向量，这是非常容易管理的。

在二维网格中，如果想做同样的事情，即仅获取智能体近邻的联合动作空间，由于存在 8 个邻居，因此联合动作空间是一个包含 $2^8 = 256$ 个元素的向量。对一个包含 256 个元素的向量进行计算确实可行，但在一个 20×20 的网格中，若使用 400 个智能体进行计算，代价将变得高昂。如果想使用一个三维伊辛模型，则直接邻居的数量可能为 26，联合动作空间为 $2^{26} = 67108864$，此时我们将再次陷入困境。

可以看出，邻域方法比使用完整的联合动作空间要好得多，但在更复杂的环境中，当邻居数量较多时，甚至直接邻居的联合动作空间也会过于庞大。因此，我们需要做力度更大的简化近似。记住，邻域方法在伊辛模型中有效的原因是，电子的自旋主要受其最近邻居的磁场影响。磁场强度的减小与到场源距离的平方成比例，因此忽略远处的电子是合理的。

观察到当两个磁体放在一起时，所产生的磁场是这两个磁体磁场之和（见图 9.18），所以我们可以做另一个近似，可以用磁场强度为两个磁体之和的单个磁体来近似这两个独立的磁体。

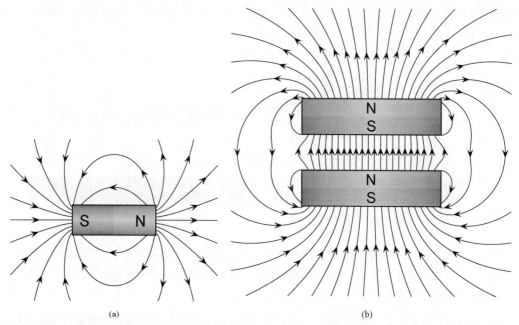

(a)　　　　　　　　　　　　　　(b)

图 9.18　（a）单个条形磁体及其磁场线。一个磁体有两个磁极，通常称为北（N）和南（S）。（b）将两个条形磁体靠在一起，它们形成的磁场就有点儿复杂了。当模拟电子自旋在二维或三维网格中如何表现时，我们关心的是由邻域内所有电子产生的整体磁场，而无须知道每个电子单独的磁场是怎样的

重要的不是最近电子的个体磁场，而是它们整体的磁场，所以与其向 Q 函数提供每个邻近电子的自旋信息，倒不如提供它们自旋的总和。例如，在一维网格中，如果左邻的动作向量为[1,0]（向下），右邻的动作向量为[0,1]（向上），那么总和就是[1,0]+[0,1]=[1,1]。

当数据归一化到一个固定的范围（例如[0,1]）内时，机器学习算法表现得更好，部分原因是

激活函数只在一个有限的输出范围内（上域）输出数据，过大或过小的输入都可能使其"饱和"。例如，`tanh` 函数在区间[-1,+1]中有一个上域（可能输出的值范围），所以如果输入两个非常大但不相等的数字，它将输出非常接近 1 的数字。由于计算机的精度有限，因此尽管基于不同的输入，但输出值都可能四舍五入到 1。例如，如果将这些输入归一化到[-1,1]，`tanh` 可能会为一个输入返回 0.5，为另一个输入返回 0.6，这是一个有意义的差异。

因此，我们将各动作向量的和除以所有元素的总值的结果提供给 Q 函数，而非仅仅是各个动作向量的和，从而将结果向量中的元素归一化到[0,1]。例如，我们将计算[1,0]+ [0,1]= [1,1]/2=[0.5,0.5]。这个归一化向量中各元素的和为 1，每个元素都在[0,1]内，这让你想起了什么？概率分布。本质上，我们将计算最近邻的动作的概率分布，并将该向量提供给 Q 函数。

计算平均场动作向量

一般来说，我们会用下面的公式计算平均场动作向量

$$a_{-j} = \frac{1}{N} \sum_{i=0}^{N} a_i$$

其中符号 a_{-j} 表示智能体 j 周围相邻智能体的平均场动作向量，a_i 表示智能体 i 的动作向量，其中智能体 i 是智能体 j 的一个邻居。因此，对智能体 j 在大小为 N 的邻域内的所有动作向量求和，然后除以邻域大小来归一化结果。如果数学计算不适合你，那么你将很快看到在 Python 中它是如何工作的。

这种方法称为**平均场近似**（mean field approximation），在本例中，也称为**平均场 Q-learning**。其思想是，计算每个电子周围的平均磁场，而不是提供每个邻居各自的磁场（见图 9.19）。该方法的伟大之处在于，不管邻域大小有多大，也不管共有多少个智能体，平均场向量的长度都只与单个动作向量的长度相同。

这意味着，对于一维、二维以及更高维的伊辛模型来说，每个智能体的平均场向量将仅仅是一个包含两个元素的向量。环境可以是任意复杂度和高维度的，但计算起来始终很容易。

平均场近似

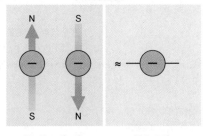

$[0, 1] \otimes [1, 0] \approx [0.5, 0.5]$

图 9.19 一对电子自旋的联合动作是它们各自动作向量之间的外积，这是一个包含 4 个元素的独热向量。我们可以通过取这两个动作向量的平均来近似，从而得到所谓的平均场近似，而不是使用精确的联合动作。对于两个电子聚在一起的情况，其中一个自旋向上，另一个自旋向下，平均场近似会将这个两电子系统减弱为单个不确定性自旋为[0.5,0.5]的"虚拟"电子

下面我们介绍平均场 Q-learning 是如何在二维伊辛模型上工作的。二维伊辛模型除了是一个二维网格（矩阵），其他方面与一维版本的完全相同。左上角的智能体会让右上角的智能体作为它的左邻居，并让左下角的智能体作为它的上邻居，所以网格实际上包裹在一个球体的表面（见图9.20）。

图 9.20　我们将二维伊辛模型表示为一个二维正方形网格（矩阵），这样设计模型中就不存在边界，因此看起来在边界上的智能体实际上与网格对侧的智能体相邻。因此，二维网格实际上是一个包裹在球体表面的二维网格

用于二维伊辛模型的第一个新函数是 softmax 函数。在第 2 章介绍策略函数的思想时，我们就已经遇到过该函数。策略函数是一个从状态空间到动作空间的函数 $\pi: S \to A$。换句话说，你输入一个状态向量，它就会返回一个动作。在第 4 章中，我们使用神经网络作为策略函数并直接训练它来输出最佳动作。在 Q-learning 中，有一个中间步骤，即先计算给定状态下的动作-价值（Q 值），然后使用这些动作-价值来决定采取哪个动作。所以，在 Q-learning 中，策略函数接收 Q 值并返回一个动作（见代码清单 9.9）。

代码清单 9.9　平均场 Q-learning：策略函数

我们将使用双端队列数据结构作为经验回放存储列表，因为它可以设置最大容量

我们将使用 shuffle 函数将经验回放缓冲器中的内容随机排序

```python
from collections import deque
from random import shuffle

def softmax_policy(qvals,temp=0.9):
    soft = torch.exp(qvals/temp) / torch.sum(torch.exp(qvals/temp))
    action = torch.multinomial(soft,1)
    return action
```

这个策略函数接收一个 Q 值向量并返回一个动作 0（向下）或 1（向上）

这是 softmax 函数的定义

softmax 函数将 Q 值转换为一个动作的概率分布。我们使用 multinomial 函数随机选择一个概率加权的动作

定义　Softmax 函数在数学上定义为

$$P_t(a) = \frac{\exp(q_t(a)/\tau)}{\sum_{i=1}^{n} \exp(q_t(i)/\tau)}$$

其中，$P_t(a)$ 是动作的概率分布，$q_t(a)$ 是一个 Q 值向量，τ 是温度参数。

注意，Softmax 函数接收一个元素为任意数字的向量，然后将该向量"归一化"为一个概率分布，这样所有的元素都为正数且总和为 1，且转换后的每个元素都与转换之前成正比（如果一个元素是向量中的最大值，那么它将被分配最大的概率）。Softmax 函数还有一个额外的输入温度参数，由希腊字母 τ 表示。

如果温度参数较大，Softmax 函数将最小化概率中元素之间的差异；如果温度参数较小，那么输入中的差异将被放大。例如，向量 softmax([10,5,90], temp=100) =[0.2394, 0.2277, 0.5328] 和 softmax([10,5,90], temp=0.1) =[0.0616, 0.0521, 0.8863]。高温时，即使最后一个元素 90 是第二大元素 10 的 9 倍，由此产生的概率分布也只会为它分配概率 0.53，它大约只是第二大概率的两倍。当温度趋于无穷大时，概率分布将是均匀的（所有概率相等）。当温度趋于 0 时，概率分布将变成**退化分布**，此时所有的概率质量将集中在一个点上。通过将其用作策略函数，当 $\tau \to \infty$ 时，动作将完全随机选择，而当 $\tau \to 0$ 时，策略将变成 argmax 函数（在 9.3 节中，我们曾将之用于一维伊辛模型）。

这个参数被称为"温度"的原因是，Softmax 函数也在物理学中用于模拟物理系统，例如电子系统的自旋，其中温度改变了系统的行为。物理学和机器学习之间存在很多交叉内容。在物理学中，Softmax 分布被称为**波尔兹曼分布**，它"将系统处于某一特定状态下的概率作为该状态的能量和系统温度的函数"（维基百科）。在一些强化学习学术论文中，你可能会看到 Softmax 策略被称为波尔兹曼策略，其实就是波尔兹曼分布。

我们正在使用强化学习算法来解决一个物理问题，所以 Softmax 函数的温度参数实际上对应于正在模拟的电子系统的温度。如果将系统的温度设置得很高，那么电子将随机自旋，其方向一致的趋势将被高温"克服"。如果将温度设置得太低，那么电子会动不了，从而无法改变太多。在代码清单 9.10 中，我们引入了一个用于获取智能体坐标的函数，还引入了一个在新二维环境中生成奖励的函数。

代码清单 9.10　平均场 Q-learning：坐标和奖励函数

获取 x 坐标　　　接收扁平网格中的单个索引值，并
　　　　　　　　　将其转换回 [x,y] 坐标

```
def get_coords(grid,j):
    x = int(np.floor(j / grid.shape[0]))      获取 y 坐标
    y = int(j - x * grid.shape[0])
    return x,y

                                     二维网格的奖励函数
def get_reward_2d(action,action_mean):
    r = (action*(action_mean-action/2)).sum()/action.sum()
    return torch.tanh(5 * r)
                                     奖励基于动作与平均场动作的差异
    使用 tanh 函数将奖励缩放到 [-1, +1] 内          程度生成
```

由于在二维网格中使用 [x, y] 坐标索引智能体不方便，因此通常将二维网格扁平化为一个向量来使用单个索引值检索智能体，但需要能将这个扁平化的索引转换为 [x, y] 坐标，这就是

get_coords 函数所实现的功能。get_reward_2d 是用于二维网格的新奖励函数，可用于会计算动作向量与平均场向量之间的差异。例如，如果平均场向量为[0.25,0.75]，而动作向量为[1,0]，则其奖励应该低于动作向量为[0,1]时的奖励：

```
>>> get_reward_2d(torch.Tensor([1,0]),torch.Tensor([0.25, 0.75]))
tensor(-0.8483)

>>> get_reward_2d(torch.Tensor([0,1]),torch.Tensor([0.25, 0.75]))
tensor(0.8483)
```

现在，我们需要创建一个函数，以找到一个智能体的最近邻居，然后计算这些邻居的平均场动作向量（见代码清单 9.11）。

代码清单 9.11　平均场 Q-learning：计算平均场动作向量

```
def mean_action(grid,j):                          将向量化索引 j 转换为网格坐标
    x,y = get_coords(grid,j)                       [x,y]，其中[0,0]表示左上角
    action_mean = torch.zeros(2)                   这就是我们要增加的动作均值向量
    for i in [-1,0,1]:
        for k in [-1,0,1]:                         两个 for 循环可用于找到距离智能体 j 最近的 8 个邻居
            if i == k == 0:
                continue
            x_,y_ = x + i, y + k
            x_ = x_ if x_ >= 0 else grid.shape[0] - 1
            y_ = y_ if y_ >= 0 else grid.shape[1] - 1
            x_ = x_ if x_ < grid.shape[0] else 0
            y_ = y_ if y_ < grid.shape[1] else 0
            cur_n = grid[x_,y_]                     将每个邻居的二进制自旋转换为一个动作向量
            s = get_substate(cur_n)
            action_mean += s
    action_mean /= action_mean.sum()               将动作向量归一化为一个
    return action_mean                             概率分布
```

上述代码将接收一个智能体索引 j（单个整数，基于扁平网格的索引），并返回网格上该智能体最邻近（周围）的 8 个智能体的平均动作。我们通过获取智能体的坐标（例如[5,5]）来找到 8 个最邻近的智能体，然后将每个[x,y]组合相加。所以，我们将执行 [5,5]+[1,0]=[6 5] 和 [5,5]+[-1,1]=[4,6]，等等。

这些是二维情况下所需要的所有额外函数。此外，我们将重用前面的 init_grid 函数和 gen_params 函数。下面我们先初始化网格和相关参数，代码如下：

```
>>> size = (10,10)
>>> J = np.prod(size)
>>> hid_layer = 10
>>> layers = [(2,hid_layer),(hid_layer,2)]
>>> params = gen_params(1,2*hid_layer+hid_layer*2)
>>> grid = init_grid(size=size)
>>> grid_ = grid.clone()
```

```
>>> grid__ = grid.clone()
>>> plt.imshow(grid)
>>> print(grid.sum())
```

我们从一个 10×10 的网格开始。要使模型运行得更快，你可以使用更大的网格。如图 9.21 所示，自旋是随机分布在初始网格上的，所以我们希望运行 MARL 算法之后，会让它看起来更有组织性——我们希望看到方向一致的电子簇。我们已经将隐藏层大小减至 10，以进一步降低计算成本。注意，我们只生成了一个参数向量，并将使用一个 DQN 来控制所有 100 个智能体，因为它们拥有相同的优化策略。此外，我们创建了主网格的两个副本，其原因在进入主训练循环之后会变得明晰。

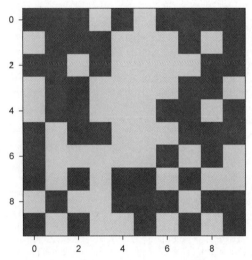

图 9.21　这是一个随机初始化的二维伊辛模型。其中，每个方格代表一个电子，浅色方格代表自旋向上的电子，深色方格代表自旋向下的电子

对于这个例子，我们将增加一些在一维情况下省去的复杂性，因为这是一个更难的问题。我们将使用一种经验回放机制来存储经验，并在小批次的经验上进行训练，以减小梯度中的方差并稳定训练。我们还将使用适当的目标 Q 值 $r_{t+1} + \gamma \cdot V(s_{t+1})$，因此需要在每次迭代中计算两次 Q 值：一次用于决定采取什么动作，另一次用于获取 $V(s_{t+1})$。在代码清单 9.12 中，我们进入二维伊辛模型的主训练循环。

代码清单 9.12　平均场 Q-learning：主训练循环

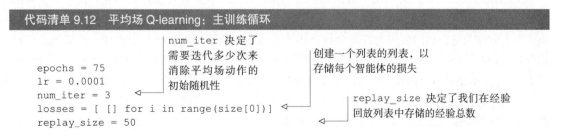

num_iter 决定了需要迭代多少次来消除平均场动作的初始随机性

创建一个列表的列表，以存储每个智能体的损失

```
epochs = 75
lr = 0.0001
num_iter = 3
losses = [ [] for i in range(size[0])]
replay_size = 50
```

replay_size 决定了我们在经验回放列表中存储的经验总数

```
replay = deque(maxlen=replay_size)
batch_size = 10
gamma = 0.9
losses = [[] for i in range(J)]
for i in range(epochs):
    act_means = torch.zeros((J,2))
    q_next = torch.zeros(J)
    for m in range(num_iter):
        for j in range(J):
            action_mean = mean_action(grid_,j).detach()
            act_means[j] = action_mean.clone()
            qvals = qfunc(action_mean.detach(),params[0],layers=layers)
            action = softmax_policy(qvals.detach(),temp=0.5)
            grid__[get_coords(grid_,j)] = action
            q_next[j] = torch.max(qvals).detach()
        grid_.data = grid__.data
    grid.data = grid_.data
    actions = torch.stack([get_substate(a.item()) for a in grid.flatten()])
    rewards = torch.stack([get_reward_2d(actions[j],act_means[j]) for j in
      range(J)])
    exp = (actions,rewards,act_means,q_next)
    replay.append(exp)
    shuffle(replay)
    if len(replay) > batch_size:
        ids = np.random.randint(low=0,high=len(replay),size=batch_size)
        exps = [replay[idx] for idx in ids]
        for j in range(J):
            jacts = torch.stack([ex[0][j] for ex in exps]).detach()
            jrewards = torch.stack([ex[1][j] for ex in exps]).detach()
            jmeans = torch.stack([ex[2][j] for ex in exps]).detach()
            vs = torch.stack([ex[3][j] for ex in exps]).detach()
            qvals = torch.stack([ \
                    qfunc(jmeans[h].detach(),params[0],layers=layers) \
                            for h in range(batch_size)])
            target = qvals.clone().detach()
            target[:,torch.argmax(jacts,dim=1)] = jrewards + gamma * vs
            loss = torch.sum(torch.pow(qvals - target.detach(),2))
            losses[j].append(loss.item())
            loss.backward()
            with torch.no_grad():
                params[0] = params[0] - lr * params[0].grad
            params[0].requires_grad = True
```

贴现因子

经验回放是一个 deque 集合，它本质上是一个具有最大容量的列表

设置批大小为 10，这样我们会从回放中获得一个包含 10 条经验的随机子集，并使用它进行训练

存储所有智能体的平均场动作

存储执行动作后下一状态的 Q 值

遍历网格中的所有智能体

由于平均场是随机初始化的，因此我们迭代几次以稀释初始随机性

收集一条经验并将其添加到经验回放缓冲器中

一旦经验回放缓冲器中的经验数量大于批大小参数，就开始训练

生成一系列随机索引来取回放缓冲器的子集

　　虽然代码很长，但其实只比一维伊辛模型的稍微复杂一点。首先要指出的是，由于每个智能体的平均场依赖于它的邻居，而邻居的自旋是随机初始化的，因此一开始所有的平均场也是随机值。为了帮助收敛，我们首先允许每个智能体基于这些随机平均场选择一个动作，并将该动作存储在临时网格副本 grid__ 中，以便在所有智能体做出采取哪个动作的最终决定之前，主网格保持不变。每个智能体在 grid__ 中做出尝试性动作之后，我们就更新第二个临时网格副本 grid__，并使用它来计算平均场。在下一个迭代中，平均场将会改变，我们将允许智能体更新它们的试验性动作。这样重复几次（由 num_iter 参数控制决定重复次数），以允许动作根据 Q 函数的当前

版本稳定在最优值附近。然后，更新主网格并收集所有动作、奖励、平均场和 q_next 值（$V(s_{t+1})$），并将它们添加到经验回放缓冲器。

一旦回放缓冲器中的经验数量大于批大小参数，我们就可以开始在小批量经验上进行训练。我们生成一个随机索引值列表，并用其获取回放缓冲器中一些随机经验的子集。然后，像往常一样运行一步梯度下降。下面我们运行主训练循环并观察结果。

```
>>> fig,ax = plt.subplots(2,1)
>>> ax[0].plot(np.array(losses).mean(axis=0))
>>> ax[1].imshow(grid)
```

生效了！如图 9.22 所示，大多数电子（智能体）的自旋方向都是一致的，从而最小化了系统能量（最大化了奖励）。损失图看起来很混乱，部分原因是我们使用一个 DQN 来模拟所有智能体，所以当一个智能体试图与它的邻居对齐，但该邻居却尝试与另一个智能体对齐时，DQN 几乎处于一场与自己的对决中，此时可能会变得不稳定。

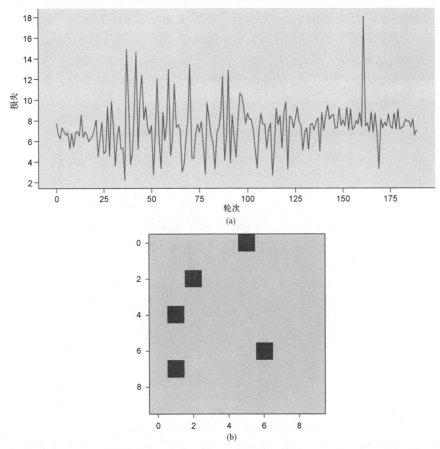

图 9.22 （a）是 DQN 的损失图，损失看起来并没有收敛。但从（b）中可以看到，它确实学会了将系统的能量作为一个整体来最小化（最大化奖励）

接下来，通过解决游戏中两组智能体相互对抗的难题，我们将 MARL 技能提升到一个新的水平。

9.5 混合合作竞技游戏

如果将伊辛模型看作一款多人游戏，那么我们可以将其视为一款纯粹合作的多人游戏，因为所有智能体有着相同的目标，当它们朝着同一个目标努力时，奖励就会最大化。相比之下，国际象棋是一个纯粹的竞争游戏，因为当一个选手获胜时，另一个选手就会输掉，它是一个零和游戏。团队游戏（例如篮球或足球）被称为**混合合作竞争游戏**（mixed cooperative-competitive game），因为同一团队的智能体需要合作来最大化其奖励，但是当一个团队作为整体获胜时，则另一个团队必然会输掉，所以从团队层次上讲这是一款竞争游戏。

在本节中，我们将使用一个基于 Gridworld 的开源游戏。该游戏专门用于测试 MARL 算法在合作性、竞争性或混合合作竞争场景下的表现（见图 9.23）。我们将创建一个包含两队智能体的混合合作竞争场景，其中智能体可以在网格中来回移动，也可以攻击对方团队的智能体。此外，每个智能体开始时都有 1 个"生命值"（HP），当它们受到"攻击"时，HP 就会逐渐下降，直至降为 0，此时智能体就会"死亡"并被清除出网格。另外，智能体在攻击及"杀死"对方团队的智能体时会获得奖励。

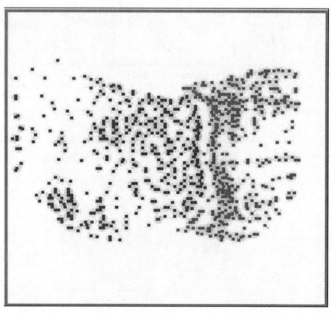

图 9.23 来自 MAgent 多人 Gridworld 游戏的截图，该游戏包含两支对立的智能体团队，其目标是杀死对方团队

由于同一团队中的所有智能体有着相同的目标，因此可以使用一个 DQN 来控制同一团队中的所有智能体，并使用另一个不同的 DQN 控制另一个团队的智能体。这基本上是一场两个 DQN 之间的"战斗"，所以这是一个绝佳的机会，可以尝试不同类型的神经网络以查看哪个更佳。不过，为了保持简单性，我们将对每个团队使用相同的 DQN。

你需要安装 MAgent 库。从现在起，假设你已经安装了它，并且可以在你的 Python 环境中成功运行 import magent（见代码清单 9.13）。

代码清单 9.13　创建 MAgent 环境

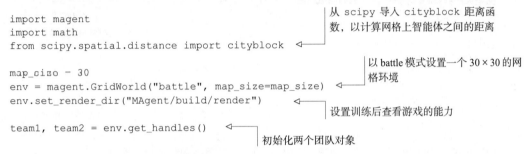

```
import magent
import math
from scipy.spatial.distance import cityblock

map_size = 30
env = magent.GridWorld("battle", map_size=map_size)
env.set_render_dir("MAgent/build/render")

team1, team2 = env.get_handles()
```

从 scipy 导入 cityblock 距离函数，以计算网格上智能体之间的距离

以 battle 模式设置一个 30×30 的网格环境

设置训练后查看游戏的能力

初始化两个团队对象

MAgent 是高度可定制的，但我们将使用名为"battle"的内置配置来创建两个团队的战斗场景。MAgent 有一个类似于 OpenAI Gym 的 API，但二者之间存在一些重要区别。首先，我们必须为每个团队创建"句柄"，即对象 team1 和 team2，使之具有与各自团队相关的方法和属性。我们通常将这些句柄传递给环境对象 env 的方法，例如，要获得团队 1 中每个智能体的坐标列表，需要使用 env.get_pos(team1)。

我们将使用与二维伊辛模型中相同的技术来处理这个环境，不过此处会使用两个 DQN，还将使用一个 Softmax 策略和经验回放缓冲器。由于训练过程中智能体可能会"死亡"并被从网格中移除，从而造成智能体的数量发生变化，因此事情会逐渐变得有点儿复杂。

在伊辛模型中，环境状态是联合动作，没有额外的状态信息。在 MAgent 中，我们还将智能体的位置和生命值作为状态信息。Q 函数将变为 $Q_j(s_t, a_{-j})$，其中 a_{-j} 为智能体 j 的视场或邻域内的智能体的平均场。默认情况下，每个智能体都有一个围绕自身的 13×13 网格的邻域。因此，每个智能体都有一个二进制的 13×13 的邻域网格的状态，存在其他智能体的地方会显示 1。然而，MAgent 将邻域矩阵按团队分开，所以每个智能体有两个 13×13 的邻域网格——一个用于自己团队，另一个用于对方团队。我们需要通过将这两个领域网格压扁并连接在一起来组合成一个单一的状态向量。MAgent 还提供了邻域中智能体的生命值，但为简单起见，我们不会使用这些。

我们已经初始化了环境，但还未初始化网格上的智能体。现在，我们必须确定每个团队有多少个智能体，以及将它们放置在网格上的什么位置（见代码清单 9.14）。

代码清单 9.14　添加智能体

```
hid_layer = 25
in_size = 359
act_space = 21
layers = [(in_size,hid_layer),(hid_layer,act_space)]
params = gen_params(2,in_size*hid_layer+hid_layer*act_space)
map_size = 30
width = height = map_size
n1 = n2 = 16
gap = 1
epochs = 100
replay_size = 70
batch_size = 25

side1 = int(math.sqrt(n1)) * 2
pos1 = []
for x in range(width//2 - gap - side1, width//2 - gap - side1 + side1, 2):
    for y in range((height - side1)//2, (height - side1)//2 + side1, 2):
        pos1.append([x, y, 0])

side2 = int(math.sqrt(n2)) * 2
pos2 = []
for x in range(width//2 + gap, width//2 + gap + side2, 2):
    for y in range((height - side2)//2, (height - side2)//2 + side2, 2):
        pos2.append([x, y, 0])

env.reset()
env.add_agents(team1, method="custom", pos=pos1)
env.add_agents(team2, method="custom", pos=pos2)
```

生成两个参数向量，用于参数化两个 DQN

设置每个团队的智能体数量为 16

设置每个团队智能体之间的初始间隙距离

循环将团队 1 的智能体放置在网格左侧

循环将团队 2 的智能体放置在网格右侧

使用刚刚创建的位置列表将团队 1 的智能体添加到网格

至此，我们已经设置了基本参数。为了维持较低的计算成本，我们将创建一个 30×30 的网格，并设置每个团队包含 16 个智能体，但如果你的计算机配有 GPU，那么可以随意创建一个更大的包含更多智能体的网格。我们分别为每个团队初始化一个参数向量。同样，我们仅仅使用一个简单的两层神经网络作为 DQN。现在，我们可以将网格进行可视化。

```
>>> plt.imshow(env.get_global_minimap(30,30)[:,:,:].sum(axis=2))
```

其中，团队 2 在左侧，团队 1 在右侧（见图 9.24）。所有智能体都以方形模式进行初始化，并且两个团队仅用一个方格的距离分隔。每个智能体的动作空间都是一个长度为 21 的向量，如图 9.25 所示。在代码清单 9.15 中，我们引入了一个函数，以查找特定智能体的相邻智能体。

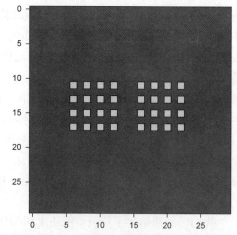

图 9.24　MAgent 环境中两队智能体的起始位置，其中浅色方格表示单个智能体

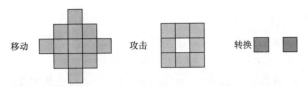

图 9.25　MAgent 库中智能体的动作空间。每个智能体可以朝 13 个不同的方向移动，或者直接在它周围向 8 个方向发起攻击。转换动作默认情况下是禁用的，所以动作空间的大小为 13 + 8 = 21

代码清单 9.15　查找邻居

```
def get_neighbors(j,pos_list,r=6):          ◁
    neighbors = []
    pos_j = pos_list[j]
    for i,pos in enumerate(pos_list):
        if i == j:
            continue
        dist = cityblock(pos,pos_j)
        if dist < r:
            neighbors.append(i)
    return neighbors
```

给定 pos_list 中所有智能体的位置[x,y]，返回智能体 j 半径范围内的智能体的索引

我们需要用上述代码来查找每个智能体邻域内的邻居，以计算平均场动作向量。我们可以使用 env.get_pos(team1) 得到团队 1 中每个智能体的坐标列表，然后将其与一个索引 j 传递给 get_neighbors 函数，从而查找智能体 j 的邻居。

```
>>> get_neighbors(5,env.get_pos(team1))
[0, 1, 2, 4, 6, 7, 8, 9, 10, 13]
```

所以，智能体 5 在其 13×13 邻域内拥有团队 1 中的其他 10 个智能体。

现在，我们需要创建几个其他的辅助函数。环境接收和返回的动作为 0～20 的整数，所以需要能够将其转换为一个独热动作向量，并能够将其转换回整数形式。此外，我们需要一个函数来获得一个智能体周围邻居的平均场动作向量，如代码清单 9.16 所示。

代码清单 9.16　获取平均场动作向量

```
def get_onehot(a,l=21):          ◁
    x = torch.zeros(21)
    x[a] = 1
    return x

def get_scalar(v):          ◁
    return torch.argmax(v)

def get_mean_field(j,pos_list,act_list,r=7,l=21):    ◁
    neighbors = get_neighbors(j,pos_list,r=r)    ◁
    mean_field = torch.zeros(l)
    for k in neighbors:
        act_ = act_list[k]
        act = get_onehot(act_)
```

将动作的整数表示转换为独热向量表示

将动作的独热向量表示转换为整数表示

获取智能体 j 的平均场动作向量，其中 pos_list 是 env.get_pos(team1) 的返回值，l 是动作空间大小

使用 pos_list 查找智能体的所有邻居

```
        mean_field += act
    tot = mean_field.sum()
    mean_field = mean_field / tot if tot > 0 else mean_field   ◄————┐
    return mean_field                                               确保不被 0 除
```

　　get_mean_field 函数首先调用 get_neighbors 函数获得智能体 j 的所有相邻智能体的坐标，然后使用这些坐标得到智能体的动作向量，将它们相加，并除以智能体的总数量以实现归一化。get_mean_field 函数期望得到相应的动作向量 act_list（一个基于整数的动作列表），以 pos_list 和 act_list 中的索引匹配相同的智能体。此外，参数 r 是我们想要包含为邻居的智能体 j 周围网格正方形的半径，l 是动作空间的大小，值为 21。

　　与伊辛模型的例子不同，我们将创建单独的函数为每个智能体选择动作和进行训练，因为这是一个更复杂的环境，而我们想进行更多的模块化。在环境中的每一步之后，会同时得到所有智能体的一个观察张量。

　　env.get_observation(team1) 返回的观察值实际上是一个具有两个张量的元组。图 9.26 的顶部显示了第一个张量，它是一个复杂的高阶张量，而元组中的第二个张量则包含一些额外信息，不过我们将忽略这些信息。从现在开始，当说到观察或状态时，我们指的是图 9.26 中描述的第一个张量。

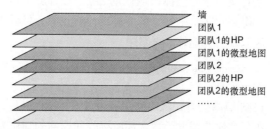

图 9.26　观察张量的结构。它是一个 $N×13×13×7$ 的张量，其中 N 是团队中智能体的数量

　　如图 9.26 所示，这个观察张量是按片排列的。观察值是一个 $N×13×13×7$ 的张量，其中 N 是团队中智能体的数量（在我们的例子中为 16）。单个智能体的张量的每个 $13×13$ 的片显示了带有墙位置的邻域（片 0）、团队 1 智能体（片 1）、团队 1 智能体的 HP（片 2）等。我们将只使用片 1 和片 4 来获得领域内团队 1 和团队 2 的智能体位置。所以，单个智能体的观察张量的形状将是 $13×13×2$，将其压扁得到一个长度为 338 的状态向量。然后，将这个状态向量与平均场动作向量（长度为 21）连接起来，从而得到一个长度为 338 + 21 = 359 的向量，该向量将提供给 Q 函数。理想情况是使用一个"双头"神经网络，就像在第 5 章中所做的那样。这样一来，一个"头"可以处理状态向量，另一个"头"可以处理平均场动作向量，然后可以在稍后的网络层中重新组合处理过的信息。为简单起见，此处我们没有这样做，但是尝试这样做是一种很好的练习。在代码清单 9.17 中，我们定义了一个函数，用于在给定智能体观察值（其邻近智能体的平均场）的情况下为其选择动作。

代码清单 9.17 选择动作

```
def infer_acts(obs,param,layers,pos_list,acts,act_space=21,num_iter=5,temp=0.5):
    N = acts.shape[0]
    mean_fields = torch.zeros(N,act_space)
    acts_ = acts.clone()
    qvals = torch.zeros(N,act_space)

    for i in range(num_iter):
        for j in range(N):
            mean_fields[j] = get_mean_field(j,pos_list,acts_)

        for j in range(N):
            state = torch.cat((obs[j].flatten(),mean_fields[j]))
            qs = qfunc(state.detach(),param,layers=layers)
            qvals[j,:] = qs[:]
            acts_[j] = softmax_policy(qs.detach(),temp=temp)
    return acts_, mean_fields, qvals

def init_mean_field(N,act_space=21):
    mean_fields = torch.abs(torch.rand(N,act_space))
    for i in range(mean_fields.shape[0]):
        mean_fields[i] = mean_fields[i] / mean_fields[i].sum()
    return mean_fields
```

获取智能体的数量

复制动作向量，以免改变原始值

循环遍历智能体并计算它们的邻域平均场动作向量

交替几次，以在动作上收敛

使用平均场动作和状态计算 Q 值，并使用 Softmax 策略选择动作

随机初始化平均场动作向量

得到一个观察值后，我们将使用 infer_acts 函数为每个智能体选择所有的动作。它利用一个由 param 和 layers 参数化的平均场 Q 函数对使用 Softmax 策略的所有智能体动作进行抽样。infer_acts 函数接收并使用以下参数和变量（并附带每个参数的向量形状）。

- obs 是观察张量 $N \times 13 \times 13 \times 2$。
- mean_fields 是包含每个智能体的所有平均场动作的张量 $N \times 21$。
- pos_list 是 env.get_pos 返回的每个智能体的位置列表。
- acts 是每个智能体$(N,)$的整数表示的动作向量。
- num_iter 是在动作抽样和策略更新之间交替的次数。
- temp 是 Softmax 策略的温度，用于控制探索率。

该函数返回一个元组。

- acts_是一个从策略抽样的整数动作向量$(N,)$。
- mean_fields_是每个智能体的平均场向量张量$(N,21)$。
- qvals 是每个智能体的每个动作的 Q 值张量$(N,21)$。

最后，我们需要用于训练的函数。我们将为该函数提供参数向量和经验回放缓冲器，并让它进行小批量随机梯度下降，如代码清单 9.18 所示。

代码清单 9.18　训练函数

将小批次中的所有状态收集到一个张量中

生成一个随机的索引列表来取经验回放的子集

```
def train(batch_size,replay,param,layers,J=64,gamma=0.5,lr=0.001):
    ids = np.random.randint(low=0,high=len(replay),size=batch_size)
    exps = [replay[idx] for idx in ids]
    losses = []           取经验回放缓冲器的子集来得到一小批数据
    jobs = torch.stack([ex[0] for ex in exps]).detach()
    jacts = torch.stack([ex[1] for ex in exps]).detach()
    jrewards = torch.stack([ex[2] for ex in exps]).detach()
    jmeans = torch.stack([ex[3] for ex in exps]).detach()
    vs = torch.stack([ex[4] for ex in exps]).detach()
    qs = []
    for h in range(batch_size):        循环遍历小批次中的每条经验
        state = torch.cat((jobs[h].flatten(),jmeans[h]))
        qs.append(qfunc(state.detach(),param,layers=layers))
    qvals = torch.stack(qs)
    target = qvals.clone().detach()
    target[:,jacts] = jrewards + gamma * torch.max(vs,dim=1)[0]
    loss = torch.sum(torch.pow(qvals - target.detach(),2))
    losses.append(loss.detach().item())
    loss.backward()
    with torch.no_grad():
        param = param - lr * param.grad
    param.requires_grad = True
    return np.array(losses).mean()
```

将小批次中的所有奖励收集到一个张量中

将小批次中的所有平均场动作收集到一个张量中

将小批次中的所有动作收集到一个张量中

将小批次中的所有状态值收集到一个张量中

为回放中的每条经验计算 Q 值

计算目标 Q 值

随机梯度下降

训练函数的工作原理与代码清单 9.12 中二维伊辛模型所采用的经验回放方式非常相似，但是其状态信息则更加复杂。

train 函数使用经验回放缓冲器中存储的经验来训练单个神经网络，它有以下输入和输出。

- 输入：
  - ◆ batch_size (int)；
  - ◆ replay，元组列表(obs_1_small, acts_1,rewards1,act_means1,qnext1)；
  - ◆ param(vector)，神经网络参数向量；
  - ◆ layers (list)，包含神经网络层的形状；
  - ◆ J(int)，团队中智能体的数量；
  - ◆ gamma([0,1]内的浮点数)，贴现因子；
  - ◆ lr(float)，SGD 的学习率。
- 返回值：
  - ◆ loss(float)。

至此，我们已经创建了环境和两个团队的智能体，并定义了几个函数，足以训练用于平均场 Q-learning 的两个 DQN。现在，我们进入游戏的主训练循环。需要注意的是，接下来的几个代码清单会包含很多代码，但其中大部分都是引用代码，对于理解整个算法并不重要。

接下来，首先创建初始的数据结构，例如回放缓冲器（见代码清单 9.19）。团队 1 和团队 2

需要单独的回放缓冲器。事实上，几乎需要分别为团队 1 和团队 2 单独准备所有东西。

代码清单 9.19 初始化动作

```
N1 = env.get_num(team1)
N2 = env.get_num(team2)          ◁─────  存储每个团队智能体的数量
step_ct = 0
acts_1 = torch.randint(low=0,high=act_space,size=(N1,))  ◁──┐ 初始化所有智能体的
acts_2 = torch.randint(low=0,high=act_space,size=(N2,))     │ 动作

replay1 = deque(maxlen=replay_size)   ◁─────  使用 deque 数据结构创建
replay2 = deque(maxlen=replay_size)          回放缓冲器

qnext1 = torch.zeros(N1)    ◁─────  创建张量，以存储 Q(s') 值，其中 s' 为下一个状态
qnext2 = torch.zeros(N2)

act_means1 = init_mean_field(N1,act_space)   ◁──  初始化每个智能体的平均场
act_means2 = init_mean_field(N2,act_space)

rewards1 = torch.zeros(N1)   ◁─────  创建张量，以存储每个智能体的奖励
rewards2 = torch.zeros(N2)

losses1 = []
losses2 = []
```

代码清单 9.19 中的变量可用于记录每个智能体的动作（整数）、平均场动作向量、奖励和下一个状态的 Q 值，以便能够将这些信息打包到经验中，并将它们添加到经验回放系统中。在代码清单 9.20 中，我们定义了一个函数来代表特定团队的智能体执行动作，还定义了一个将经验添加到回放缓冲器中的函数。

代码清单 9.20 执行动作并将经验添加到回放缓冲器中

```
def team_step(team,param,acts,layers):
    obs = env.get_observation(team)     ◁─────  从团队 1 获取观察张量，它是一个
    ids = env.get_agent_id(team)               形状为 16×13×13×7 的张量
    obs_small = torch.from_numpy(obs[0][:,:,:,[1,4]])
    agent_pos = env.get_pos(team)
    acts, act_means, qvals = infer_acts(obs_small,\
                            param,layers,agent_pos,acts)
    return acts, act_means, qvals, obs_small, ids

def add_to_replay(replay,obs_small, acts,rewards,act_means,qnext):
    for j in range(rewards.shape[0]):
        exp = (obs_small[j], acts[j],rewards[j],act_means[j],qnext[j])
        replay.append(exp)
    return replay
```

获取一个团队中每个智能体的坐标列表

从团队 1 获取观察张量，它是一个形状为 $16 \times 13 \times 13 \times 7$ 的张量

获取仍然存活的智能体的索引列表

取观察张量的子集来只获得智能体位置

使用 DQN 为每个智能体决定采取哪个动作

将每个智能体的经验分别单独添加到回放缓冲器中

循环遍历每个智能体

team_step 函数是主训练循环所在位置，我们使用它从环境中收集所有数据，并运行 DQN

来决定采取哪些动作。add_to_replay 函数接收观察张量、动作张量、奖励张量、平均场动作张量和下一个状态的 Q 值张量，并将每个智能体经验单独添加到回放缓冲器中。

其余代码都处于一个庞大的 while 循环中，所以我们将把它分解成几部分，但要记住，它们都是同一个循环的一部分。还要记住，所有这些代码都以 Jupyter Notebook 形式存放在本书的 GitHub 仓库中，其中包含用来创建可视化的所有代码以及更多的注释。最后，我们来看代码清单 9.21 中的主训练循环。

代码清单 9.21　主训练循环

在环境中实例化所选择的动作

```
for i in range(epochs):
    done = False                          游戏尚未结束期间
    while not done:                                              使用team_step方法收集
        acts_1, act_means1, qvals1, obs_small_1, ids_1 = \       环境数据，并使用 DQN 为
        team_step(team1,params[0],acts_1,layers)                 智能体选择动作
        env.set_action(team1, acts_1.detach().numpy().astype(np.int32))
    acts_2, act_means2, qvals2, obs_small_2, ids_2 = \
    team_step(team2,params[0],acts_2,layers)
        env.set_action(team2, acts_2.detach().numpy().astype(np.int32))

        done = env.step()          在环境中执行一个步骤，这将产生一个新的观察值和奖励

        _, _, qnext1, _, ids_1 = team_step(team1,params[0],acts_1,layers)
        _, _, qnext2, _, ids_2 = team_step(team2,params[0],acts_2,layers)
                                                            重新运行 team_step 以获得环
        env.render()          渲染环境以供稍后查看        境中下一个状态的 $Q$ 值

        rewards1 = torch.from_numpy(env.get_reward(team1)).float()
        rewards2 = torch.from_numpy(env.get_reward(team2)).float()
                                           将每个智能体的奖励收集到一个张量中
```

while 循环会一直运行，直到游戏结束——当一个团队的所有智能体都死亡时，游戏才会结束。在 team_step 函数中，首先获取观察张量并获取想要部分的子集（正如之前描述的那样），从而得到一个形状为 13×13×2 的张量。我们还得到了 ids_1——它是团队 1 中仍然存活的智能体的索引，还需要获取每个团队中每个智能体的坐标位置。然后，使用代码清单 9.17 中的 infer_acts 函数为每个智能体选择动作，在环境中实例化它们，并最终执行一个环境步骤，从而产生新的观察值和奖励。下面我们继续分析 while 循环（见代码清单 9.22）。

代码清单 9.22　添加到回放缓冲器中（仍然处于代码清单 9.21 的 while 循环中）

```
replay1 = add_to_replay(replay1, obs_small_1,          添加到经验回放缓冲器中
acts_1,rewards1,act_means1,qnext1)
replay2 = add_to_replay(replay2, obs_small_2,
acts_2,rewards2,act_means2,qnext2)
shuffle(replay1)          打乱回放缓冲器
shuffle(replay2)
```

```
ids_1_ = list(zip(np.arange(ids_1.shape[0]),ids_1))
ids_2_ = list(zip(np.arange(ids_2.shape[0]),ids_2))

env.clear_dead()

ids_1 = env.get_agent_id(team1)
ids_2 = env.get_agent_id(team2)

ids_1_ = [i for (i,j) in ids_1_ if j in ids_1]
ids_2_ = [i for (i,j) in ids_2_ if j in ids_2]

acts_1 = acts_1[ids_1_]
acts_2 = acts_2[ids_2_]

step_ct += 1
if step_ct > 250:
    break
if len(replay1) > batch_size and len(replay2) > batch_size:
    loss1 = train(batch_size,replay1,params[0],layers=layers,J=N1)
    loss2 = train(batch_size,replay2,params[1],layers=layers,J=N1)
    losses1.append(loss1)
    losses2.append(loss2)
```

创建一个 ID 的压缩列表，以记录哪些智能体"死亡"并准备将其从网格中清除

将"死亡"的智能体从网格中清除出去

既然"死亡"的智能体都已被清除，就获取智能体 ID 的新列表

根据仍然存活的智能体对旧的 ID 列表取子集

根据仍然存活的智能体对动作列表取子集

如果回放缓冲器足够满，就开始训练

在代码的最后部分中，我们要做的就是将所有数据收集到一个元组中，并将其添加到经验回放缓冲器以进行训练。MAgent 复杂的一点是，随着智能体的"死亡"，它们的数量会下降，所以需要对数组做一些"内务工作"，以确保随着时间的推移数据与正确的智能体相匹配。

如果你只运行几个轮次的训练循环，智能体将开始在战斗中展示一些技能，因为我们将网格设置得非常小，且每个团队只有 16 个智能体。智能体会相互攻击并有几个智能体在游戏结束之前被杀死。图 9.27 所示的是视频中游戏接近结束时的一张截图，它显示其中一个团队在角落里攻击对方，且明显击败了对方。

图 9.27　利用平均场 Q-learning 训练后的 MAgent 战斗游戏截图。深色团队已经将浅色团队逼到了角落，且正在攻击它们

小结

- 普通的 Q-learning 在多智能体环境中不能很好地工作，因为智能体学习新策略后，环境会变得不平稳。
- 非平稳环境意味着奖励的期望值会随着时间的推移而变化。

- 为了处理这种非平稳性，Q 函数需要访问其他智能体的联合动作空间，但是这种联合动作空间会随着智能体的增加呈指数级增长，这对于大多数实际问题来说是比较棘手的。
- 邻域 Q-learning 仅计算给定智能体的直接邻居的联合动作空间，以减轻指数级增长的问题，但如果邻近智能体数量庞大，即使采用这种方式联合动作空间也会太大。
- 平均场 Q-learning 的扩展与智能体的数量呈线性关系，因为我们仅计算平均场动作向量，而不是完整的联合动作空间。

第 10 章　强化学习可解释性：注意力和关系模型

本章主要内容

■ 使用流行的自注意力模型实现一个关系型强化算法。

■ 可视化注意力地图，以更好地解释强化学习智能体的推理。

■ 模型不变性和等变性的推理。

■ 结合双 Q-learning 来提高训练的稳定性。

希望此时你已经领会到，在解决之前认为是人类独有领域的任务时，深度学习和强化学习的结合是多么强大。深度学习是一类强大的学习算法，可以通过复杂的模式和数据进行理解和推理，而强化学习则是用于解决控制问题的框架。

在本书中，我们将游戏作为实验强化学习算法的实验室，因为它使我们能够在一种受控环境中评估这些算法。当构建一个能够很好地学习如何玩游戏的强化学习智能体时，我们通常满足于算法是可行的。当然，除了玩游戏，强化学习还有很多应用。在其他一些领域中，如果不知道算法是如何做出决策的，使用某种度量（例如，某个任务的准确率）的算法的原始表现则是无用的。

例如，用于医疗决策中的机器学习算法需要具有可解释性，因为患者有权知道他们为什么被诊断出患有某种疾病，或为什么被推荐某种治疗方案。尽管可以训练传统的深度神经网络来获得显著的成效，但通常不清楚是什么过程驱使它们做出的决策。

在本章中，我们将介绍一种新的深度学习架构，以期在一定程度上解决上述问题。这种架构不仅提供了可解释性收益，在很多情况下还提供了性能收益。这类新模型称为**注意力模型**（attention model），因为它们学习如何只**注意**（或关注）输入的显著方面。具体来说，在本例子中，我们将开发一个**自注意力模型**（Self-Attention Model，SAM），以期让输入中的每个特征学习关注各种其他特征。这种形式的注意力模型与**图神经网络**（Graph Neural Network，GNN）密切相关，后者是一种明确设计用于操作图结构数据的神经网络。

10.1　带注意力和关系偏差的机器学习可解释性

　　图（也称为网络）是一种由一组**节点**和节点间的**边**（连接）组成的数据结构（见图 10.1）。节点可以代表任何事物：社交网络中的人、出版物引文网络中的出版物、高速公路连接的城市，甚至图像中的每个像素都是一个节点，相邻像素通过边进行连接。图是一种表示关系型结构数据的非常通用的结构，我们在现实中见到的大部分数据都是这种类型。**卷积神经网络**旨在处理类网格数据，例如图像；**递归神经网络**则比较适合处理序列数据；图神经网络则更为通用，可用于处理任何能够表示为图的数据。图神经网络为机器学习带来了全新的可能性，现已是一个比较活跃的研究领域（见图 10.2）。

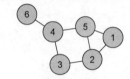

　　自注意力模型可用来构建图神经网络，但我们的目标不是显式地对图结构数据进行操作，而是像往常一样处理图像数据，但将使用一个自注意力模型来学习图像特征的图形表示。从某种意义上讲，我们希望自注意力模型将原始图像转换成图结构，且该图结构具有一定的可解释性。例如，如果我们在一堆内容为打篮球的图像上训练一个自注意力模型，那么可能希望它学会将人和球关联起来，以及将球和篮筐关联起来。也就是说，我们希望它学习到球是一个节点、篮筐是一个节点、球员也是节点，并学习节点之间适当的边。与传统的卷积神经网络或类似网络相比，这种表示将使我们对机器学习模型的机制有更多的了解。

图 10.1　一个简单的图。图由节点（数字标记的圆圈）和节点之间的边（线）组成，其中边代表节点之间的关系。某些数据可以很自然地用这种图结构来表示，而传统的神经网络架构则无法处理这类数据。图神经网络还可以直接操作图结构的数据

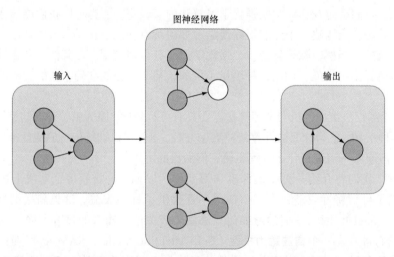

图 10.2　图神经网络可以操作图，对节点和边进行计算，并返回更新后的图。在本例中，图神经网络决定删除连接底部两个节点的边。这是一个抽象的例子，但节点可以代表现实世界的变量，箭头代表因果方向，所以算法将学习推断变量之间的因果路径

不同的神经网络（例如卷积神经网络、递归神经网络或注意力模型）架构具有不同的**归纳偏差**（inductive bias），如果这些偏差准确，将可以改善学习。**归纳推理**（inductive reasoning）是指你观察某个数据并从中推断出更一般的模式或规则。**演绎推理**（deductive reasoning）是指我们在数学中所做的事情，即从某个前提出发，通过遵循假定为真的逻辑规则，就可以肯定地得出结论。

例如，三段论"所有行星都是圆的，地球是一颗行星，所以地球是圆的"是演绎推理的一种形式。如果假设的前提为真，那么结论就确定无疑。

然而，归纳推理只能得出概率性结论。归纳推理是当你玩象棋这类游戏时所做的。你无法推断对手将要做什么，而必须依靠现有迹象做出推断。偏差本质上是你在看到任何数据之前的期望。如果你总是期望对手做出特定的开局动作，那么会导致严重的（归纳）偏差。

人们论及偏差，多带有贬义之意，但在机器学习中，架构性偏差是必不可少的。正是由于组合性的归纳偏差的存在，即复杂数据可以按照分层方式分解成越来越简单的组件，使得深度学习变得如此强大。如果我们知道数据是类网格结构的图像，就可以使模型像卷积神经网络那样偏向于学习局部特征。如果我们知道数据是相关的，那么使用具有关系归纳偏差的神经网络将能够提高性能。

不变性和等变性

偏差是我们拥有的关于希望学习的数据结构的先验知识，它们使得学习更快。但偏差并非唯一。通过一个卷积神经网络（CNN），偏差趋向于学习局部特征，但 CNN 还具有平移**不变性**。当某种特定转换不会改变函数的输出时，我们称该函数对其输入的这种转换具有不变性。例如，加法函数对其输入的顺序具有不变性，即 $add(x, y) = add(y, x)$，而减法函数则不具有这种顺序不变性（这个特殊的不变性性质有个独特的名称：**交换性**）。一般来说，如果 $f(g(x)) = f(x)$，就说明函数 $f(x)$ 对某种针对其输入 x 的转换 $g(x)$ 具有不变性。CNN 是图像中对象的平移（向上、向下、向左或向右移动）不会影响 CNN 分类器行为的一种函数，它对平移具有不变性（见图 10.3（a））。

如果我们使用一个 CNN 来检测图像中物体的位置，那么它对平移不再具有不变性，而是具有**等变性**（见图 10.3（b））。**等变性**是指对某个转换函数 g 有 $f(g(x)) = g(f(x))$。这个方程表示，如果我们取一幅中间包含一张脸的图像，对其进行平移使脸移动到左上角，然后将其通过一个 CNN 脸部检测器，那么得到的结果是相同的，就好像我们将原始脸部居中的图像通过脸部检测器然后将其平移到左上角一样。这种区别比较微妙，但由于不变性和等变性是相关的，因此它们常常交换使用。

理想情况下，我们希望我们的神经网络架构对输入数据可能遭受的很多种变换具有不变性。在图像情况下，我们通常希望机器学习模型对平移、旋转、平滑变形（例如拉伸或压缩）和噪声具有不变性。CNN 仅对平移具有不变性或等变性，但对旋转或平滑变形不一定具有健壮性。

为了获得想要的不变性，我们需要一个**关系模型**—— 一个能够识别对象并将它们相互关联的模型。如果我们有一幅杯子放在桌子上的图像，并训练一个 CNN 来识别杯子，它将很好地工作。但如果将图像旋转 90°，那么它可能识别失败，因为这个 CNN 不具备旋转不变性，并且我们的训练数据不涉及旋转图像。然而，一个（纯粹的）关系模型原则上应该不存在该问题，因为它可以学习进行关系推理。它可以学习"杯子在桌子上"，这种关系描述不依赖于特定的视角。因此，具有关系推理能力的机器学习模型可以建模对象之间复杂且通用的关系。**注意力模型**是实现该目标的一种方式，且是本章的主题。

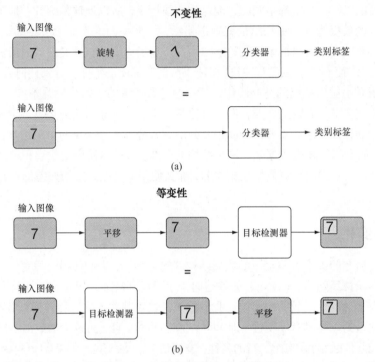

图 10.3　不变性：旋转不变性是函数的一种性质，即输入的旋转变换不会改变函数的输出。等变性：函数的平移等变性是指，对输入进行平移后得到的函数输出与函数作用于未改变的输入之后对得到的输出进行平移所得结果相同

10.2　利用注意力进行关系推理

实现关系模型有很多可能的方式。我们知道自己想要什么，那便是一个可以学习输入数据中的对象如何相互关联的模型。我们还希望模型能够学习这些对象的高级特征，就像 CNN 所做的那样，并还希望保持普通深度学习模型的可组合性，这样就可以将多个层（例如 CNN 层）堆叠起来学习越来越抽象的特征。也许最重要的是，我们需要它具有很高的计算效率，这样就可以在大量数据上训练此关系模型。

一个名为**自注意力**的通用模型满足所有这些要求，尽管它的可扩展性不如我们目前遇到的其他模型。顾名思义，自注意力包含一种注意力机制，在这种机制中，模型可以学习注意输入数据的一个子集。但在学习自注意力之前，我们首先讨论普通的注意力。

10.2.1 注意力模型

注意力模型大体上受到人类和动物注意力形式的启发。我们无法以人类的视角看到或关注到面前的整个视野，而是会通过（快速且不平稳的）"扫视移动"来快速地扫视整个视野，我们可以有意识地决定将注意力集中在视野内某些特别突出的区域上，从而能够专注于处理场景的相关方面，这是对资源的一种有效利用。此外，当忙于思考和推理时，我们只能同时处理少量事情。在说"他比她年龄大"或"我身后的门关着"之类的话时，我们也很自然地倾向于使用关系推理，将世界上某些对象的属性或行为与其他物体联系起来。事实上，人类语言中的词语通常只有与其他词语联系起来时才能传达含义。在很多情况下，没有绝对的参考系，我们只能描述那些与自己所知的其他事物相关的事物。

绝对（非关系型的）注意力模型旨在像我们的眼睛一样运作，它们试图学习如何仅提取输入数据的相关部分，以提高效率和可解释性（你可以看到模型在做决策时正在学习关注什么），而此处我们将构建的自注意力模型则是一种将关系推理引入模型中的方式，其目标不一定是提取数据。

对于一个图像分类器来说，最简单的绝对注意力形式是这样的一个模型：它积极地裁剪图像，从图像中选取子区域，并只处理这些子区域（见图 10.4）。这个模型必须学习要关注什么，但会告诉我们它是使用图像的哪个部分来进行分类的。这一点很难实现，因为裁剪是不可微的。要裁剪一个28 像素×28 像素的图像，需要模型生成整数值坐标，该坐标构成要取子集的矩形子区域，但整数值函数是不连续的，因此是不可微的，这意味着我们不能使用基于梯度下降的训练算法。

图 10.4　一个绝对注意力的例子，其中一个函数可能仅仅查看一幅图像的子区域，且只一次性处理这些子区域。这可以显著减小计算负担，因为每部分的维度都比整幅图像小得多

我们可以使用遗传算法训练这样的模型，就像你在第 6 章所学的那样，也可以使用强化学习。在使用强化学习的情况下，模型将产生一个整数坐标集，基于这些坐标裁剪图像、处理子区域，

并做出分类决策。如果分类正确，它将得到一个正向奖励，否则将得到一个负向奖励。在这种方式中，我们可以使用之前学过的 REINFORCE 算法来训练模型去执行一个不可微的函数。Volodymyr Mnih 等人（2014）的论文"Recurrent Models of Visual Attention"对这个过程进行了描述。这种形式的注意力被称为**硬**注意力，因为它是不可微的。

还有一种形式的注意力是**软**注意力，它是一种可微形式的注意力，会简单地应用一个过滤器，通过将图像中的每个像素乘一个 0~1 的软注意力值来最小化或保持图像中的某些像素。然后，注意力模型可以学习设置某些像素为 0 或保持某些相关的像素（见图 10.5）。由于注意力值是实数而非整数，因此这种形式的注意力是可微的，但失去了硬注意力模型的效率，因为它仍然需要处理整幅图像，而非部分图像。

图 10.5　一个软注意力的例子，其中模型将学习哪些像素要予以保留，哪些像素要予以忽略（设置为 0）。与硬注意力模型不同，软注意力模型需要一次性处理整幅图像，计算要求比较高

在自注意力模型中，过程很不一样且更加复杂。记住，除了每个节点被限制只与少数其他节点相连接（因此成为"注意力"方面），自注意力模型的输出本质上就是一个图。

10.2.2　关系推理

在深入了解自注意力的细节之前，我们先概述一下一般**关系推理模块**应该如何工作。机器学习模型通常都会以向量或高阶张量的形式接收某种原始数据，或者像语言模型那样接收张量序列。下面我们使用一个来自语言建模或**自然语言处理**的例子，因为它比处理原始图像更容易掌握。我们考虑一个将一个简单的句子从英文翻译成中文的任务（见表 10.1）。

表 10.1　翻译句子

英文	中文
I ate food	我吃饭了

英文中的每个单词 w_i 会被编码为一个固定长度的独热向量 $w_i : \mathbb{B}^n$，其中 n 为维度，维度决定了最大的词汇量。例如，如果 $n = 10$，那么该模型只能处理总数为 10 个单词的词汇表，所以通常它会很大，例如 $n \approx 40000$。同样，中文中的每个词语都被编码为一个固定长度的向量。我们想创建一个可以将每个英文单词翻译成中文的翻译模型。

针对该问题的第一种方法基于递归神经网络（RNN），这是固有的序列模型，因为它们能够存储来自每个输入的数据。从宏观上来看，递归神经网络就是一个函数，它保持一个内部状态，该状态会随着它遇到的每个输入而更新（见图 10.6）。

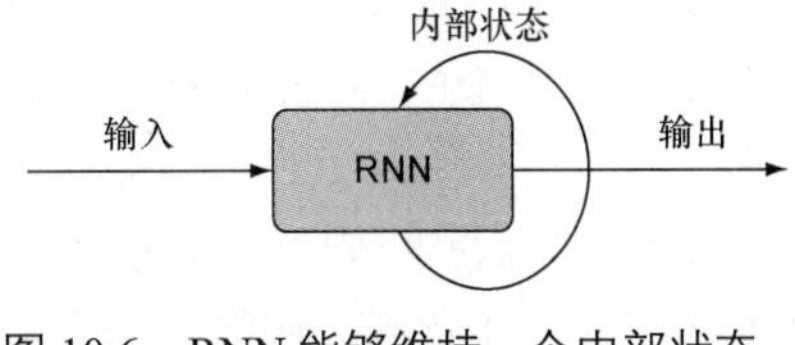

大多数 RNN 语言模型的工作流程是：先有一个编码器模型，每次处理一个英文单词，完成之后就将其内部状态向量提供给另一个解码器 RNN，再由该解码器每次输出一个单独的中文词语。RNN 的问题是，它们不容易并行化，因为你必须维持一个内部状态，这取决于序列的长度（见图 10.7）。如果序列长度在输入和输出之间变化，那么你必须同步所有序列，直到它们处理完成。

图 10.6　RNN 能够维持一个内部状态，该状态随着它接收到的每个输入而更新，因此 RNN 可以对序列数据（例如时间序列或语言）进行建模

考虑到语言自然序列的本质，尽管很多人认为语言模型需要循环才能很好地工作，但研究人员发现，一个相对简单的、完全没有循环的注意力模型可能表现得更好，而且可以简单地并行化，这使得利用更多数据进行更快训练变得更容易。这些就是依赖于自注意力的所谓的**转换器模型**（transformer model）。此处我们不会深入分析它们的细节内容，只概述其基本的机制。

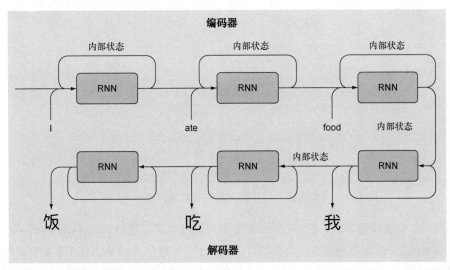

图 10.7　RNN 语言模型原理。此处使用了两个独立的 RNN，即一个编码器和一个解码器。编码器逐字接收一个输入句子，一旦完成，就将其内部状态发送给解码器 RNN，而解码器则生成目标句子中的每个词语，直至停止

转换器模型的思想是，中文词语 c_i 可以转换成英文单词 e_i 上下文的加权组合的函数，其中上下文只是一个固定长度的单词集合，这些单词与给定的英文单词位置接近。对于给定的句子 "My dog Max chased a squirrel up the tree and barked at it"，单词 "squirrel" 这个单词的上下文为子句 "Max chased a squirrel up the tree"（在目标单词的两侧都包含 3 个单词）。

对于图 10.7 中的英语短语 "I ate food"，我们将使用所有单词。第一个中文词语将由句子中所有英文单词的加权和产生：$c_i = f(\Sigma a_i \cdot e_i)$，其中 a_i 是（注意力）权重，它是一个介于 0 和 1 之间的数字，且 $\Sigma a_i = 1$。函数 f 是一个神经网络，例如一个简单的前馈神经网络。整个函数需要学习 f 中的神经网络权重以及注意力权重 a_i，其中注意力权重将由其他神经网络函数产生。

训练成功后，我们可以检查这些注意力权重，并分析在翻译一个给定的中文词语时，哪些英文单词应该被注意到。例如，当产生中文词语 "我" 时，英文单词 "I" 将具有较高的注意力权重，而其他单词则基本被忽略。

这个一般的过程称为**核回归**（kernel regression）。举一个更简单的例子，假设我们有一个如图 10.8 所示的数据集，并且我们想构建一个机器学习模型，在给定这些训练数据时，它能够接收一个未见过的 x 并预测一个合适的 y。有两大类方法可以做到这一点：**非参数方法**和**参数方法**。

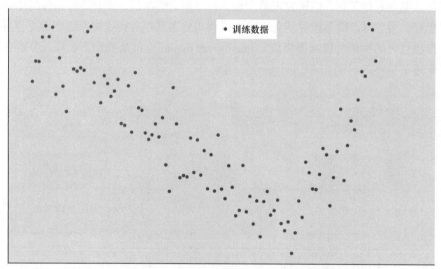

图 10.8　我们想用于训练回归算法的非线性数据集的散点图

神经网络是**参数模型**，因为它们有一个固定的可调参数集。类似 $f(x) = ax^3 + bx^2 + c$ 这样的简单多项式函数就是一个参数模型，因为我们可以训练 3 个参数 (a, b, c) 来将该函数拟合某些数据。

非参数模型是一种没有可训练参数，或者有能力根据训练数据动态调整自身参数数量的模型。核回归是用于预测的非参数模型的一个例子，最简单的核回归是在训练数据 X 中找到距离某个新输入 x 最近的 x_i 点，然后返回训练数据中对应的 $y \in Y$ 的平均值（见图 10.9）。

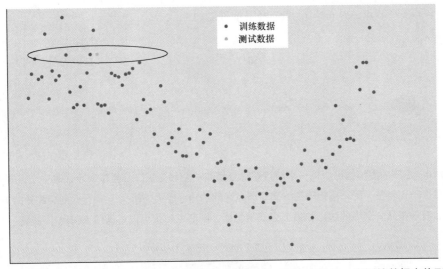

图 10.9　一种通过执行非参数核回归来预测新 x 值对应的 y 值的方法是，在训练数据中找到与 x 最相似（最接近）的多个值，然后取它们各自 y 分量的平均值

　　然而，在这种情况下，我们必须选择有多少点符合输入 x 的最近邻条件，这是有问题的，因为这些最近邻对结果的贡献是相等的。理想情况下，我们可以根据数据集中所有点与输入的相似程度对它们进行加权（或关注），然后取与之对应的 y_i 的加权和进行预测。因此，我们需要一个函数 $f: X \to A$，用于接收一个输入 $x \in X$ 并返回一组注意力权重 $a \in A$，然后使用这些权重来执行加权求和。这个过程本质上就是我们在注意力模型中要做的，只不过难点在于决定如何有效地计算注意力权重。

　　一般来说，**自注意力模型**寻求获取一组对象，并通过注意力权重了解每个对象与其他对象之间的关系。在图论中，图是一种数据结构 $G=(N,E)$，即节点 N 和节点间的边 E（连接或关系）的集合。集合 N 可能只是一组节点标签，例如 $\{0,1,2,3,\cdots\}$，或者每个节点可能包含数据，因此每个节点可能用某个特征向量来表示。在后一种情况下，我们可以将节点集合存储为矩阵 $N: \mathbb{R}^{n \times f}$，其中 f 是特征维度，因此每一行都是一个节点的特征向量。

　　边的集合 E 可以用一个**邻接矩阵**来表示 $E: \mathbb{R}^{n \times n}$，其中每行和每列都是节点，因此第二行第三列的特定值表示节点 2 和节点 3 之间关系的强度（见图 10.10 的右侧）。这是图的基本设置，但是图可以变得更复杂，甚至边都有与之相关的特征向量。不过，此处我们不会尝试这样做。

　　自注意力模型的工作原理是从节点矩阵 $N: \mathbb{R}^{n \times f}$ 开始，计算所有节点对之间的注意力权重。实际上，自注意力模型创建了一个边矩阵 $E: \mathbb{R}^{n \times n}$。创建边矩阵后，它将更新节点特征，使每个节点在一定程度上与所关注的其他节点混合在一起。在某种意义上，每个节点都会向它最关注的其他节点发送一条消息，当节点接收到来自其他节点的消息时，就会自我更新。我们将这个一步过程称为一个**关系模块**（relational module），随后得到一个更新后的节点矩阵 $N: \mathbb{R}^{n \times f}$，然后可以将其传递给另一个会做同样处理的关系模块（见图 10.11）。通过检查边矩阵，我们可以看出哪些节点关注了哪些节点，从而获得神经网络推理的思路。

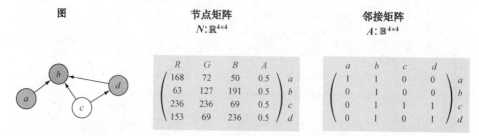

图 10.10　左侧的图结构可以用一个节点矩阵分量和一个邻接矩阵分量来表示，其中节点矩阵编码了单个节点特征，而邻接矩阵则编码了节点之间的边（连接或箭头）。a 行 b 列交叉处的 1 表示节点 a 有一条从 a 到 b 的边。如果节点表示像素，则节点特征可以是类似 RGBA 值的量

图 10.11　从宏观上来看，关系模块处理一个节点矩阵 $N: \mathbb{R}^{n \times f}$，并输出一个更新后的节点矩阵 $\hat{N}: \mathbb{R}^{n \times d}$，其中节点特征的维度可能不同

在**自注意力语言模型**中，一种语言中的每个字都会注意到另一种语言上下文中的所有字，但注意力权重（或边）表示每个字注意（关联）其他字的程度高低。因此，自注意力语言模型可以揭示翻译的汉字相对于英文句子中单词的含义。例如，汉字"吃"对应的英文单词是"eat"，所以这个汉字对"eat"具有较大的注意力权重，但对其他单词的注意力则很弱。

当用于语言模型时，自注意力具有更直观的理解，但在本书中，我们主要讨论了处理视觉数据的机器学习模型，例如视频帧中的像素。然而，可视化数据并非自然结构化成对象或节点的集合，因此无法直接将其传递到关系模块。为此，我们需要一种方法将一堆像素转换成一组对象。其中一种方法是直接将每个像素称为一个对象。为了使计算效率更高，并能够将图像处理成更有意义的对象，我们可以先将原始图像通过几个卷积层，这些卷积层将返回一个维度为 (C, H, W) 的张量，其中 C、H 和 W 分别表示通道、高度和宽度。通过这种方式，我们可以将卷积图像中的对象定义为跨通道维度的向量，即每个对象都是一个维度为 C 的向量，所以将有 $N = H \times W$ 个对象（见图 10.12）。

在原始图像经过几个经过训练的 CNN 层处理之后，我们期望特征图中的每个位置对应于潜在图像中特定的显著特征。例如，我们希望 CNN 可以学习检测图像中的对象，然后我们可以将这些对象传递到关系模块来处理对象之间的关系。每个卷积过滤器为每个空间位置学习一个特定特征，因此为图像中特定的网格位置 (x, y) 获取所有学习的特征将产生一个该位置的向量，该向量编码了学习的所有特征。我们可以对图像中所有网格位置执行该操作，以收集一组假定对象。我们可以将其表示为图中的节点，只是我们还不知道节点之间的联系，这就是关系推理模块将尝试实现的。

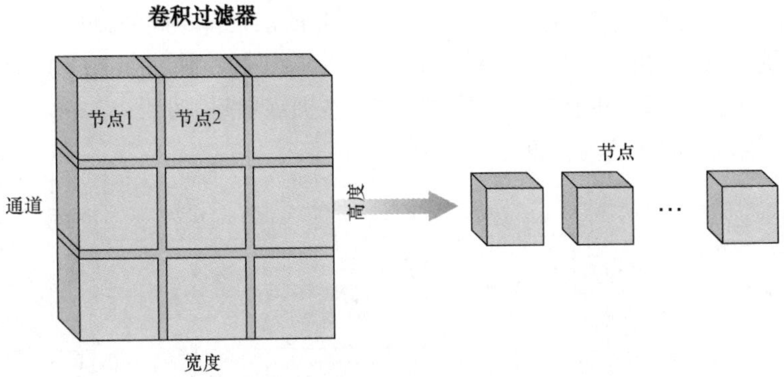

图 10.12　CNN 层返回一系列存储在一个 3-张量中的卷积"过滤器",其中该张量的形状为通道
(过滤器数量)×高度×宽度。我们可以通过沿着通道维度进行切片将其转换为一组节点,其中每
个节点都是一个通道-长度向量,总共有高度×宽度个节点。我们把它们封装成一个 $N \times C$ 的新矩
阵,其中 N 为节点数,C 为通道维度

10.2.3　自注意力模型

构建关系模块的方式有很多种,但如前所述,我们将使用基于自注意力机制的方式构建关系
模块。我们已经在较高层次上描述了其思想,现在是深入了解实现细节的时候了。我们将构建的
模型基于 DeepMind 的 Vinicius Zambaldi 等人(2019)的论文"Deep reinforcement learning with
relational inductive biases"中描述的模型。

我们已经讨论了节点矩阵 $N : \mathbb{R}^{n \times f}$ 和邻接矩阵 $E : \mathbb{R}^{n \times n}$ 的基本框架,并讨论了将原始图像处
理成节点矩阵的必要性。就像核回归一样,我们需要使用某种方法来计算两个节点之间的距离(或
者相反,计算相似性)。对此没有单一的选择,但一种常见的方法是简单地将两个节点的特征向
量之间的**内积**(也称为**点积**)作为它们的相似性。

两个等长向量之间的点积的计算方式是,将每个向量中的对应元素相乘,然后将结果求和。
例如,将向量 $a = (1, -2, 3)$ 和 $b = (-1, 5, -2)$ 的内积表示为 $\langle a, b \rangle$,并计算 $\langle a, b \rangle = \Sigma a_i b_i$,在该例子中
为 $1 \times (-1) + (-2) \cdot 5 + 3 \times (-2) = -1 - 10 - 6 = -17$。$a$ 和 b 中每个元素的符号都相反,因此得到的内
积是一个负数,表示向量之间存在强烈的不一致性。相反,如果 $a = (1, -2, 3)$、$b = (2, -3, 2)$,那
么 $\langle a, b \rangle = 14$,这是一个较大的正数,因为这两个向量中有较多相似的对应元素。因此,点积提
供了一种计算一对向量(例如节点矩阵中的节点)之间相似性的简单方法,这种方法导致了所谓
的(缩放)**点积注意力**(dot product attention),缩放部分将稍后介绍。

一旦在节点矩阵 N 中有了初始节点集,我们就将该矩阵投影到 3 个新的独立的节点矩阵,并将其
分别命名为**键**(key)矩阵、**查询**(query)矩阵和**值**(value)矩阵。在核回归示例中,我们希望使用
x 预测对应的 y,其中查询矩阵是 x,值矩阵是 y。为了找到值,我们必须在训练数据中定位到最近的 x_i,
这是关键之处。我们测量查询和键之间的相似性,找到与查询最相似的键,然后返回该组键的平均值。

这正是我们在自注意力中要做的，只是查询、键和值都来自相同的源头。我们将原始节点矩阵与 3 个独立的投影矩阵相乘，以生成一个查询矩阵、一个键矩阵和一个值矩阵。投影矩阵将在训练期间被学习，就像模型中的任何其他参数一样。在训练期间，投影矩阵将学习如何生成查询、键和值，从而产生最优的注意力权重（见图 10.13）。

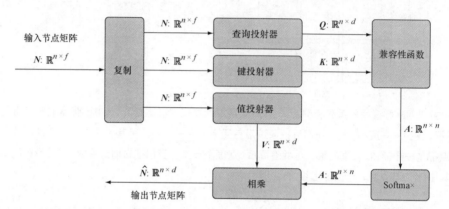

图 10.13　基于自注意力的关系模块的高级视图。关系模块的输入是一个节点矩阵 $N: \mathbb{R}^{n \times f}$，它有 n 个节点，每个节点都有一个 f 维的特征向量。首先，关系模块将该矩阵复制 3 份，并通过一个不带激活函数的简单线性层将每个副本投影到一个新矩阵中，从而创建独立的查询、键和值矩阵。然后，将查询和键矩阵输入任何一个能够计算每个节点与其他节点兼容程度（某方面的相似性）的兼容性函数中，从而产生一个非归一化的注意力权重矩阵 $A: \mathbb{R}^{n \times n}$。接着，将该矩阵通过 Softmax 函数进行跨行归一化，这样每一行的值总和将为 1。最后，将值矩阵和归一化的注意力权重矩阵相乘 $\hat{N} = A \times V$。关系模块的输出通常会通过一个或多个线性层（图中未描述）

接下来，我们用一对节点来具体举例说明。假设有一个节点（一个特征向量）$a: \mathbb{R}^{10}$ 和另一个节点 $b: \mathbb{R}^{10}$。为了计算这两个节点的自注意力，我们首先通过乘某个投影矩阵来将这些节点投影到一个新空间，即 $a_Q = a^{\mathrm{T}} Q$、$a_K = a^{\mathrm{T}} K$ 以及 $a_V = a^{\mathrm{T}} V$，其中上标 T 表示转置，这样节点向量现在就变成了列向量，例如 $a^{\mathrm{T}}: \mathbb{R}^{1 \times 10}$ 及对应的矩阵 $Q: \mathbb{R}^{10 \times d}$，那么 $a_Q = a^{\mathrm{T}} Q: \mathbb{R}^d$。我们现在有 3 个新版本的 a，它们可能与输入的维度不同，例如 $a_Q, a_K, a_V: \mathbb{R}^{20}$。然后，对节点 b 进行相同的操作。我们可以首先通过将 a 的查询与键相乘（通过内积）来计算 a 与自身的关联度。记住，我们会计算**所有节点对之间的相互作用**，包括自身相互作用。不出所料，对象很可能与自身相关，尽管不一定，因为相应的查询与键（投影后）可能不同。

将对象 a 的查询和键相乘之后，我们得到了一个非归一化的注意力权重 $w_{a,a} = \langle a_Q, a_K \rangle$，它是一个表示 a 与 a（自身）之间自注意力的标量值。然后，我们对 a 与 b、b 与 a 以及 b 与 b 之间的两两相互作用做同样的处理，这样共得到 4 个注意力权重。它们可以是任意小或任意大的数字，因此我们使用 Softmax 函数归一化所有的注意力权重。你可能还记得，Softmax 函数接收一组数字（或一个向量），将所有值归一化到区间 [0,1]，并强制它们的总和为 1，以便形成一个合适的离散概率分布。这种归一化迫使注意力机制只关注任务绝对必要的部分。如果没有这种归一化，模型可能会轻易地注意所有事物，从而仍然不可解释。

得到归一化的注意力权重之后，我们可以将它们集中到一个注意力权重矩阵中。在具有两个对象 *a* 和 *b* 的简单示例中，它将是一个 2×2 的矩阵。然后，我们可以将注意力权重矩阵乘每个值向量，使其根据注意力权重的不同增大或减小每个向量值中的元素。这将为我们提供一组更新后的新节点向量，其中每个节点都已根据其与其他节点的关系强度进行了更新。

我们可以乘整个节点矩阵，而非每次乘单个向量。实际上，我们可以将键-查询乘法（形成一个注意力权重矩阵）、注意力权重矩阵与值矩阵乘法和最终的归一化这 3 个步骤有效地组合成一个高效的矩阵乘法。

$$\hat{N} = \text{Softmax}(QK^{\text{T}})V$$

其中，$Q \cdot \mathbb{R}^{n \times f}$、$K^{\text{T}} : \mathbb{R}^{f \times n}$、$V \cdot \mathbb{R}^{n \times f}$，$n$ 为节点的数量，f 为节点特征向量的维度，Q 为查询矩阵，K 为键矩阵，V 为值矩阵。

可以看到，QK^{T} 的结果将是一个 $n \times n$ 的矩阵，如前所述，它是一个邻接矩阵，但此处我们称之为注意力权重矩阵，其中每行和每列表示一个节点。如果第 0 行和第 1 列交叉处的值很大，就表明节点 0 对节点 1 的关注度很高。归一化的注意力权重（邻接）矩阵 $A = \text{Softmax}(QK^{\text{T}}) : \mathbb{R}^{n \times n}$ 告诉我们节点之间的所有成对交互。然后，我们将其乘值矩阵，使其根据每个节点与其他节点的交互来更新每个节点的特征向量，这样最终得到的结果就是一个更新后的节点矩阵 $\hat{N} : \mathbb{R}^{n \times f}$。然后，我们可以将这个更新后的节点矩阵通过一个线性层来对节点特征进行额外的学习，并应用非线性来建模更复杂的特征。我们将整个过程称为一个**关系模块**或**关系块**，并可以按顺序堆叠这些关系模块来学习更高阶和更复杂的关系。

在大多数情况下，神经网络模型的最终输出需要是一个小的向量，例如 DQN 中的 Q 值。通过一个或多个关系模块处理完输入之后，我们可以通过最大池化操作或平均池化操作将矩阵缩减为一个向量。对于节点矩阵 $\hat{N} : \mathbb{R}^{n \times f}$，这两种池化操作作用于 n 维上时都将导致一个 f 维向量。最大池化只取 n 维上的最大值。然后，我们可以通过一个或多个线性层运行这个池化向量，并将最终的结果作为 Q 值返回。

10.3 对 MNIST 实现自注意力

在深入研究强化学习的困难之前，我们试着构建一个简单的自注意力模型，以对 MNIST 数字进行分类。著名的 MNIST 数据集包含 60000 幅手写数字的图像，其中每幅图像都是 28 像素×28 像素的灰度图，并根据所描绘的数字进行标记。我们的目标是训练一个机器学习模型，以准确分类数字。

这个数据集非常容易学习，即使利用一个简单的单层神经网络（线性模型）也是如此。一个多层 CNN 可以达到 99%左右的准确度。虽然简单，但它是一个可用作"健全性检查"的很好的数据集，有助于确保你的算法能够学到任何东西。

我们会先在 MNIST 上测试这一自注意力模型，但最终希望将其用作游戏中的 DQN，因此 DQN 和图像分类器之间的唯一区别是输入和输出的维度会有不同，而两者之间的所有内容都可以保持相同。

10.3.1 转换的 MNIST

在构建模型之前，我们需要准备好数据并创建一些函数来预处理数据，以使其符合模型的正确形式。首先，原始的 MNIST 图像是值在 0～255 的灰度像素阵列，因此需要将这些值归一化为 0～1，否则训练过程中的梯度变化太大，训练将不稳定。由于 MNIST 非常简单，我们还可以通过随机加噪和扰动图像（例如，随机平移和旋转）来进一步给模型"施压"，以评估平移和旋转不变性。代码清单 10.1 定义了这些预处理函数。

代码清单 10.1　预处理函数

```python
import numpy as np
from matplotlib import pyplot as plt
import torch
from torch import nn
import torchvision as TV

mnist_data = TV.datasets.MNIST("MNIST/", train=True, transform=None,\
                               target_transform=None, download=True)    ◁── 下载并加载 MNIST 训练数据
mnist_test = TV.datasets.MNIST("MNIST/", train=False, transform=None,\
                               target_transform=None, download=True)    ◁── 下载并加载 MNIST 测试数据进行验证

def add_spots(x,m=20,std=5,val=1):    ◁── 向图像添加随机噪点
    mask = torch.zeros(x.shape)
    N = int(m + std * np.abs(np.random.randn()))
    ids = np.random.randint(np.prod(x.shape),size=N)
    mask.view(-1)[ids] = val
    return torch.clamp(x + mask,0,1)

def prepare_images(xt,maxtrans=6,rot=5,noise=10):    ◁── 预处理图像，并进行旋转和平移的随机转换
    out = torch.zeros(xt.shape)
    for i in range(xt.shape[0]):
        img = xt[i].unsqueeze(dim=0)
        img = TV.transforms.functional.to_pil_image(img)
        rand_rot = np.random.randint(-1*rot,rot,1) if rot > 0 else 0
        xtrans,ytrans = np.random.randint(-maxtrans,maxtrans,2)
        img = TV.transforms.functional.affine(img, rand_rot,
    (xtrans,ytrans),1,0)
        img = TV.transforms.functional.to_tensor(img).squeeze()
        if noise > 0:
            img = add_spots(img,m=noise)
        maxval = img.view(-1).max()
        if maxval > 0:
            img = img.float() / maxval
```

```
    else:
        img = img.float()
    out[i] = img
return out
```

add_spots 函数接收一幅图像，向它添加随机噪声，并被 prepare_images 函数使用，而后者将图像像素归一化到 0～1，并执行随机的轻微转换，例如添加噪声、平移（移动）图像和旋转图像。

图 10.14 显示了一个原始和转换后的 MNIST 数字的示例。可以看到，图像被向上和向右平移，并被洒入随机点。这使得学习任务变得更加困难，因为模型必须学习平移、加噪和旋转不变性特征才能成功分类。你可以通过设置 prepare_images 函数的参数来调整图像的扰动程度，从而控制问题的难度。

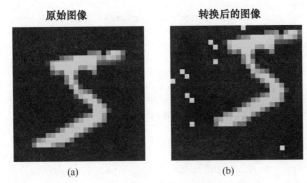

原始图像　　　　**转换后的图像**

(a)　　　　　　　(b)

图 10.14　(a)原始的 MNIST 数字"5"。(b)转换后的版本，平移到右上方并加入随机噪声

10.3.2　关系模块

现在，我们可以深入研究关系神经网络本身了。到目前为止，我们力求将本书中的所有项目设计得足够引人注目，以说明重要的概念，但也保证它们足够简单——不需要 GPU 就可以在现代笔记本电脑上运行。然而，自注意力模块的计算需求比目前为止我们在本书中创建的任何其他模型的都要大得多。你仍然可以尝试在自己的笔记本电脑上运行该模型，但如果你有一个支持 CUDA 的 GPU，那么模型的运行将快得多。如果没有 GPU，你也可以用亚马逊的 SageMaker、谷歌云或谷歌的 Colab（在本书撰写之际是免费的）轻松地启动一个基于云的 Jupyter Notebook。

注意　我们在本书中展示的代码将不包括在 GPU 上运行所必需（但非常轻微）的修改。请参考本书的 GitHub 仓库来了解如何使代码在 GPU 上运行，或者查阅 PyTorch 官方文档。

在代码清单 10.2 中，我们定义了一个关系模块类。它是一个单一却复杂的神经网络，包括一组初始卷积层，然后是键、查询和值矩阵乘法。

代码清单 10.2　关系模块

```
class RelationalModule(torch.nn.Module):
    def __init__(self):
        super(RelationalModule, self).__init__()
```

```
self.ch_in = 1
self.conv1_ch = 16          ◁─── 定义每个卷积层的通道数
self.conv2_ch = 20
self.conv3_ch = 24
self.conv4_ch = 30
self.H = 28                 ◁─── self.H 和 self.W 分别为输入图像的高度和宽度
self.W = 28
self.node_size = 36         ◁─── 通过关系模块后的节点维度
self.lin_hid = 100
self.out_dim = 10
self.sp_coord_dim = 2
self.N = int(16**2)         ◁─── 对象或节点的数量，即经过卷积后的像素数

self.conv1 = nn.Conv2d(self.ch_in,self.conv1_ch,kernel_size=(4,4))
self.conv2 = nn.Conv2d(self.conv1_ch,self.conv2_ch,kernel_size=(4,4))
self.conv3 = nn.Conv2d(self.conv2_ch,self.conv3_ch,kernel_size=(4,4))
self.conv4 = nn.Conv2d(self.conv3_ch,self.conv4_ch,kernel_size=(4,4))

self.proj_shape = (self.conv4_ch+self.sp_coord_dim,self.node_size)  ◁──
self.k_proj = nn.Linear(*self.proj_shape)
self.q_proj = nn.Linear(*self.proj_shape)     每个节点向量的维度是最后一次卷积
self.v_proj = nn.Linear(*self.proj_shape)     的通道数加上 2 个空间维度

self.norm_shape = (self.N,self.node_size)
self.k_norm = nn.LayerNorm(self.norm_shape, elementwise_affine=True)  ◁──
self.q_norm = nn.LayerNorm(self.norm_shape, elementwise_affine=True)
self.v_norm = nn.LayerNorm(self.norm_shape, elementwise_affine=True)

self.linear1 = nn.Linear(self.node_size, self.node_size)
self.norm1 = nn.LayerNorm([self.N,self.node_size],
        elementwise_affine=False)
self.linear2 = nn.Linear(self.node_size, self.out_dim)    层归一化提高了
                                                          学习的稳定性
```

　　模型的基本设置是一个由 4 个卷积层组成的初始块，我们使用它将原始像素数据预处理为更高级的特征。我们理想的关系模型对旋转和平滑变形具有完全不变性，通过包含这些仅具有平移不变性的卷积层，现在整个模型对旋转和变形的健壮性有所降低。然而，CNN 层的计算效率比关系模块的更高，因此在实践中利用 CNN 进行一些预处理通常效果不错。

　　在 CNN 层之后，我们有 3 个线性投影层，可用于将一组节点投影到一个更高维的特征空间。我们还有一些 LayerNorm 层（层归一化层，稍后详细讨论），以及几个线性层。总的来说，它不是一个复杂的架构，但细节存在于模型的正向传递（见代码清单 10.3）中。

代码清单 10.3　正向传递（接代码清单 10.2）

```
def forward(self,x):
    N, Cin, H, W = x.shape
    x = self.conv1(x)
    x = torch.relu(x)
    x = self.conv2(x)
    x = x.squeeze()
    x = torch.relu(x)
```

```
x = self.conv3(x)
x = torch.relu(x)
x = self.conv4(x)                       将每个节点的(x,y)坐标附加到其
x = torch.relu(x)                       特征向量，并归一化到区间[0,1]

_,_,cH,cW = x.shape
xcoords = torch.arange(cW).repeat(cH,1).float() / cW
ycoords = torch.arange(cH).repeat(cW,1).transpose(1,0).float() / cH
spatial_coords = torch.stack([xcoords,ycoords],dim=0)
spatial_coords = spatial_coords.unsqueeze(dim=0)
spatial_coords = spatial_coords.repeat(N,1,1,1)
x = torch.cat([x,spatial_coords],dim=1)
x = x.permute(0,2,3,1)
x = x.flatten(1,2)

K = self.k_proj(x)                      将输入节点矩阵投射
K = self.k_norm(K)                      到键、查询和值矩阵

Q = self.q_proj(x)
Q = self.q_norm(Q)

V = self.v_proj(x)
V = self.v_norm(V)
A = torch.einsum('bfe,bge->bfg',Q,K)    批次矩阵乘查询
A = A / np.sqrt(self.node_size)         矩阵和键矩阵
A = torch.nn.functional.softmax(A,dim=2)
with torch.no_grad():
    self.att_map = A.clone()
E = torch.einsum('bfc,bcd->bfd',A,V)    批次矩阵乘注意力权重
E = self.linear1(E)                     矩阵和值矩阵
E = torch.relu(E)
E = self.norm1(E)
E = E.max(dim=1)[0]
y = self.linear2(E)
y = torch.nn.functional.log_softmax(y,dim=1)
return y
```

我们看一下代码清单 10.3 与图 10.13 所示的原理是如何对应的。这段代码用了一些新颖的东西——从未在本书其他地方出现过，且你可能未察觉到它们的存在。一个是在 PyTorch 中使用 LayerNorm 层，毫无疑问，它代表**层归一化**。

层归一化是神经网络归一化的一种形式，另一种流行的形式称为**批量归一化**（或 BatchNorm）。非归一化神经网络存在的问题是，神经网络中每一层的输入大小可能会发生巨大变化，并且输入可以接收的值的范围可能会随着批次的不同而变化。这增加了训练过程中梯度的可变性，并导致不稳定问题，从而显著降低训练速度。归一化旨在将每个主要计算步骤的所有输入保持在相对固定的较窄范围内（具有一定的恒定均值和方差），这样可以保持梯度更稳定、训练速度更快。

正如我们一直讨论的，得益于对关系数据的归纳偏差，自注意力（以及更广泛的类别关系或图）模型能够实现普通前馈模型难以实现的功能。然而，由于模型中间包含一个 Softmax，这会

使训练变得不稳定和困难（Softmax 会将输出限制在一个非常窄的范围内，如果输入太大或太小，那么输出就会饱和），因此，包含归一化层来缓解这些问题至关重要，在我们的实验中，`LayerNorm` 如预期的那样大幅度提高了训练性能。

10.3.3　张量缩并和爱因斯坦标记法

代码清单 10.3 中的另一个新颖之处是 `torch.einsum` 函数的使用。`einsum` 是爱因斯坦求和（也称为爱因斯坦标记法）的缩写，是由阿尔伯特·爱因斯坦（Albert Einstein）引入的利用张量表示特定类型操作的新符号。虽然可以在不使用爱因斯坦标记法的情况下编写相同的代码，但使用它要简单得多，当使用它能提供更好的代码可读性时，我们鼓励使用它。

要理解它，你必须回想一下，张量（在机器学习意义上，它们只是多维数组）可能有 0 个或更多维度，这些维度通过相应的索引进行访问。回想一下，标量（单个数字）是 0-张量，向量是 1-张量，矩阵是 2-张量，以此类推。数字对应张量有多少个索引。向量有一个索引，因为向量中的每个元素都可以通过一个非负整数索引值来寻址和访问。矩阵元素通过两个索引访问，即行和列位置。这可以推广到任意维度。

如果你已经做到了这一点，那么你应该熟悉了这些运算，例如两个向量之间的内（点）积和矩阵乘法（一个矩阵乘一个向量或另一个矩阵）。将这些运算推广到任意阶张量（例如，两个 3-张量的“乘法”）称为张量缩并（tensor contraction）。爱因斯坦标记法使得表示和计算任意张量缩并变得很容易。由于我们正试图通过自注意力来缩并两个 3-张量（以及稍后的两个 4-张量），因此有必要使用爱因斯坦标记法，否则我们就必须将 3-张量重塑成一个矩阵，进行标准的矩阵乘法，然后再将其重塑成一个 3-张量（这比直接使用爱因斯坦标记法的可读性差得多）。

下面是对两个矩阵进行张量缩并的一般公式：

$$C_{i,k} = \sum_j A_{i,j} B_{j,k}$$

左侧的输出 $C_{i,k}$ 是矩阵 $A: i \times j$ 和 $B: j \times k$（其中 i、j、k 是维度）相乘得到的结果矩阵，其中两个矩阵的维度 j 大小相同（我们知道这是矩阵乘法所必需的）。它告诉我们，例如元素 $C_{0,0}$ 等于遍历所有 j 的 $\Sigma A_{0,j} B_{j,0}$。输出矩阵 C 中的第一个元素的计算方法是：取 A 的第一行中的每个元素，乘 B 的第一列中的每个元素，然后将这些结果相加。通过对两个张量之间的一个特定共享索引求和，我们可以计算得到 C 的每个元素。其中，对共享索引求和是张量缩并的过程，因为从两个输入张量开始，每个张量有两个索引（总共 4 个索引），而输出有两个索引，因为 4 个索引中的其中两个被缩减掉了。如果对两个 3-张量做张量缩并，那么结果将是一个 4-张量。

爱因斯坦标记法也可以很容易地表示批量矩阵乘法，即我们有两个矩阵集合，并想将二者各自的第一个矩阵相乘，二者各自的第二个矩阵相乘，等等，直至得到一个新的相乘后的矩阵集合。

张量缩放：示例

我们来看一个张量缩并的具体例子，我们将使用爱因斯坦标记法来缩并两个矩阵。

$$A = \begin{bmatrix} 1 & -2 & 4 \\ -5 & 9 & 3 \end{bmatrix}$$

$$B = \begin{bmatrix} -3 & -3 \\ 5 & 9 \\ 0 & 7 \end{bmatrix}$$

矩阵 A 是一个 2×3 的矩阵，矩阵 B 是 3×2 的矩阵。我们将使用任意字符标记这些矩阵的维度。例如，我们将利用维度（索引）i 和 j 来标记矩阵 $A : i \times j$，维数 j 和 k 标记矩阵 $B : j \times k$。我们本可以使用任何字符来标记索引，但是希望缩并共享的维度 $A_j = B_j = 3$，所以使用相同的字符来标记它们。

$$C = \begin{bmatrix} X_{0,0} & X_{0,1} \\ X_{1,0} & X_{1,1} \end{bmatrix}$$

矩阵 C 表示输出。我们的目标是计算出其中各元素的值，这些值由它们的索引位置来标记。利用前面的张量缩并公式，我们可以通过找到矩阵 A 的第 0 行 $A_{0,j} = [1, -2, 4]$ 和矩阵 B 的第 0 列 $B_{j,0} = [-3, 5, 0]^T$ 计算得到 $X_{0,0}$。现在循环遍历索引 j，将 $A_{0,j}$ 的每个元素与 $B_{j,0}$ 相乘，然后对其求和得到单个数字，即 $X_{0,0}$。在这种情况下，$X_{0,0} = \Sigma A_{0,j} B_{j,0} = 1 \times (-3) + (-2) \times 5 + (4 \times 0) = -3 - 10 = -13$。这只是对输出矩阵中的元素 $C_{0,0}$ 的计算。我们对 C 中的所有元素执行相同的过程，就可以得到所有的值。当然，我们绝对不用手动计算它，但这就是进行张量缩并时背后发生的事情，这个过程可以推广到比矩阵更高阶的张量。

大多数情况下，你会看到爱因斯坦标记法没有用到求和符号，因为它假设了在共享索引上求和。也就是说，我们经常省略求和而写成 $C_{i,k} = A_{i,j} B_{j,k}$，而不是明确地写成 $C_{i,k} = \Sigma A_{i,j} B_{j,k}$。

批量矩阵乘法的爱因斯坦标记法方程为

$$C_{b,i,k} = \sum_j A_{b,i,j} B_{b,j,k}$$

其中，维度 b 是批量维度，我们只在共享的维度 j 上进行缩并。我们将使用爱因斯坦标记法来进行批量矩阵乘法，但当使用比矩阵更高阶的张量时，我们也可以使用它一次缩并多个索引。

在代码清单 10.3 中，我们使用 A = torch.einsum('bfe,bge->bfg',Q,K) 来计算 Q 和 K 矩阵的批量矩阵乘法。einsum 接收一个字符串，该字符串包含要缩并的索引的指令，然后是要缩并的张量。与张量 Q 和 K 关联的字符串 'bfe,bge->bfg' 意味着 Q 是一个三维标注为 bfe 的张量，K 是一个三维标注为 bge 的张量，且我们要缩并这些张量以得到一个三维标注为 bfg 的输出张量。我们只能在大小和标记分别相同的维度上进行缩并，因此在本例中，会在维度

e（节点特征维度）上进行缩并，留下两个节点维度的副本，这就是输出维度为 $b×n×m$ 的原因。当使用 einsum 时，我们可以用任何字母字符来标记每个张量的维度，但必须确保我们想要缩并的维度在两个张量上都使用相同的字符来标记。

在批量矩阵乘法之后，就得到了未归一化的邻接矩阵，执行操作 A = A / np.sqrt(self.node_size) 来重新缩放矩阵，从而减小过大的值并提高训练性能，这就是为什么我们之前将它称为缩放点积注意力。

正如前面讨论的，为了得到 Q、K 和 V 矩阵，我们取最后一个卷积层的输出，它是一个形状为批大小×通道×高度×宽度的张量，我们将高度和宽度维度折叠成一个单一的维度（高度×宽度=n）来表示节点数，因为每个像素位置将变成节点矩阵中的潜在节点或对象。因此，我们得到一个初始的节点矩阵 $N:b×c×n$，并将其重塑成 $N:b×n×c$。

通过将空间维度折叠为单个维度，节点的空间排列被扰乱，因此网络将很难发现某些节点（原始邻近的像素）在空间上是相关的。这就是为什么我们添加两个额外的通道维度，它在折叠每个节点之前编码了其位置(x,y)。我们将位置归一化到区间$[0,1]$，因为归一化几乎总是有助于提高模型的性能。

将这些绝对空间坐标添加到每个节点的特征向量的末尾有助于保持空间信息，但它并不理想，因为这些坐标是关于一个外部坐标系统的，这意味着我们降低了理论上关系模块应该具有的空间转换不变性。一种更健壮的方法是编码相对于其他节点的相对位置，这将保持空间的不变性。但是，这种方法更加复杂，我们仍然可以利用绝对编码实现良好的性能和可解释性。

然后，我们将这个初始节点矩阵通过 3 个不同的线性层，投影到 3 个具有潜在不同通道维度的不同矩阵中（从这一点上我们称之为节点特征维度），如图 10.15 所示。

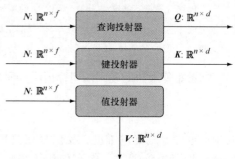

一旦将查询矩阵和键矩阵相乘，我们就得到了一个非归一化的注意力权重矩阵 $A:b×n×n$，其中 b 为批大小，n 为节点数。然后，我们通过在行（维度 1，从 0 开始计数）上应用 Softmax 来对其进行归一化，这样每一行的总和就为 1。这迫使每个节点只关注少量其他节点，或者将其注意力非常稀疏地分散到很多节点上。

然后，我们将注意力权重矩阵乘值矩阵得到一个更新后的节点矩阵，现在每个节点就成了其他所有节点的加权组合。因此，如果节点 0 高度关注节点 5 和 9，但却忽略其他节点，那么一旦将注意力权重矩阵与值矩阵相乘，节点 0 将被更新为节点 5 和 9（以及节点本身，因为节点通常会关注自己）的

图 10.15　自注意力中的投影步骤。通过简单的矩阵乘法将输入节点投影到一个（通常）更高维度的特征空间

加权组合。这种一般性操作被称为**消息传递**（message passing），因为每个节点都向它所连接的节点发送一条消息（它自己的特征向量）。

一旦有了更新后的节点矩阵，我们就可以通过对节点维度进行平均或最大池化来将其降维为一个向量，从而得到一个整体概括图的 d 维向量。在得到最终输出（只是一个 Q 值向量）之前，我们可以将其通过一些普通的线性层。因此，我们正在构建一个关系型深度 Q 网络（Rel-DQN）。

10.3.4　训练关系模块

可能你已经注意到了，代码清单 10.3 中的最后一个调用的函数实际上是 log_softmax，在 Q-learning 中不会使用该函数。但在接触 Q-learning 之前，我们将在 MNIST 数字分类上测试关系模块，并将其与一个传统的非关系型 CNN 加以对比。考虑到关系模块能够以一种简单 CNN 不具备的方式对远距离关系进行建模，我们希望关系模块在面对巨大转换时能够表现得更好。下面我们看看它是如何做的（见代码清单 10.4）。

代码清单 10.4　MNIST 训练循环

```
agent = RelationalModule()          ← 创建关系模块的一个实例
epochs = 1000
batch_size=300
lr = 1e-3
opt = torch.optim.Adam(params=agent.parameters(),lr=lr)
lossfn = nn.NLLLoss()                           ← 随机选择 MNIST 图像的一个子集
for i in range(epochs):
    opt.zero_grad()
    batch_ids = np.random.randint(0,60000,size=batch_size)
    xt = mnist_data.train_data[batch_ids].detach()
    xt = prepare_images(xt,rot=30).unsqueeze(dim=1)   ← 使用我们创建的 prepare_images 函数扰乱批量中的图像，最大旋转 30°
    yt = mnist_data.train_labels[batch_ids].detach()
    pred = agent(xt)
    pred_labels = torch.argmax(pred,dim=1)            ← 预测的图像类别是输出向量的 argmax
    acc_ = 100.0 * (pred_labels == yt).sum() / batch_size   ← 计算批量内的预测准确度
    correct = torch.zeros(batch_size,10)
    rows = torch.arange(batch_size).long()
    correct[[rows,yt.detach().long()]] = 1.
    loss = lossfn(pred,yt)
    loss.backward()
    opt.step()
```

这是一个非常直观的 MNIST 分类器训练循环。我们省略了用于稍后可视化的存储损失所需的代码，但完整代码可以在本书的 GitHub 仓库中找到。我们让 prepare_images 函数在任意方向上随机旋转图像最大 30°，这是一个相当大的数值。

图 10.16 展示了关系模块在 1000 个轮次中的表现（这个长度还不足以达到最高准确率）。图 10.16 看起来不错，但这只是在训练数据上的表现。

为了真正了解它的性能，我们需要在测试数据上运行模型，其中测试数据是模型之前从未遇到过的单独的一组数据。我们将在测试数据中的 500 个样本上运行它并计算其准确率（见代码清单 10.5）。

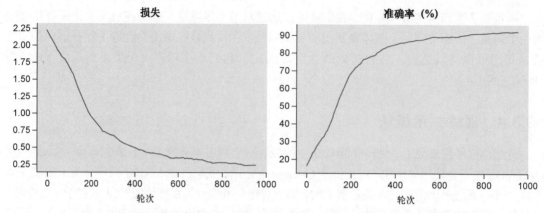

图 10.16　关系模块在分类 MNIST 数字上随着训练轮次变化的损失和准确率

代码清单 10.5　MNIST 测试准确率

```
def test_acc(model,batch_size=500):
    acc = 0.
    batch_ids = np.random.randint(0,10000,size=batch_size)
    xt = mnist_test.test_data[batch_ids].detach()
    xt = prepare_images(xt,maxtrans=6,rot=30,noise=10).unsqueeze(dim=1)
    yt = mnist_test.test_labels[batch_ids].detach()
    preds = model(xt)
    pred_ind = torch.argmax(preds.detach(),dim=1)
    acc = (pred_ind == yt).sum().float() / batch_size
    return acc, xt, yt

acc2, xt2, yt2 = test_acc(agent)
print(acc2)
>>> 0.9460
```

关系模块仅仅经过 1000 个轮次的训练后，测试时准确率达到将近 95%。同样，批大小 300、训练轮次 1000 并不足以达到最高准确率。任何较好的神经网络在（未干扰的）MNIST 上的最高准确率应该在 98%~99%，但此处我们并不是追求最高准确率，而是要确保它有效，并且它的表现要比具有相近数量参数的 CNN 要好。

我们使用简单的 CNN 作为基准（见代码清单 10.6），它有 88252 个可训练的参数，而关系模块有 85228 个。CNN 实际上比关系模块多了大约 3000 个参数，所以它略有优势。

代码清单 10.6　MNIST 的 CNN 基准

```
class CNN(torch.nn.Module):
    def __init__(self):
        super(CNN, self).__init__()
        self.conv1 = nn.Conv2d(1,10,kernel_size=(4,4))    ◄──── 该架构总共由 5 个卷积
        self.conv2 = nn.Conv2d(10,16,kernel_size=(4,4))          层组成
        self.conv3 = nn.Conv2d(16,24,kernel_size=(4,4))
        self.conv4 = nn.Conv2d(24,32,kernel_size=(4,4))
```

```
        self.maxpool1 = nn.MaxPool2d(kernel_size=(2,2))
        self.conv5 = nn.Conv2d(32,64,kernel_size=(4,4))
        self.lin1 = nn.Linear(256,128)
        self.out = nn.Linear(128,10)
    def forward(self,x):
        x = self.conv1(x)
        x = nn.functional.relu(x)
        x = self.conv2(x)
        x = nn.functional.relu(x)
        x = self.maxpool1(x)
        x = self.conv3(x)
        x = nn.functional.relu(x)
        x = self.conv4(x)
        x = nn.functional.relu(x)
        x = self.conv5(x)
        x = nn.functional.relu(x)
        x = x.flatten(start_dim=1)
        x = self.lin1(x)
        x = nn.functional.relu(x)
        x = self.out(x)
        x = nn.functional.log_softmax(x,dim=1)
        return x
```

跟在前 4 个卷积层之后，我们使用最大池化进行降维

将 CNN 的输出压平后的最后一层是一个线性层

最后，我们利用 log_softmax 函数对数字进行概率分类

实例化这个 CNN 并将其替换为前面训练循环中的关系模块来进行对比。利用该 CNN 得到的测试准确率只有 87.80%，表明在控制参数数量的情况下我们的关系模块优于 CNN 架构。此外，如果调大转换级别（例如，添加更多噪声、旋转更大角度），关系模块将保持比 CNN 更高的准确率。正如前面提到的，我们对关系模块的具体实现实际上并不对旋转和变形具有不变性，因为我们部分添加了绝对坐标位置，所以它不全是关系型的，但它能够计算图像中特征之间的远距离关系，而 CNN 则只能计算局部特征。

我们之所以要引入关系模块，不仅是因为它们在某些数据集上可能获得更高的准确率，还因为它们比传统的神经网络模型更具有解释性。我们可以检查注意力权重矩阵中学到的关系，以查看关系模块使用输入中的哪些部分来分类图像或预测 Q 值，如图 10.17所示。

我们通过将注意力地图重塑成正方形图像来对其进行可视化：

```
>>> plt.imshow(agent.att_map[0].max(dim=0)
[0].view(16,16))
```

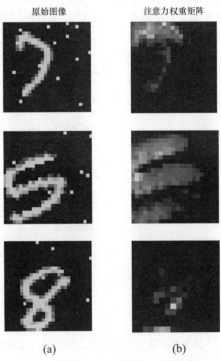

原始图像　　　　　注意力权重矩阵

(a)　　　　　　　(b)

图 10.17　(a)输入的 MNIST 原始图像（转换后）。(b)对应的自注意力权重，显示模型最关注哪里

注意力权重矩阵是一个批大小×n×n的矩阵，其中 n 为节点数，在我们的例子中为$16^2 = 256$，因为在卷积层之后，空间范围由原来的 28×28 进行缩减。请注意，在图 10.17 顶部的两个例子中，注意力地图高亮了数字的轮廓，但在某些部分则具有更大的亮度。如果仔细查看这些注意力地图，你会发现模型往往最关注的是数字的拐点和交叉点。对于数字 8，它只需注意数字 8 的中心和底部，就可以成功地将该图像分类为数字 8。你还能注意到，在这些示例中，都没有将注意力分配到输入中添加的噪声点，而只是分配给图像中真实的数字部分，说明模型很大程度上在学习从噪声中分离信号。

10.4　多头注意力和关系 DQN

我们已经证明，关系模型在分类 MNIST 数字这一简单任务上表现良好，并且通过可视化学到的注意力地图，我们可以了解模型使用什么数据来做出决策。如果经过训练的模型一直对某个特定图像进行错误分类，那么我们可以检查它的注意力地图，以查看它是否被某些噪声干扰。

到目前为止，我们使用的自注意力机制存在的一个问题是，由于 Softmax 的存在，严重限制了可以传输的数据量。如果输入有成百上千个节点，那么模型只能将注意力权重集中在这些节点的一小部分子集上，这可能是不够的。我们希望能够将模型趋向于学习关系，Softmax 有助于促进这种趋向，但我们不希望限制可以通过自注意力层的数据量。

实际上，我们需要一种方法在无须从根本上改变自注意力层的行为的情况下增加它的带宽。为了解决这个问题，我们将允许模型拥有多个注意力头，这意味着模型会学习多个注意力地图，它们独立运作然后重新组合（见图 10.18）。

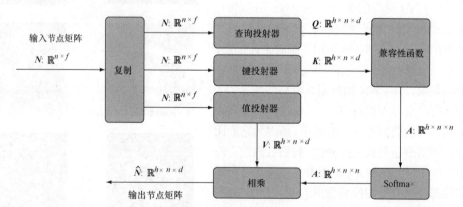

图 10.18　多头点积注意力（MHDPA）。比起使用单个注意力权重矩阵，我们可以使用称为"头"的多个注意力权重矩阵，它们可以各自独立地注意输入的不同方面。唯一的区别是向查询、键和值张量中各自添加一个新的头维度

一个注意力头可能关注输入的某个特定区域或特征，而另一个头则关注其他地方。利用这种方式，就可以增加通过注意力层的带宽，同时仍旧保持可解释性和关系学习完好无损。事实上，多头

注意力可以提高可解释性，因为在每个注意力头中，每个节点可以更强烈地关注其他节点的较小子集，而不必将注意力分散得更开。因此，多头注意力可以让我们更好地了解哪些节点是强相关的。

由于在多头注意力中，我们将对维度为批大小×头数×节点数×特征数的 4-张量进行操作，因此爱因斯坦标记法的效用变得更加明显。多头注意力对 MNIST 数据集并不是特别有用，因为输入空间已经非常小并且足够稀疏，以至于单个注意力头就已经拥有足够的带宽和可解释性。因此，是时候介绍我们在本章中的强化学习任务啦！由于关系模块是到目前为止我们在本书中实现的计算成本最高的模型，因此我们希望使用一个简单的环境来演示关系推理和可解释性在强化学习中的强大之处。

我们将兜个圈重新回到第 3 章中首次遇到的 Gridworld 环境，但本章中使用的 Gridworld 环境要困难得多。我们将使用在 GitHub 仓库中的 MiniGrid 库，它实现了一个 OpenAI Gym 环境，并包含各种不同类型、不同复杂度和难度的 Gridworld 环境。其中一些 Gridworld 环境太过困难（很大程度上是因为稀疏奖励），以至于只有最尖端的强化学习算法才能取得进展。使用 pip 命令安装该工具包：

```
pip3 install gym-minigrid
```

我们将使用一个稍微困难的环境，在该环境中 Gridworld 智能体必须导航到一把钥匙，捡起它，用它打开一扇门，然后导航到一个实心正方形门柱以获得一个正向奖励（见图 10.19）。由于在最终获得奖励之前，它必须经历很多步骤，因此我们将遇到稀疏奖励问题。这实际上是一个利用基于好奇心学习的好机会，但我们将自己限制在最小版本的网格（MiniGrid）上，这样即使是一个随机智能体最终也能找到目标，我们就可以在不利用好奇心的情况下成功地进行训练。对于该环境的更大的网格版本，好奇心或相关的方法几乎是有必要的。

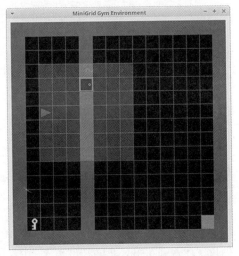

MiniGrid 环境还存在一些其他的复杂性。其中一点是，它们是部分可观测的环境，这意味着智能体不能看到整个网格，而只能看到它周围的一小块区域。另一点是，智能体并非简单地向左、向右、向上和向下移动，而是有方向性地移动，所以它只能向前移动，向左拐或向右拐，而无法简单地向后移动。例如，它总是朝着一个特定方向，并且必须在向后移动之前转向。智能体对环境的局部视野是以自我为中心的，这意味着智能体看到网格时就像面对网格一样。当智能体在不移动位置的情况下改变方向时，它的视野也会改变。我们从环境中接收的状态是一个 7×7×3 的张量，所以智能体只能看到面前网格的一个 7×7 的子区域，

图 10.19　MiniGrid 环境。在该环境中，智能体（三角形）必须首先导航到钥匙，捡起它，导航到门（空心正方形），用钥匙打开它，然后导航到实心正方形门柱。每次游戏都会在网格上随机初始化对象，且智能体仅仅拥有网格的部分视野（由其周围的高亮区域表示）

状态的最后一个（通道）维度编码了该位置上出现的对象（如果有）。

对于我们的关系模块来说，这个 Gridworld 环境是一个很好的测试平台，因为为了成功地学习如何玩该游戏，智能体必须学习如何将钥匙与锁关联，以及如何将锁与能够访问的目标相关联，这都是关系推理的一种形式。此外，游戏自然地由一组对象（或节点）来表示，因为网格中的每个"像素"位置实际上是一个真实的对象，这与 MNIST 示例不同。这意味着，我们可以确切地看到智能体正在关注哪些对象。我们可能希望它学会特别注意钥匙、门和目标区域，以及钥匙与门的关联。如果事实证明是这样，那么表明智能体的学习与人类学习如何将网格上的对象关联起来没有太大区别。

总的来说，我们将把前面为 MNIST 示例创建的关系模块重新用作关系 DQN，因此实际上我们只需将输出修改成正常的激活函数，而不是用于分类的 log_softmax。但首先，我们回过头来实现多头注意力。由于对高阶张量的操作变得更加复杂，因此我们将从一个名为 Einops 的工具包中获得帮助，该包扩展了 PyTorch 内置的 einsum 函数的功能。你可以使用 pip 命令安装它：

```
pip install einops
```

该工具包中只有两个重要的函数（rearrange 和 reduce），我们将仅使用其中一个，即 rearrange 函数。与 PyTorch 的内置函数相比，rearrange 基本上可以让我们更容易且更易读地重塑高阶张量的维度，并且它拥有与 einsum 类似的语法。例如，我们可以这样重塑张量的维度：

```
>>> from einops import rearrange
>>> x = torch.randn(5,7,7,3)
>>> rearrange(x, "batch h w c -> batch c h w").shape
torch.Size([5, 3, 7, 7])
```

或者，如果我们已经将空间维度 h 和 w 折叠成单个节点维度 N，那么可以这样撤销该操作：

```
>>> x = torch.randn(5,49,3)
>>> rearrange(x, "batch (h w) c -> batch h w c", h=7).shape
torch.Size([5, 7, 7, 3])
```

在这个例子中，我们告诉它输入有 3 个维度，但第二个维度实际上是折叠后的两个维度(h, w)，我们想将它们再次提取成单独的维度。为此，我们只需告诉它 h 或 w 的大小，它就可以推断出另一个维度的大小。

多头注意力的主要变化是，当将初始节点矩阵 $N:\mathbb{R}^{b \times n \times f}$ 映射到键、查询和值矩阵时，我们添加了一个额外的头维度$Q, K, V:\mathbb{R}^{b \times h \times n \times d}$，其中 b 是批量维度，h 是头维度。对于这个例子，我们将（任意地）设置头的数量为 3，因此 $h = 3$，$n = 7 \times 7 = 49$，$d = 64$，其中 n 为节点数量（视野中网格位置的总数），d 是节点特征向量的维度，即我们根据经验选择的维度 64，但更小或更大的值也可能有效。

我们需要在查询和键张量之间进行张量缩并来得到一个注意力张量 $A:\mathbb{R}^{b \times h \times n \times n}$，通过一个 Softmax 函数将结果与值张量进行缩并，折叠头维度的最后 n 维，将最后的（折叠的）维度与一个线性层进行缩并来得到更新后的节点张量 $N:\mathbb{R}^{b \times n \times d}$，然后可以将其通过另一个自注意力层，或者将所有节点折叠成单个向量，再将其通过一些线性层得到最终的输出。对于所有的例子，我们坚持使用单个注意力层。

首先，我们将查看代码中与单头注意力模型不同的一些特定行。代码清单 10.7 重现了完整模型。为了使用 PyTorch 的内置线性层模块（只是一个矩阵乘法加上一个偏差向量），我们将创建一个线性层，其中最后一个维度的大小通过注意力头的数量进行了扩展。

```
>>> self.proj_shape = (self.conv4_ch+self.sp_coord_dim,self.n_heads * self.node_size)
>>> self.k_proj = nn.Linear(*self.proj_shape)
>>> self.q_proj = nn.Linear(*self.proj_shape)
>>> self.v_proj = nn.Linear(*self.proj_shape)
```

就像对单头注意力模型所做的那样，我们创建了 3 个独立、普通的线性层，但这次我们通过将最后一个维度乘注意力头的数量来对其进行扩展。这些投影层的输入是一批初始节点矩阵 $N : \mathbb{R}^{b \times n \times c}$，维度 c 等于最后一个卷积层的输出通道维度加上我们附加的两个空间坐标。因此，线性层在通道维度上进行了缩并，为我们提供了查询、键和值矩阵 $Q, K, V : \mathbb{R}^{b \times n \times (h \cdot d)}$，因此我们将使用 Einops 的 `rearrange` 函数将最后的维度展开成头维度和 d 维度。

```
>>> K = rearrange(self.k_proj(x), "b n (head d) -> b head n d", head=self.n_heads)
```

我们将提取出单独的头维度和 d 维度，并同时对二者进行重排，以使头维度排在批量维度之后。如果没有 Einops，就必须编写更多代码，并且可读性也会降低很多。

在本例中，我们还将放弃点（内）积作为兼容性函数（回顾一下，它是计算查询和键向量相似性的函数），而是使用一种名为加法注意力（additive attention）的操作（见图 10.20）。虽然点积注意力可以很好地工作，但我们想说明的是它不是唯一的兼容性函数，而加法函数实际上更稳定、更具表现力。

通过点积注意力，我们只需取每个向量之间的点积，就可以计算每个查询和键向量之间的兼容性（相似性）。当两个向量在元素上相似时，点积将产生一个较大的正值，而当它们不相似时，将可能产生一个接

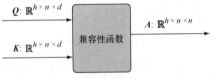

图 10.20　兼容性函数计算每个查询和键向量的相似性，并产生一个邻接矩阵

近于 0 的值或一个较大的负值。这意味着（点积）兼容性函数的输出在两个方向上都是无限的，我们可以得到任意大或任意小的值，之后将该输出通过 Softmax 函数时，可能会产生问题，因为它很容易饱和。所谓饱和，指的是当输入向量中的某个特定值显著大于向量中的其他值时，Softmax 可能会将其所有的概率质量赋给这个单一值，而将其他所有值都设置为 0，或者反之亦然。这可能会造成特定值的梯度太大或太小，从而使训练不稳定。

加法注意力以引入额外的参数为代价来解决这个问题。也就是说，并非简单地将 Q 和 K 张量相乘，而是将它们通过独立的线性层之后相加，然后应用一个激活函数，接着通过另一个线性层（见图 10.21）来改变维度。这使得 Q 和 K 之间能够进行更加复杂的相互作用，而不会造成数值不稳定的问题，因为加法不会像乘法那样扩大数值差异。首先，我们需要为加法注意力增加 3 个新的线性层。

```
>>> self.k_lin = nn.Linear(self.node_size, self.N)
```

```
>>> self.q_lin = nn.Linear(self.node_size, self.N)
>>> self.a_lin = nn.Linear(self.N, self.N)
```

加法注意力

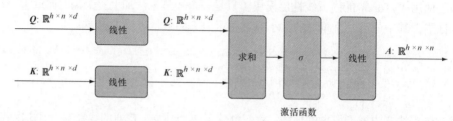

图 10.21 加法注意力是点积注意力的一种更加稳定的替代方法。并非将查询张量和键张量相乘，而是先让它们独立地通过线性层，将它们相加，应用一个非线性函数，然后通过另一个线性层来改变维度

在正向方法中，我们为加法注意力定义了实际的计算步骤：

```
>>> A = torch.nn.functional.elu(self.q_lin(Q) + self.k_lin(K))
>>> A = self.a_lin(A)
>>> A = torch.nn.functional.softmax(A, dim=3)
```

如你所见，我们将 Q 通过一个线性层，将 K 通过它自己的线性层，将它们相加后应用一个非线性激活函数。然后，我们将这个结果通过另一个线性层，最后在节点行上应用 Softmax，最终产生了注意力权重张量。

现在，我们像之前一样将注意力张量和 V 张量沿着最后的 n 维进行缩并，以得到一个 $b×h×n×d$ 的张量，这是一个多头节点矩阵。

```
>>> E = torch.einsum('bhfc,bhcd->bhfd',A,V)
```

在自注意力模块末尾，我们想得到一个更新后的 $b×n×d$ 的节点矩阵，所以我们将连接或折叠头维度和 d 维度，然后将其通过一个线性层来将维度重新降低到 d。

```
>>> E = rearrange(E, 'b head n d -> b n (head d)')
>>> E = self.linear1(E)
>>> E = torch.relu(E)
>>> E = self.norm1(E)
```

它最后的形状为 $b×n×d$，这正是我们想要的。由于我们只使用单个自注意力模块，想将这个 3-张量降维成一个 2-张量，即表示一批向量的张量，因此我们将对维度 n 进行最大池化操作，然后将结果通过最终的一个代表 Q 值的线性层。

```
>>> E = E.max(dim=1)[0]
>>> y = self.linear2(E)
>>> y = torch.nn.functional.elu(y)
```

仅此而已。我们刚刚浏览了所有的核心代码行，下面我们一并查看并测试这些代码（见代码清单 10.7）。

```python
class MultiHeadRelationalModule(torch.nn.Module):
    def __init__(self):
        super(MultiHeadRelationalModule, self).__init__()
        self.conv1_ch = 16
        self.conv2_ch = 20
        self.conv3_ch = 24
        self.conv4_ch = 30
        self.H = 28
        self.W = 28
        self.node_size = 64
        self.lin_hid = 100
        self.out_dim = 5
        self.ch_in = 3
        self.sp_coord_dim = 2
        self.N = int(7**2)
        self.n_heads = 3

        self.conv1 =
    nn.Conv2d(self.ch_in,self.conv1_ch,kernel_size=(1,1),padding=0)
        self.conv2 =
    nn.Conv2d(self.conv1_ch,self.conv2_ch,kernel_size=(1,1),padding=0)
        self.proj_shape = (self.conv2_ch+self.sp_coord_dim,self.n_heads *
    self.node_size)
        self.k_proj = nn.Linear(*self.proj_shape)
        self.q_proj = nn.Linear(*self.proj_shape)
        self.v_proj = nn.Linear(*self.proj_shape)

        self.k_lin = nn.Linear(self.node_size,self.N)
        self.q_lin = nn.Linear(self.node_size,self.N)
        self.a_lin = nn.Linear(self.N,self.N)

        self.node_shape = (self.n_heads, self.N,self.node_size)
        self.k_norm = nn.LayerNorm(self.node_shape, elementwise_affine=True)
        self.q_norm = nn.LayerNorm(self.node_shape, elementwise_affine=True)
        self.v_norm = nn.LayerNorm(self.node_shape, elementwise_affine=True)

        self.linear1 = nn.Linear(self.n_heads * self.node_size, self.node_size)
        self.norm1 = nn.LayerNorm([self.N,self.node_size],
            elementwise_affine=False)
        self.linear2 = nn.Linear(self.node_size, self.out_dim)
    def forward(self,x):
        N, Cin, H, W = x.shape
        x = self.conv1(x)
        x = torch.relu(x)
        x = self.conv2(x)
        x = torch.relu(x)
        with torch.no_grad():
            self.conv_map = x.clone()
        _,_,cH,cW = x.shape
        xcoords = torch.arange(cW).repeat(cH,1).float() / cW
        ycoords = torch.arange(cH).repeat(cW,1).transpose(1,0).float() / cH
```

使用 1×1 卷积来保持网格中对象的空间组织

为加法注意力创建线性层

保存卷积后的输入副本，以供稍后进行可视化

```
spatial_coords = torch.stack([xcoords,ycoords],dim=0)
spatial_coords = spatial_coords.unsqueeze(dim=0)
spatial_coords = spatial_coords.repeat(N,1,1,1)
x = torch.cat([x,spatial_coords],dim=1)
x = x.permute(0,2,3,1)
x = x.flatten(1,2)

K = rearrange(self.k_proj(x), "b n (head d) -> b head n d",
    head=self.n_heads)
K = self.k_norm(K)

Q = rearrange(self.q_proj(x), "b n (head d) -> b head n d",
    head=self.n_heads)
Q = self.q_norm(Q)

V = rearrange(self.v_proj(x), "b n (head d) -> b head n d",
    head=self.n_heads)
V = self.v_norm(V)
A = torch.nn.functional.elu(self.q_lin(Q) + self.k_lin(K))     ◁——— 加法注意力
A = self.a_lin(A)
A = torch.nn.functional.softmax(A,dim=3)                              保存一份注意力权重
with torch.no_grad():                                                副本，以供稍后进行可
    self.att_map = A.clone()                        ◁———           视化
E = torch.einsum('bhfc,bhcd->bhfd',A,V)
E = rearrange(E, 'b head n d -> b n (head d)')      ◁———   ◁———      利用特征维度 d
E = self.linear1(E)                                                  折叠头维度
E = torch.relu(E)
E = self.norm1(E)
E = E.max(dim=1)[0]                                                  批量矩阵将注意力权重矩阵与节点
y = self.linear2(E)                                                  矩阵相乘得到更新后的节点矩阵
y = torch.nn.functional.elu(y)
return y
```

10.5 双 Q-learning

现在，我们开始训练它。由于这个 Gridworld 环境具有稀疏奖励，因此我们需要让训练过程尽可能平稳，特别是因为我们没有使用基于好奇心的学习。

还记得在第 3 章中我们引入 Q-learning 和目标网络来稳定训练吗？如果不记得了，那么我们在这里再次回顾一下，其思想是在普通的 Q-learning 中利用以下公式计算目标 Q 值：

$$Q_{new} = r_t + \gamma \cdot \max(Q(s_{t+1}))$$

但问题是，每次根据该公式更新 DQN 以使它的预测值更接近这个目标值时，$Q(s_{t+1})$ 就会改变，这意味着下一次更新 Q 函数时，即使对于相同的状态，目标 Q_{new} 也会不同。这是有问题的，因为随着我们训练 DQN，它的预测值在追逐一个移动的目标，会导致训练非常不稳定，并且性能很差。为了稳定训练，我们创建了一个称为目标函数的重复 Q 函数，将其表示为 Q'，并通过将值 $Q'(s_{t+1})$ 代入方程来更新主 Q 函数。

$$Q_{new} = r_t + \gamma \cdot \max(Q'(s_{t+1}))$$

我们仅训练（并因此反向传播到）主 Q 函数，但我们每 100（或其他任意数量）个轮次就从主 Q 函数复制参数到目标 Q 函数 Q'。这极大地稳定了训练，因为主 Q 函数不再追逐一个不断移动的目标，而是追逐一个相对固定的目标。

但那并不是这个简单的更新公式的全部错误之处。由于它涉及最大值函数，即我们为下一个状态选择最大的预测 Q 值，因此这会导致智能体高估动作的 Q 值，从而影响训练，尤其是早期的训练。如果 DQN 采取了动作 1，并为动作 1 学习到错误的高 Q 值，这意味着动作 1 将在随后的轮次中被选择得更频繁，从而进一步导致其被高估，这再次导致训练不稳定和较差的性能。

为了缓解这个问题并获得更准确的 Q 值估计，我们将实现双 Q-learning，你将看到，它通过将动作-价值估计与动作选择分离来解决该问题。双深度 Q 网络（Double Deep Q-Network，DDQN）涉及对带目标网络的普通 Q-learning 进行一种简单的修改。像往常一样，我们使用主 Q 网络并利用 ε 贪婪策略来选择动作。但计算 Q_{new} 时，我们首先要找到 Q（主 Q 网络）的 argmax。假设 $\arg\max(Q(s_{t+1})) = 2$，那么动作 2 与给定主 Q 函数时下一个状态中的最高动作-价值相关联。然后，我们使用它索引到目标网络 Q'，以得到我们将在更新方程中使用的动作-价值。

$$a = \arg\max(Q(s_{t+1}))$$
$$x = Q'(s_{t+1})[a]$$
$$Q_{\text{new}} = r_t + \gamma \cdot x$$

我们仍然使用目标网络 Q' 的 Q 值，但却没有从 Q' 中选择最高的 Q 值。我们根据主 Q 函数中的最高 Q 值相关联的动作来选择 Q' 中的 Q 值，如下面代码所示：

```
>>> state_batch, action_batch, reward_batch, state2_batch, done_batch =
      get_minibatch(replay, batch_size)
>>> q_pred = GWagent(state_batch)
>>> astar = torch.argmax(q_pred,dim=1)
>>> qs = Tnet(state2_batch).gather(dim=1,index=astar.unsqueeze(dim=1)).squeeze()
>>> targets = get_qtarget_ddqn(qs.detach(),reward_batch.detach(),gamma,done_batch)
```

get_qtarget_ddqn 函数只计算了 $Q_{\text{new}} = r_t + \gamma \cdot x$：

```
>>> def get_qtarget_ddqn(qvals,r,df,done):
>>>     targets = r + (1-done) * df * qvals
>>>     return targets
```

我们会提供参数 done，它是一个布尔值，因为如果游戏轮次结束，就不需要计算 $Q(s_{t+1})$ 的下一个状态，所以我们只需在 r_t 上进行训练，并将等式的其余部分设置为 0。

这就是双 Q-learning 的全部内容，它只是提高训练稳定性和性能的另一种简单方式。

10.6　训练和注意力可视化

现在，我们已经有了大部分的代码组件，但是在训练之前，还需要其他一些辅助函数（见代码清单 10.8）。

代码清单 10.8　预处理函数

```
import gym
from gym_minigrid.minigrid import *
from gym_minigrid.wrappers import FullyObsWrapper, ImgObsWrapper
from skimage.transform import resize
```

归一化状态张量并将其转换为 PyTorch 张量 ◁

```
def prepare_state(x):
    ns = torch.from_numpy(x).float().permute(2,0,1).unsqueeze(dim=0)#
    maxv = ns.flatten().max()
    ns = ns / maxv
    return ns
```

从经验回放记忆中获得一个随机的小批量

```
def get_minibatch(replay,size):
    batch_ids = np.random.randint(0,len(replay),size)
    batch = [replay[x] for x in batch_ids] #list of tuples
    state_batch = torch.cat([s for (s,a,r,s2,d) in batch],)
    action_batch = torch.Tensor([a for (s,a,r,s2,d) in batch]).long()
    reward_batch = torch.Tensor([r for (s,a,r,s2,d) in batch])
    state2_batch = torch.cat([s2 for (s,a,r,s2,d) in batch],dim=0)
    done_batch = torch.Tensor([d for (s,a,r,s2,d) in batch])
    return state_batch,action_batch,reward_batch,state2_batch, done_batch
```

计算目标 Q 值

```
def get_qtarget_ddqn(qvals,r,df,done):
    targets = r + (1-done) * df * qvals
    return targets
```

这些函数只是准备了状态观察张量，生成一个小批量，并计算前面讨论的目标 Q 值。在代码清单 10.9 中，我们定义了将要使用的损失函数，以及一个更新经验回放的函数。

代码清单 10.9　损失函数与更新回放

损失函数

```
def lossfn(pred,targets,actions):
    loss = torch.mean(torch.pow(\
                      targets.detach() -\
    pred.gather(dim=1,index=actions.unsqueeze(dim=1)).squeeze()\
                      ,2),dim=0)
    return loss
```

向经验回放缓冲器中添加新的记忆，如果奖励是正向的，我们就添加 50 份记忆副本

```
def update_replay(replay,exp,replay_size):
    r = exp[2]
    N = 1
    if r > 0:
        N = 50
    for i in range(N):
        replay.append(exp)
    return replay
```

将 DQN 的动作输出映射到环境中的动作子集

```
action_map = {
    0:0,
    1:1,
    2:2,
    3:3,
    4:5,
}
```

如果经验回放缓冲器未满，那么 update_replay 函数会添加新的记忆到经验回放缓冲器中；如果满了，它将使用新的记忆随机替换掉经验回放缓冲器中的记忆。如果记忆产生了正向奖励，我们就会添加该条记忆的 50 份副本——因为正向奖励记忆比较稀少，我们想用这些更重要的记忆来丰富经验回放。

MiniGrid 环境中有 7 个动作，但在本章将要使用的环境中，我们只需要使用 7 个动作中的 5 个，因此会用一个字典将 DQN 的输出（将产生动作 0~4）转换为环境中相应的动作，即 {0,1,2,3,5}。

MiniGrid 的动作名称和对应的动作编号列举如下：

```
[<Actions.left: 0>,
<Actions.right: 1>,
<Actions.forward: 2>,
<Actions.pickup: 3>,
<Actions.drop: 4>,
<Actions.toggle: 5>,
<Actions.done: 6>]
```

在代码清单 10.10 中，我们跳转到算法的主训练循环中。

代码清单 10.10　主训练循环

```
from collections import deque
env = ImgObsWrapper(gym.make('MiniGrid-DoorKey-5x5-v0'))      ◁—— 创建环境
state = prepare_state(env.reset())
GWagent = MultiHeadRelationalModule()        ◁—— 创建主关系 DQN
Tnet = MultiHeadRelationalModule()           ◁—— 创建目标 DQN
maxsteps = 400        ◁
env.max_steps = maxsteps
env.env.max_steps = maxsteps
                                 设置游戏结束前的最大步骤数

epochs = 50000
replay_size = 9000
batch_size = 50
lr = 0.0005                              创建经验回放记忆
gamma = 0.99
replay = deque(maxlen=replay_size)    ◁
opt = torch.optim.Adam(params=GWagent.parameters(),lr=lr)
eps = 0.5
update_freq = 100
for i in range(epochs):
    pred = GWagent(state)                          使用 ε 贪婪策略进行动作选择
    action = int(torch.argmax(pred).detach().numpy())
    if np.random.rand() < eps:               ◁
        action = int(torch.randint(0,5,size=(1,)).squeeze())
    action_d = action_map[action]
    state2, reward, done, info = env.step(action_d)
    reward = -0.01 if reward == 0 else reward     ◁——  将非终止状态的奖励调整
    state2 = prepare_state(state2)                      为较小的负值
    exp = (state,action,reward,state2,done)
```

```
replay = update_replay(replay,exp,replay_size)
if done:
    state = prepare_state(env.reset())
else:
    state = state2
if len(replay) > batch_size:

    opt.zero_grad()

    state_batch,action_batch,reward_batch,state2_batch,done_batch =
    get_minibatch(replay,batch_size)

    q_pred = GWagent(state_batch).cpu()
    astar = torch.argmax(q_pred,dim=1)
    qs =
    Tnet(state2_batch).gather(dim=1,index=astar.unsqueeze(dim=1)).squeeze()

    targets =
    get_qtarget_ddqn(qs.detach(),reward_batch.detach(),gamma,done_batch)

    loss = lossfn(q_pred,targets.detach(),action_batch)
    loss.backward()
    torch.nn.utils.clip_grad_norm_(GWagent.parameters(), max_norm=1.0)
    opt.step()
if i % update_freq == 0:
    Tnet.load_state_dict(GWagent.state_dict())
```

截断梯度，以防出现
过大的梯度值

每 100 步同步主 DQN 和目
标 DQN

　　我们的自注意力双 DQN 强化学习算法在大约 10000 个轮次后就学会了如何玩且玩得相当好，但可能需要 50000 个轮次才能达到最高的准确率。

　　图 10.22 显示了所得到的对数损失，也绘制了平均轮次长度。随着智能体学习玩游戏的进行，它应该能够以越来越少的步骤来获取游戏胜利。

对数损失

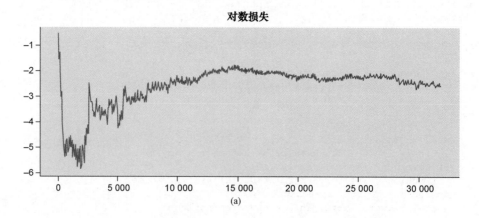

(a)

（续）

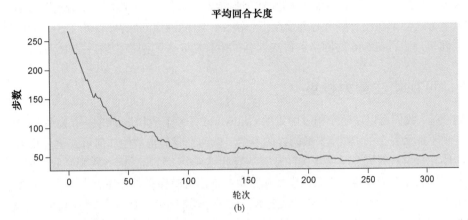

图 10.22　(a)训练期间的对数损失。损失在开始时迅速下降，接着略有增加，然后又开始非常缓慢地下降。(b)平均轮次长度。这让我们对智能体的性能有了更好的了解，因为我们可以清楚地看到，它在训练过程中以更少的步骤解决了轮次任务

如果你测试训练后的算法，它应该能够在最大步长限制内解决 94% 以上的轮次。我们甚至在训练期间录制了视频，当你实时观看时就会发现，智能体清楚地知道它在做什么。为了保持文本清晰，我们省略了很多辅助代码，要获取完整的代码，请查看本书 GitHub 仓库。

10.6.1　最大熵学习

我们使用了一个 ε 贪婪策略，并将 ε 设置为 0.5，所以智能体在一半时间里都采取随机动作。我们使用大量不同的 ε 值进行测试，但发现 0.5 是最好的。如果你训练智能体的 ε 值从 0.01 变到 0.1，再变到 0.2，一直到一个较高的值，例如 0.95，你会发现训练性能遵循倒 U 曲线，其中 ε 值太低会导致因缺乏探索而带来的学习不足，ε 值过高则会导致因缺乏利用而带来的学习不足。

智能体如何在即使一半时间内行为随机的情况下还能表现得这么好？我们利用对最大熵原理或**最大熵学习**（maximum entropy learning）的一种近似，将 ε 设置为尽可能大的值，直到它的性能下降。

我们可以将智能体策略的熵看作它所表现出的随机性的数量，结果表明，最大化熵直到它开始产生反作用实际上会导致更好的性能和泛化能力。如果一个智能体即使在采取很大比例的随机动作时也能成功地实现一个目标，那么它肯定有一个对随机转换不敏感的非常健壮的策略，所以它将能够应用于更复杂的环境。

10.6.2　课程学习

我们只在 5×5 的 Gridworld 环境中训练了这个智能体，这样它就有很小的概率随机实现目标并获得奖励。除此之外，还有更大的环境，包括一个 16×16 的环境，它使得随机获胜的概率极小。好奇心学习的另一种可替代算法是使用一个名为课程学习（curriculum learning）的过程，即首先

在问题的简单版本上训练智能体，然后在一个稍难一点儿的版本上再次训练，并保持在越来越难的问题版本上再次训练，直到智能体能够成功地完成一项原本因太难而无法处理的任务。我们可以通过以下方式尝试在没有好奇心的情况下解决 16×16 的网格问题，即首先在 5×5 的网格上训练到最高准确率，然后在 6×6 的网格上再次训练，接着是 8×8 的网格，最后是 16×16 的网格。

10.6.3　可视化注意力权重

我们知道，我们可以在这个稍微困难的 Gridworld 任务上成功地训练一个关系 DQN，但我们可以用一个不那么复杂的 DQN 来做同样的事情。然而，我们也关注如何可视化注意力权重，以查看智能体在玩游戏时究竟学会了关注什么。有些结果令人惊讶，而有些则是我们所期望的。

为了可视化注意力权重，我们让模型在每次向前运行时保存一个注意力权重的副本，并能够通过调用 GWagent.att_map 来访问该副本，结果会返回一个批大小×头数×高度×宽度的张量。我们所要做的就是在某个状态下向前运行模型，选择一个注意力头，选择一个要可视化的节点，然后将张量重塑成一个 7×7 的网格并使用 plt.imshow 来绘制它。

```
>>> state_ = env.reset()
>>> state = prepare_state(state_)
>>> GWagent(state)
>>> plt.imshow(env.render('rgb_array'))
>>> plt.imshow(state[0].permute(1,2,0).detach().numpy())
>>> head, node = 2, 26
>>> plt.imshow(GWagent.att_map[0][head][node].view(7,7))
```

我们决定查看钥匙节点、门节点和智能体节点的注意力权重，以确定哪些对象之间是相互关联的。通过计数网格单元，我们找到注意力权重中与网格中的节点相对应的节点，因为注意力权重和原始状态都是一个 7×7 的网格。我们有意设计关系模块使得原始状态矩阵和注意力权重矩阵具有相同的维度，否则，将很难把注意力权重映射到状态上。图 10.23 显示了在随机初始状态下原始的网格完整视野，以及对应的部分（状态）视野。

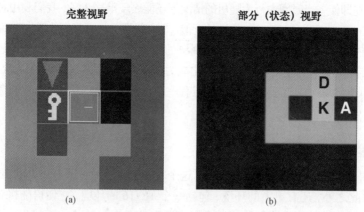

图 10.23　(a)环境的完整视野。(b)智能体可访问的对应的部分(状态)视野

部分视野起初有点儿混乱，因为它是一个以自我为中心的视野，所以我们使用智能体（A）、钥匙（K）和门（D）来标注它。由于智能体的部分视野总是 7×7，而完整网格的大小只有 5×5，因此部分视野总会包含一些空的空间。现在，我们可视化该状态下对应的注意力权重。

在图 10.24 中，每一列都被标记为一个特定节点的注意力权重（它所关注的节点），从而将我们限制在 7×7 = 49 个节点的智能体、钥匙和门中。每一行对应一个注意力头，从头 1 到头 3，按照从上到下的顺序排列。奇怪的是，注意力头 1 似乎并没有关注任何明显有趣的东西。事实上，它关注的是空白空间中的网格单元。注意，虽然我们只查看 49 个节点中的 3 个，但即使查看所有节点，注意力权重也会非常稀疏，最多只有几个网格单元被分配了重要的注意力权重。但也许这并不奇怪，因为注意力头似乎很专注。

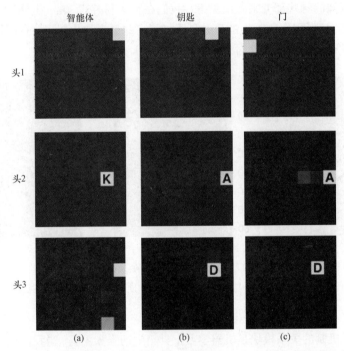

图 10.24　每一行对应一个注意力头(如第一行对应注意力头 1)。(a)智能体的自注意力权重，展示了智能体最关注的对象。(b)钥匙的自注意力权重，展示了钥匙最关注的对象。(c)门的自注意力权重

注意力头 1 可能正通过关注环境中的一小部分标志来了解位置和方向。事实上，它仅利用几个网格单元就能做到这一点令人印象深刻。

注意力头 2 和 3（见图 10.24 中的第二行和第三行）更有趣，且正接近我们的预期。看一下智能体节点的注意力头 2：它正强烈地关注着钥匙（基本上没有其他东西），考虑到初始状态下它的首要任务就是捡起钥匙，所以这正是我们所希望的。相反，钥匙正关注于智能体，表明智能体与钥匙之间存在着双向关系。门对智能体的关注最强烈，但也将少量的关注分配给了钥匙和门前的空间。

　　智能体的注意力头 3 正再次关注几个标志网格单元，可能是为了了解位置和方向。钥匙的注意力头 3 正关注着门，而门也在注意着钥匙。

　　综合来看，我们知道智能体与钥匙关联，而钥匙与门关联。如果目标正方形实心门柱在视野中，我们可能看到门也与目标关联。虽然这是一个简单的环境，但它有关系结构，我们可以通过关系神经网络对其进行学习，并检查它学习的关系。有趣的是，注意力被分配得如此稀疏。每个节点都倾向于强烈关注单个其他节点，有时也会轻微关注几个其他节点。

　　由于这是一个 Gridworld 环境，因此很容易将状态划分为离散的对象，但在很多情况下，例如在雅达利游戏中，状态是一个较大的 RGB 像素阵列，而我们想要关注的对象则是这些像素的集合。在这种情况下，很难将注意力权重映射回视频帧中的特定对象，但我们仍然可以看到整体上关系模块使用图像的哪些部分来做出决策。我们在雅达利游戏 *Alien* 上测试了一个类似的架构（我们使用了 4×4 的核卷积而非 1×1 的，并且添加了一些最大池化层），可以看到（见图 10.25）它确实学会了关注视频帧中的显著对象（未展示代码）。

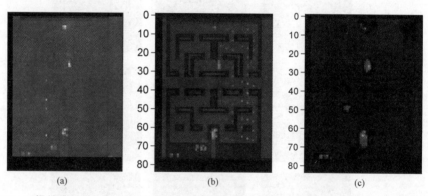

图 10.25　(a)提供给 DQN 的预处理状态。(b)原始视频帧。(c)状态的注意力地图。可以看到，注意力地图集中于屏幕底部中心的外星人、中间的玩家和顶部的奖励上，这些都是游戏中最突出的对象

　　使用自注意力机制的关系模块是机器学习工具箱中的强大工具，当我们想了解强化学习智能体如何做出决定时，它们对训练强化学习智能体非常有用。正如我们所讨论的，自注意力是一种在图中进行消息传递的机制，它是更广泛的领域——图神经网络的一部分，我们鼓励读者对其进行进一步探索。图神经网络有很多种实现，但在本章之后与我们特别相关的是图注意力网络（graph attention network），它使用与我们刚实现的相同的自注意力机制，但增加了对更一般的图结构数据进行操作的能力。

小结

■ 图神经网络是操作图结构数据的机器学习模型。图是一种由一组对象（称为节点）和对

象之间的关系（称为边）组成的数据结构。一个常见的图类型就是社交网络，其中节点是每个个体，节点之间的边表示个体之间的关系。

- 邻接矩阵是一个维度为 $N \times N$ 的矩阵 A，其中 N 是编码了每对节点间连接的图中节点的数量。
- 消息传递是一种通过迭代地聚合邻近节点的信息来计算节点特征更新的算法。
- 归纳偏差是我们拥有的一组数据的先验信息，用于限制模型趋向学习特定类型的模式。在本章中，我们采用了关系归纳偏差。
- 当输入首先进行某种 g 变换后函数 f 的输出保持不变时，即 $g: f(g(x)) = f(x)$，我们称函数 f 对变换 g 具有不变性。
- 当分别对输入和输出进行 g 变换的结果相同时，即 $f(g(x)) = g(f(x))$，我们就说函数 f 对变换 g 具有等变性。
- 注意力模型旨在提高机器学习模型的可解释性和性能，它强制模型只"查看"（关注）输入数据的一个子集。通过检查模型学习关注的内容，我们能够更好地了解它是如何做出决定的。
- 自注意力模型对输入的对象（或节点）之间的注意力进行建模，而不仅仅关注输入的不同部分。这自然导致了一种图神经网络的形式，因为注意力权重可以解释为节点之间的边。
- 多头自注意力允许模型具有多个独立的注意力机制，每个注意力机制可以关注输入数据的不同子集。它不仅使我们仍然能够获得可解释的注意力权重，还增加了可通过模型的信息带宽。
- 关系推理是一种基于对象和对象间关系的推理形式，而非使用绝对的参考系。例如，"桌子上有本书"将书与桌子关联起来，而不是说书在位置 10、桌子在位置 8（绝对参考系）。
- 内（点）积是两个向量的乘积，它会产生一个标量。
- 外积是两个向量的乘积，它会产生一个矩阵。
- 爱因斯坦标记法允许我们利用一种基于标记张量索引的简单语法，来描述名为张量缩并的广义的张量-张量乘积。
- 双 Q-learning 通过分离动作选择和动作-价值更新来稳定训练。

第 11 章　总结：回顾和路线图

在最后一章，我们将首先简要回顾所学内容，强调和提炼我们认为最重要的技能和概念。我们已经介绍了强化学习的基础知识，如果你跟随本书一路走来并参与其中的项目，那么你已经为实现很多其他算法和技术做好了充分准备。

本书更适合作为一门关于深度强化学习基础知识的课程，而非教科书或参考手册。这意味着我们不可能介绍关于深度强化学习 DRL 的所有内容，而必须做出艰难的选择来决定应该舍弃哪些内容。DRL 中有大量令人兴奋的话题，我们本希望能够涵盖这些话题，无奈有些话题虽然是"行业标准"，却并不适合包含在像本书这种以项目为主的入门书中。然而，我们希望为你提供一个指引，让你了解应该利用所学的新技能走向何处。

在本章第二部分中，我们对 DRL 中的一些主题、技术和算法进行了宏观性介绍，如果你确实想继续研究 DRL 领域，那么这些都是值得了解的内容。我们之所以没有——囊括这些领域的知识，是因为其中大多涉及高等数学，而我们未期望本书读者熟悉高等数学，且囿于篇幅，未能讲解更多的数学知识。

11.1　我们学到了什么

DRL 是深度学习和强化学习的结合。强化学习是一个解决控制任务的框架，其中在控制任务中智能体可以在给定环境中采取能够导致正向或负向奖励的动作，而环境是智能体活动的世界。智能体可以访问环境的完整状态，也可以只访问环境的部分状态，这称为部分可观察性。环境会根据一些动态规则演化成离散时间步，在每个时间步上，智能体所采取的动作可能会影响下一个状态。采取每个动作后，智能体都会以奖励信号的形式收到反馈。我们描述了这种所谓的马尔可夫决策过程（MDP）的数学形式。

MDP 是一种数学结构，它包含一个环境所处的状态集合 S，以及一个智能体可以采取的动作集合 A，这可能取决于环境的特定状态。此外，还存在一个奖励函数 $R(s_t, a_t, s_{t+1})$，它可以在给定从当前状态到下一状态的转换和智能体动作时产生奖励信号。环境可能确定性地或随机地进行演化，但在任何情况下，智能体最初都不知道环境的动态规则，所以从智能体的角度来说，所有的状态转换必须进行概率性描述。

因此，在给定当前状态和智能体在当前时间步上所采取的动作时，我们得到下一个状态 s_{t+1} 的条件概率分布 $Pr(s_{t+1}|s_t, a_t)$。智能体遵循某个策略 π，它是一个将给定当前状态 s_t 时动作上的概率分布进行映射的函数 $\pi: S \rightarrow Pr(A)$。智能体的目标是采取能够使一定时间范围内的时间贴现累积奖励最大化的动作。时间贴现的累积奖励称为回报（通常用字符 G 或 R 表示），公式为

$$G_t = \sum_t \gamma^t r_t$$

其中，在轮次制环境中，时间 t 处的回报 G_t 等于直至轮次结束时每个时间步上的贴现奖励之和，而在非轮次制环境中，则等于直至序列收敛时每个时间步上的贴现奖励之和。γ 是贴现因子，该参数的取值范围为 $(0,1)$，可用于确定序列收敛的速度，从而决定未来贴现多少。贴现因子的值接近 1 意味着未来奖励与即时奖励的权重相似（长期优化），而贴现因子的值较小则表示偏向短期时间范围。

从基本的 MDP 框架衍生出来的一个概念是价值函数。价值函数会为状态或状态-动作对分配一个值（在给定状态下采取某个动作时的值），其中前者被称为状态-价值函数（或通常称为价值函数），后者被称为动作-价值函数或 Q 函数。状态的值仅仅是假定智能体在该状态下启动并遵循某个策略 π 时的期望回报，因此价值函数隐式依赖于策略。类似地，动作-价值或状态-动作对的 Q 值是假定智能体在该状态下采取动作并遵循策略 π 直至结束时的期望回报。例如，在假设潜在策略合理的情况下，将智能体置于接近赢得比赛的位置的状态会被分配一个较高的状态值。我们将价值函数表示为 $V_\pi(s)$，其中下标 π 表示值对潜在策略具有依赖性，将 Q 函数表示为 $Q_\pi(s, a)$，不过为了方便，我们经常去掉下标 π。

现在，我们将函数 $Q_\pi(s, a)$ 理解为某种黑盒子，它告诉我们在状态 s 中采取动作 a 的确切期望回报，但是，我们不会使用这种无所不能的函数，而必须对期望回报进行估计。在本书中，尽管任何合适的函数都可以使用，但我们使用神经网络来估计价值函数和策略函数。在基于神经网络的 $Q_\pi(s, a)$ 中，我们训练神经网络来预测期望奖励。价值函数通过递归地定义和逼近，使 $Q_\pi(s, a)$ 更新为

$$V_\pi(s) = r_t + \gamma V_\pi(s')$$

其中，s' 表示下一个状态 s_{t+1}。例如，在 Gridworld 游戏中，落在目标上的结果是 +10，落在坑里的结果是 −10 且会输掉游戏，而其他所有非终止移动都将受到 −1 的惩罚。如果智能体距离获胜目标有两步距离，那么最终状态将减少为 $V_\pi(s_3) = 10$。然后，当 $\gamma = 0.9$ 时，前一个状态的值为 $V_\pi(s_2) = r_2 + 0.9 V_\pi(s_3) = -1 + 9 = 8$。在此之前的移动必须是 $V_\pi(s_1) = r_1 + 0.9 V_\pi(s_2) = -1 + 0.9 \times 8 = 6.2$。如你所见，距离获胜状态越远的状态，其值越小。

那么，训练强化学习智能体就相当于成功训练一个神经网络来近似价值函数（所以智能体将选择导致较高状态-价值的动作），或通过观察动作后的奖励并根据收到的奖励强化动作来直接近似策略函数。这两种方法各有优缺点，但我们经常将学习策略函数和价值函数结合起来使用，这被称为演员-评论家算法，其中演员指代策略函数，而评论家指代价值函数。

11.2　深度强化学习中的未知课题

在第 2～5 章中，我们对马尔可夫决策过程框架、价值函数和策略函数进行了详细介绍。然后，我们在后续章节实现了更复杂的技术，在困难环境（例如稀疏奖励的环境）和存在多个交互智能体的环境中成功训练了价值函数和策略函数。当然，还有很多令人兴奋的内容我们没有涉及，所以我们将通过简要介绍深度强化学习中其他一些你可能想探索的领域来结束本书的学习。我们将仅给出一些自己认为值得进一步探索的主题，希望你能够更深入地自行研究这些领域。

11.2.1　优先经验回放

我们在本书前面部分中简要提到了优先回放的思想，当经验导致获胜状态时，我们决定在回放内存中添加该经验的多个副本。由于获胜状态很少，而我们希望智能体从这些信息丰富的事件中进行学习，因此我们认为添加多个副本将能确保每个训练轮次都包含一些这样的获胜事件。这是基于经验在训练智能体时的信息丰富程度在回放中设置经验优先级的一种非常简单的方式。

优先经验回放一词通常指 Tom Schaul 等人（2015）的学术论文 "Prioritized Experience Replay" 中引入的一种特定实现，它使用一种更复杂的机制来对经验设置优先级。与我们的方法不同的是，在他们的实现中所有经验只记录一次，并且优先选择信息量更大的经验，而非从回放中完全随机地选择一小批经验。他们对信息量大的经验的定义不仅指那些导致获胜状态的经验（就像我们那样），更指那些 DQN 在预测奖励时具有很高误差的经验。本质上，模型优先训练最令人出乎意料的经验。然而，随着模型的训练，曾经令人出乎意料的经验就会变得不再那么令人惊讶，优先级会不断得到重新调整，这将极大地改善训练表现。这种优先经验回放是基于值的强化学习的标准实践，而基于策略的强化学习仍然倾向于依赖使用多个并行的智能体和环境。

11.2.2　近端策略优化

在本书中，我们主要实现的是深度 Q 网络（DQN），而非策略函数，我们这样做有充分的理由。第 4 章和第 5 章中实现的（深度）策略函数相当简单，但它们在更复杂的环境中则不能很好地工作。问题不在于策略网络本身，而在于训练算法。我们使用的简单的 REINFORCE 算法相当不稳定。当奖励在不同动作之间变化比较大时，REINFORCE 算法不能带来稳定的结果。我们需要一种训练算法来对策略网络进行更平滑、更有约束力的更新。

近端策略优化（Proximal Policy Optimization，PPO）是一种更先进的针对策略方法训练算法，能够提供更稳定的训练。该算法由 John Schulman 等人（2017）在 OpenAI 上的论文 "Proximal Policy Optimization Algorithms" 中引入。我们在本书中没有涉及 PPO，因为尽管算法本身相对简单，但理解它需要具备一些数学知识背景，而这超出了本书的范围。让深度 Q-learning 更加稳定只需要一些直观的升级，例如增加一个目标网络和实现双 Q-learning，这就是本书中倾向于使用值学习而非策略方法的原因。然而，在很多情况下，直接学习策略函数比学习价值函数更有利，例如对于具有连续动作空间的环境，因为我们不能创建一个为每个动作都返回无限个 Q 值的 DQN。

11.2.3　分层强化学习和 options 框架

当孩子学走路时，他不会考虑要刺激哪个肌肉纤维以及刺激多长时间。当商人与他人就商业策略展开争论时，他们不会考虑需要发出哪个声音序列。我们的行为存在于不同的抽象层面，从移动单块肌肉到宏大的计划。这就像注意到一个故事由各个字母组成，但这些字母会组成单词，而单词会组成句子和段落，等等。而作家则可能在构思故事的下一个场景，只有在确定之后，他们才会开始逐个输入字符。

这么说来，本书中我们实现的所有智能体都是在逐个输入字符的层次上进行操作，它们无法在更高层次上进行思考。分层强化学习（hierarchical reinforcement learning）是解决该问题的一种方法，它使得智能体能够从低层次行为建立高层次行为。与 Gridworld 智能体一次决定一步要做什么不同，它可能会测量棋盘并决定更高级别的行动序列。它还可能会学习那些能够在各种游戏状态中实现的可复用序列，例如"一直向上移动"或"绕过障碍移动"。

深度学习在强化学习中的成功要归因于，它能够在分层的高层次状态表示中表征复杂的高维状态。分层强化学习的目标是扩展它来分层表征状态和动作，其中一种流行的方法是 options 框架。

以 Gridworld 为例，它包含 4 个基本动作（向上、向右、向左和向下），每个动作持续一个时间步。在 options 框架中，除了基本动作，还包含其他选项。一个选项是一个选项策略（与常规策略类似，它接收一个状态并返回动作的概率分布）、一个终止条件和一个输入集（状态的子集）的组合。其思想是，当智能体遇到选项输入集中的一个状态时，会触发一个特定的选项，并且特定选项的策略会运行直到满足终止条件，此时可能会选择另一个选项。这些选项的选项策略可能比本书中实现的单个大型深度神经网络策略更简单，但通过智能地选择这些高层选项，则可以无须在每个基本的步骤中使用计算密集型的策略来提升效率。

11.2.4　基于模型的规划

我们已经在两种情况下讨论了强化学习中模型的概念。在第一种情况下，模型只是神经网络之类的近似函数的另一种说法。有时，我们将神经网络称为模型，因为它近似或模仿价值函数或策略函数。

第二种情况是我们提到的基于模型的学习和无模型的学习。在这两种情况下，我们都使用神经网络作为价值函数或策略函数的模型，但在这种情况下，基于模型意味着智能体做出决策是基于动态环境本身显式构建的模型，而非基于它的价值函数。在无模型学习中，我们关心的只是学会准确预测奖励，这可能需要也可能不需要深入了解环境的实际运作原理。在基于模型的学习中，我们实际上想学习环境是如何运作的。打个比方，在无模型学习中，我们只需知道有一种称为重力的东西会让物体下落并能利用这个现象就可以了，但在基于模型的学习中我们想要近似重力定律。

我们的无模型 DQN 工作得非常好，尤其是与其他策略（例如好奇心）相结合时，那么明确学习环境模型有什么优势呢？有了明确而准确的环境模型，智能体可以学习制订长期计划，而不仅仅是决定下一步采取什么动作。通过使用环境模型提前预测未来几个时间步，智能体可以评估即时动作的长期结果，这可以导致更快的学习（由于抽样效率的提高）。这与我们讨论过的分层强化学习有关，但不一定相同，因为分层强化学习并不严格依赖于环境模型。但是，通过环境模型，智能体就可以规划出一系列原始动作来实现更高级别的目标。

训练环境模型最简单的方法只需要有一个预测未来状态的独立深度学习模块。事实上，我们已经在第 8 章基于好奇心的学习中实现了这一点，但没有使用环境模型来计划或观察未来，而仅仅用它来探索令人惊讶的状态。但是，利用接收一个状态并返回预测的下一个状态 s_{t+1} 的模型 $M(s_t)$，我们可以将预测的下一个状态反馈回模型以获得预测的状态 s_{t+2}，以此类推。我们所能预测的深入未来的程度取决于环境的内在随机性和模型的准确性，但即便只能准确预测到未来的几个时间步，这也是极其有用的。

11.2.5　蒙特卡洛树搜索

很多游戏都有数量有限的动作集和长度，例如象棋、围棋和井字棋等。IBM 开发的用于下象棋的深蓝（Deep Blue）算法根本没有用到机器学习，它只是一种使用树搜索形式的蛮力算法。以井字棋为例，它是一款基于一个 3×3 方格的双人游戏，玩家 1 放置 X 形标记，玩家 2 放置 O 形标记。玩家的目标是成为最先将 3 个标记在行、列或对角线上连成一条线的一方。

这个游戏非常简单，人类的策略通常也包括有限的树搜索。如果你是玩家 2，且网格上已经有一个对手的标记，那么你可以考虑所有可能的开放位置上的所有可能对策，并可以一直这样做，直到游戏结束。当然，即使对一个 3×3 的棋盘，第一步有 9 个可能的动作，而玩家 2 则有 8 个可能的动作，然后玩家 1 有 7 个可能的动作，所以可能轨迹（游戏树）的数量变得相当多，但在假设对手不使用相同方法的情况下，像这样的蛮力穷举搜索在井字棋中保证可以获胜。

对于象棋这样的游戏，游戏树太过庞大而无法完全使用游戏树的蛮力搜索，因此必须限制潜在移动的数量。深蓝使用了一种比穷举搜索更有效的树搜索算法，但仍然未涉及学习。它仍然相当于搜索可能的轨迹并仅仅计算那些导致获胜状态的轨迹。

另一种算法是蒙特卡洛树搜索（Monte Carlo Tree Search，MCTS），在这种算法中，我们使用一种机制来随机抽样一组潜在动作，并从那里展开树，而非考虑所有可能的动作。DeepMind 开发的用于下围棋的 AlphaGo 算法使用了一种深度神经网络来评估哪些动作-价值得进行树搜索，并确定所选走法的价值。因此，AlphaGo 将蛮力搜索与深度神经网络相结合以达到两者的最佳效果。这些类型的组合算法是目前国际象棋和围棋类游戏中很先进的算法。

全书结语

感谢你阅读本书！我们真心希望你已经学到了大量关于深度强化学习的知识。如果有任何问题或意见，请在 Manning 官方论坛联系我们。我们期待收到你的反馈！

附录 A　数学、深度学习和 PyTorch

　　该附录提供一份深度学习的快速回顾、书中使用的相关数学知识，以及如何使用 PyTorch 实现深度学习模型的说明。通过演示使用 PyTorch 实现一个深度学习模型对来自著名的 MNIST 数据集的手写数字图像进行分类，我们将涵盖这些主题。

　　深度学习算法也称为人工神经网络，是一些相对简单的数学函数，大多只需要读者理解向量和矩阵。然而，训练神经网络需要理解微积分的基本知识，即导数。因此，应用深度学习的基础知识需要知道如何将向量和矩阵相乘，以及如何对多变量函数求导，此处我们将对其进行回顾。理论机器学习指的是严格研究机器学习算法的属性和行为并产生新方法和新算法的领域，它涉及先进的研究生水平的数学知识，涵盖了各种各样的数学学科，这些内容超出了本书的范围。在本书中，为了实现实践目标，我们将使用非正式的数学知识，而不是基于严格证明的数学知识。

A.1　线性代数

　　线性代数研究的是线性变换。线性变换是一种变换（例如一个函数），其中两个输入（例如 $T(a)$ 和 $T(b)$）各自转换的和，等于两个输入求和之后的共同转换，即 $T(a+b)=T(a)+T(b)$。线性变换还具有 $T(a \cdot b)=a \cdot T(b)$ 的性质。线性变换可以保留加法和乘法运算，因为可以在线性变换之前或之后应用这些运算，二者结果相同。

　　理解这一性质的一种非正式方式是，线性变换不具有"规模效益"。例如，可以把线性变换看作将输入的金钱转换成其他资源，例如黄金，$T(\$100)=1$ 单位黄金。无论你输入多少金钱，黄金的单价都是不变的。相比之下，非线性变换可能给你一个"批量折扣"，如果你购买 1000 单位的黄金或更多，那么将比购买少于 1000 单位黄金时的单价要低。

　　理解线性变换的另一种方法是将其与微积分（稍后我们会详细复习）联系起来。一个函数或变换接收某个输入 x，并将其映射到某个输出 y。特定的输出 y 可能比输入 x 大或小，或更普遍地说，输入 x 周围的一个邻域将被映射到输出 y 周围的一个更大或更小的邻域。此处的邻域指的

是任意接近 x 或 y 的点集。对于像 $f(x) = 2x + 1$ 这样的单变量函数来说，一个邻域实际上就是一个区间。例如，输入点 $x = 2$ 周围的邻域将包括接近 2 的所有点，例如 2.000001 和 1.99999999。

　　理解函数在某一点上的导数的一种方法是，将其看作该点周围输出区间的大小与输入点周围输入区间的大小的比值。对所有点来说，线性变换的输出区间与输入区间的比值总是恒定不变的，而非线性变换的比值则不断变化。

　　线性变换通常用矩阵来表示，矩阵是由数字组成的矩形网格。矩阵可对多变量线性函数的系数进行编码，例如

$$f_x(x, y) = Ax + By$$
$$f_y(x, y) = Cx + Dy$$

虽然这看起来像是两个函数，但实际上是一个函数，它使用系数 A、B、C、D 将一个二维点 (x, y) 映射到一个新的二维点 (x', y')。要得到 x'，则使用 f_x 函数；要得到 y'，则使用 f_y 函数。我们可以将它写成一行

$$f(x, y) = (Ax + By, Cx + Dy)$$

这样就更加清楚了，即输出是一个 2 元素元组（包含 2 个元素的元组）或二维向量。在任何情况下，把该函数分成两个独立部分进行分析都是很有用的，因为 x 和 y 分量的计算是相互独立的。

　　虽然向量的数学概念非常通用和抽象，但对于机器学习来说，向量只是一个一维的数字数组。上述线性变换接收一个 2 元素向量（拥有 2 个元素的向量），然后将它转换成另一个 2 元素向量，为此需要 4 个独立的数据，即 4 个系数。$Ax + By$ 这样的线性变换和 $Ax + By + C$ 这样的线性变换之间是有区别的，后者加上了一个常数，称为仿射变换。在实践中，我们在机器学习中使用仿射变换，但对于该讨论我们将继续使用线性变换。

　　矩阵是存储这些系数的一种比较方便的方式。我们可以将数据打包成一个 2×2 的矩阵：

$$\boldsymbol{F} = \begin{bmatrix} A & B \\ C & D \end{bmatrix}$$

此时，线性变换完全由这个矩阵表示，假设你知道如何使用它（稍后将讨论使用方法）。我们可以通过将该矩阵与一个向量并置来使用这个线性变换，例如 $\boldsymbol{Fx}$。

$$\boldsymbol{Fx} = \begin{bmatrix} A & B \\ C & D \end{bmatrix} \begin{bmatrix} y \\ x \end{bmatrix}$$

我们通过将 $\boldsymbol{F}$ 中的每一行乘以 $\boldsymbol{x}$ 的每一列（此处只有一列）来计算这个变换的结果。如果这样做，你会得到与上面定义的显式函数相同的结果。矩阵不一定是方阵，它们的形状可以是任何形状的矩形。

　　我们可以用图形化的方式将矩阵表示为盒子，让盒子两端各有一个带标号的字符串：

我们称之为一个线图。其中，n 代表输入向量的维度，m 代表输出向量的维度。可以想象一个向量从左边流入线性变换，而在右边产生一个新的向量。对于本书中使用的实际的深度学习，你只需要理解这么多线性代数的知识，即向量与矩阵相乘的原理。

A.2 微积分

微积分本质上是对微分和积分的研究。在深度学习中，我们只需要使用微分。微分是求取函数导数的过程。

我们已经介绍了导数的概念：输出区间与输入区间的比值。它告诉你输出空间被拉伸或挤压的程度。重要的是，这些区间是有方向性的，它们可以是负的或正的，因此比值也可以是负的或正的。

例如，考虑函数 $f(x) = x^2$。取一个点 x 及其邻域 $(x - \varepsilon, x + \varepsilon)$，其中 ε 是某个任意小的值，于是我们得到了 x 周围的一个区间。具体来说，例如 $x = 3$、$\varepsilon = 0.1$，那么 $x = 3$ 附近的区间为 $(2.9, 3.1)$，这个区间的大小（和方向）为 $3.1 - 2.9 = +0.2$，这个区间会映射到 $f(2.9) = 8.41$ 和 $f(3.1) = 9.61$，因此输出区间为 $(8.41, 9.61)$，其大小为 $9.61 - 8.41 = 1.2$。如你所见，输出区间仍然是正数，所以比值 $\dfrac{df}{dx} = \dfrac{1.2}{0.2} = 6$，即函数 f 在 $x = 3$ 处的导数。

我们将函数 f 对输入变量 x 的导数表示为 df / dx，但不能将其当作数学中的分数，它只是一个符号。我们无须同时在点的两侧都取一个微小的区间，只需确保在一侧的区间足够小即可。例如，我们可以定义一个区间 $(x, x + \varepsilon)$，区间大小为 ε，而输出区间的大小为 $f(x + \varepsilon) - f(x)$。

像我们所做的那样，使用具体值一般只能产生近似值。为了得到绝对值，我们需要使用无限小的区间。我们可以象征性地这样做，将 ε 想象成一个无限小的数，令其大于 0 但小于数制中的任何其他数。现在，微分就变成了一个代数问题。

$$f(x) = x^2$$

$$\frac{df}{dx} = \frac{f(x + \varepsilon) - f(x)}{\varepsilon}$$

$$= \frac{(x + \varepsilon)^2 - x^2}{\varepsilon}$$

$$= \frac{x^2 + 2x\varepsilon + \varepsilon^2 - x^2}{\varepsilon}$$

$$= \frac{\varepsilon(2x + \varepsilon)}{\varepsilon}$$

$$= 2x + \varepsilon$$

$$\approx 2x$$

此处，我们简单地取输出区间与输入区间的比值，两者都是无限小，因为 ε 是一个无穷小的数。我们可以用代数方法将表达式简化为 $2x + \varepsilon$，由于 ε 是无穷小的，因此 $2x + \varepsilon$ 无限接近于 $2x$，我们将其作为原始函数 $f(x) = x^2$ 的真导数。记住，我们取的是有向区间的比值，它可正可负。我们不仅想知道函数拉伸（或挤压）输入的程度，还想知道它是否改变了区间的方向。

为什么微分在深度学习中是一个很有用的概念呢？原因是在机器学习中，我们试图优化一个函数，这意味着要找到在所有可能输入中使函数输出为最大值或最小值的输入点。也就是说，给定某个函数 $f(x)$，我们想找到一个 x 使 $f(x)$ 的值小于选择任何其他选项时的函数值，通常将其表示为 $\mathrm{argmin}(f(x))$。我们通常有一个损失函数（或者称其为成本函数、误差函数），用其接收某个输入向量、一个目标向量和一个参数向量，并返回预测结果与真实结果之间的误差程度，我们的目标是找到使误差函数最小化的参数集。最小化该函数的可能方式有很多种，并非所有方式都依赖于使用导数，但大多数情况下机器学习中优化损失函数的最有效和最高效的方式就是使用导数信息。

由于深度学习模型是非线性的（它们不保留加法和标量乘法），因此其导数不像线性变换中那样是常数。从输入点到输出点的挤压或拉伸的程度和方向因点而异。从另一种意义上说，它告诉我们函数向哪个方向弯曲，所以我们可以沿着曲线向下到达最低点。像深度学习模型这样的多变量函数不只有一个导数，而是有一组偏导数，它们描述了函数对每个单独的输入变量的曲率。通过这种方式，我们可以找出深度神经网络的哪组参数会导致最小的误差。

一个使用导数信息来最小化函数的简单的例子是，分析它是如何作用于一个简单的复合函数的。我们想要找到最小值的函数是：

$$f(x) = \log(x^4 + x^3 + 2)$$

该函数的曲线图如图 A.1 所示。可以看到，函数的最小值存在于 -1 附近。这是一个组合函数，因为它包含一个"包裹"在对数中的多项式，所以我们需要用微积分的链式法则计算导数。我们想求取该函数关于 x 的导数，该函数只有一个谷值，所以它只有一个最小值。然而，深度学习模型是高维和高组合性的，往往有很多极小值。理想情况下，我们希望找到全局最小值，即函数中的最低点。全局或局部极小值是函数中斜率（导数）为 0 的点。对于一些函数来说，例如这个简单的例子，我们可以使用代数来计算最小值。深度学习模型通常对于代数计算来说过于复杂，我们必须使用迭代技术。

微积分中的链式法则提供了一种将组合函数分解成小段来计算导数的方法。如果你听说过反向传播，就应该知道基本上是通过一些技巧将链式法则应用于神经网络来使其更加有效。我们将前面的函数重写成两个函数：

$$h(x) = x^4 + x^3 + 2$$
$$f(x) = \log[h(x)]$$

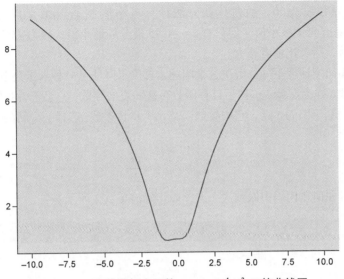

图 A.1 一个简单复合函数 $f(x)=\log(x^4+x^3+2)$ 的曲线图

我们首先计算"外部"函数的导数，即 $f(x)=\log(h(x))$，但这只能得到 $\mathrm{d}f/\mathrm{d}h$，而我们真正想要的是 $\mathrm{d}f/\mathrm{d}x$。你可能知道对数的导数是

$$\frac{\mathrm{d}}{\mathrm{d}h}\log h(x)=\frac{1}{h(x)}$$

内部函数 $h(x)$ 的导数是

$$\frac{\mathrm{d}}{\mathrm{d}x}(x^4+x^3+2)=4x^3+3x^2$$

为了得到复合函数的全导数，我们注意到

$$\frac{\mathrm{d}f}{\mathrm{d}x}=\frac{\mathrm{d}f}{\mathrm{d}h}\cdot\frac{\mathrm{d}h}{\mathrm{d}x}$$

也就是说，我们想要的导数 $\mathrm{d}f/\mathrm{d}x$，是由外部函数对其输入的导数和内部函数（多项式）对 x 的导数相乘得到的。

$$\frac{\mathrm{d}f}{\mathrm{d}x}=\frac{1}{h(x)}\cdot\frac{\mathrm{d}h}{\mathrm{d}x}$$

$$\frac{\mathrm{d}f}{\mathrm{d}x}=\frac{1}{x^4+x^3+2}\cdot(4x^3+3x^2)$$

$$\frac{\mathrm{d}f}{\mathrm{d}x}=\frac{4x^3+3x^2}{x^4+x^3+2}$$

你可以将该导数设为 0，通过代数方法计算极小值：$4x^2 + 3x = 0$。该函数在 $x = 0$ 和 $x = -3/4 = -0.75$ 处有两个极小值，但只有 $x = -0.75$ 是全局最小值，因为 $f(-0.75) = 0.638971$，而 $f(0) = 0.693147$，后者比前者略大。

我们来分析如何用梯度下降法解决这个问题。梯度下降法是一种求函数极小值的迭代算法，其思想是以随机数 x 作为起始点，然后计算函数在这一点的导数，它会告诉我们该点处曲率的大小和方向。然后，基于旧的 x 点、它的导数以及一个步长参数 α 选择一个新的 x 点来控制移动的速度。也就是说

$$x_{\text{new}} = x_{\text{old}} - \alpha \frac{\mathrm{d}f}{\mathrm{d}x}$$

下面我们看看如何在代码中做到这一点，如代码清单 A.1 所示。

代码清单 A.1　梯度下降

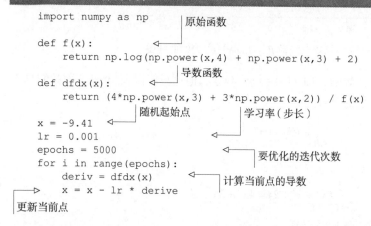

```
import numpy as np          原始函数

def f(x):
    return np.log(np.power(x,4) + np.power(x,3) + 2)
                             导数函数
def dfdx(x):
    return (4*np.power(x,3) + 3*np.power(x,2)) / f(x)
        随机起始点          学习率（步长）
x = -9.41
lr = 0.001
epochs = 5000              要优化的迭代次数
for i in range(epochs):
    deriv = dfdx(x)        计算当前点的导数
    x = x - lr * derive
更新当前点
```

如果运行这个梯度下降算法，你应该得到 $x = -0.750000000882165$，这是（如果四舍五入）代数计算时得到的结果。这个简单的过程与我们训练深度神经网络时所使用的相同。由于深度经网络是多变量的复合函数，因此我们使用偏导数。偏导数并不比正常导数更复杂。

考虑多变量函数 $f(x, y) = x^4 + y^2$。由于该函数具有两个输入变量，它不再只有一个导数，因此我们可以对 x 或 y 求导，或者对两者都求导。当对一个多变量函数的所有输入求导，并将其打包成一个向量时，我们称它为梯度，并由微分算符 ∇ 表示，即 $\nabla f(x) = [\mathrm{d}f / \mathrm{d}x, \mathrm{d}f / \mathrm{d}y]$。为了计算 f 对 x 的偏导数，即 $\mathrm{d}f / \mathrm{d}x$，只需将另一个变量 y 设为一个常数，然后像往常一样求微分。在本例中，$\mathrm{d}f / \mathrm{d}x = 4x^3$ 和 $\mathrm{d}f / \mathrm{d}y = 2y$。因此梯度 $\nabla f(x) = [4x^3, 2y]$ 就是偏导数的向量。然后，我们可以像往常一样运行梯度下降，而且现在还可以在深度神经网络的误差函数中找到与最低点相关的向量。

A.3　深度学习

深度神经网络由多层简单函数构成。每层函数由一个矩阵乘法紧跟一个非线性激活函数组

成，其中常见的激活函数是 $f(x) = \max(0, x)$，如果 x 为负则返回 0，否则返回 x。

一个简单的神经网络可能会像下面这样：

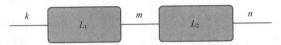

从左向右来分析这个框图，就好像数据从左侧流入 L_1 函数，然后流入 L_2 函数，并变成了右侧的输出。符号 k、m 和 n 表示向量的维度。函数 L_1 的输入是一个长度为 k 的向量，L_1 产生一个长度为 m 的向量，然后该向量传递给 L_2，L_2 最终产生一个 n 维向量。

现在，我们看一下每个 L 函数做了什么。

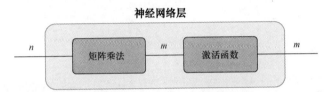

一般来说，神经网络层由两部分组成：矩阵乘法和激活函数。一个长度为 n 的向量从左侧进入，然后乘一个矩阵（通常称为参数或权重矩阵），这可能会改变输出向量的维度。输出向量现在的长度为 m，它会通过一个非线性激活函数，而这不会改变向量的维度。

深度神经网络将这些层堆叠在一起，我们通过对权重矩阵应用梯度下降来对其进行训练，其中权重矩阵是神经网络的参数。代码清单 A.2 描述的是 NumPy 中一个简单的两层神经网络。

代码清单 A.2　一个简单的两层神经网络

```
def nn(x,w1,w2):          ← 矩阵乘法
    l1 = x @ w1
    l1 = np.maximum(0,l1) ← 非线性激活函数
    l2 = l1 @ w2
    l2 = np.maximum(0,l2)
    return l2
                          ← 随机初始化的权重（参数）矩阵
w1 = np.random.randn(784,200)
w2 = np.random.randn(200,10)
x = np.random.randn(784)  ← 随机输入向量
nn(x,w1,w2)

array([326.24915523,    0.    ,    0.    , 301.0265272 ,
       188.47784869,    0.    ,    0.    ,    0.    ,
         0.    ,    0.    ])
```

接下来，我们将介绍如何使用 PyTorch 库自动计算梯度来轻松训练神经网络。

A.4 PyTorch

在前面的章节中，你学习了使用梯度下降来寻找一个函数的最小值，但需要使用梯度来做到

这一点。对于简单的例子，我们可以用纸和笔来计算梯度。但对于深度学习模型来说，这是不切实际的，我们必须依赖像 PyTorch 这种可提供自动微分能力的库，从而使计算更加容易。

基本思路是：在 PyTorch 中创建一个计算图，类似于 A.3 节中我们使用的框图，其中明确显示并记录输入、输出和不同函数之间的联系，所以我们可以很容易地应用链式法则来自动计算梯度。幸运的是，从 NumPy 切换到 PyTorch 很简单，大多数情况下，我们可以直接用 torch 替换 numpy。下面我们将上面的神经网络转换成 PyTorch 版本，如代码清单 A.3 所示。

代码清单 A.3　PyTorch 神经网络

```
import torch

def nn(x,w1,w2):          矩阵乘法
    l1 = x @ w1
    l1 = torch.relu(l1)          非线性激活函数
    l2 = l1 @ w2
    return l2
w1 = torch.randn(784,200,requires_grad=True)
w2 = torch.randn(200,10,requires_grad=True)          带梯度跟踪的权重（参数）矩阵
```

这看起来几乎与 NumPy 版本完全相同，除了我们使用的是 torch.relu 而非 np.maximum，但它们是功能相同的函数。我们还向权重矩阵设置中添加了一个 requires_grad=True 参数，它告诉 PyTorch 这些都是我们想跟踪梯度的可训练参数。不过，x 是一个输入而不是一个可训练参数。此外，我们去掉了最后的激活函数，以使其变得清晰。对于这个例子，我们将使用著名的 MNIST 数据集，它包含许多 0~9 的手写数字图像，例如图 A.2 所示的数字。

图 A.2　手写数字数据集 MNIST 中的一幅示例图像

我们想训练神经网络来识别这一图像，并将它们分类为数字 0~9（见代码清单 A.4）。PyTorch 中有一个相关的库，可用于轻松下载这个数据集。

代码清单 A.4　使用神经网络分类 MNIST

```
mnist_data = TV.datasets.MNIST("MNIST", train=True, download=False)          下载并加载 MNIST 数据集

lr = 0.001
epochs = 2000
batch_size = 100          创建损失函数
lossfn = torch.nn.CrossEntropyLoss()          获取一组随机索引值
for i in range(epochs):
    rid = np.random.randint(0,mnist_data.train_data.shape[0],size=batch_size)
    x = mnist_data.train_data[rid].float().flatten(start_dim=1)
    x /= x.max()          将向量归一化在 0 和 1 之间          取数据的子集并将 28×28 的图像平展成 1×784 的向量
```

```
         pred = nn(x,w1,w2)                        获取真实图像标签
         target = mnist_data.train_labels[rid]
         loss = lossfn(pred,target)                     计算损失
         loss.backward()
         with torch.no_grad():              反向传播
             w1 -= lr * w1.grad
             w2 -= lr * w2.grad                 在该块中不计算梯度
   使用神经网络进行预测
                                           参数矩阵上的梯度下降
```

　　通过观察损失函数随着训练时间平稳地下降（见图 A.3）可知，神经网络成功地进行了训练。这段简短的代码训练了一个完整的神经网络，使其以大概 70%的准确率成功地对 MNIST 数据集进行了分类。我们通过使用与处理简单对数函数 $f(x) = \log(x^4 + x^3 + 2)$ 所采用的完全相同的方式实现了梯度下降，但 PyTorch 为我们计算了梯度。由于神经网络参数的梯度取决于输入数据，每次我们利用一个新的随机图像样本正向运行神经网络时，梯度都会有所不同，因此，我们使用随机的数据样本向前运行神经网络，PyTorch 会记录所进行的计算，当我们完成时，其会在最后的输出上调用 backward()方法，因此，我们使用随机的数据样本继续运行神经网络，这种情况下通常都是损失。backward()方法使用自动微分来计算所有设置了 requires_grad=True 的 PyTorch 变量的所有梯度。然后，我们可以使用梯度下降来更新模型参数。我们将实际的梯度下降部分封装在 torch.no_grad()上下文中，因为我们不想让它跟踪这些计算。

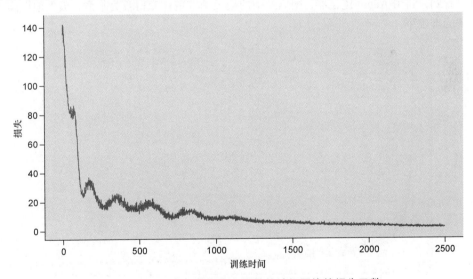

图 A.3　在 MNIST 数据集上训练的神经网络的损失函数

　　利用一个更复杂的梯度下降版本改进训练算法，我们可以轻易地实现 95%以上的准确率。在代码清单 A.4 中，我们实现了自己的随机梯度下降（SGD）版本，其中"随机"是因为我们随机取数据集的子集并基于它们计算梯度，它提供了给定完整数据集情况下的真实梯度的噪声估计。

PyTorch 包含了内置的优化器，SGD 就是其中之一。此外，最受欢迎的选择之一为 Adam 优化器，它是一个更复杂的 SGD 版本。我们只需要利用模型参数来实例化优化器（见代码清单 A.5）。

代码清单 A.5　使用 Adam 优化器

```
mnist_data = TV.datasets.MNIST("MNIST", train=True, download=False)

lr = 0.001
epochs = 5000
batch_size = 500
lossfn = torch.nn.CrossEntropyLoss()          ◁── 创建损失函数
optim = torch.optim.Adam(params=[w1,w2],lr=lr) ◁── 创建 Adam 优化器
for i in range(epochs):
    rid = np.random.randint(0,mnist_data.train_data.shape[0],size=batch_size)
    x = mnist_data.train_data[rid].float().flatten(start_dim=1)
    x /= x.max()
    pred = nn(x,w1,w2)
    target = mnist_data.train_labels[rid]
    loss = lossfn(pred,target)
    loss.backward()        ◁── 反向传播
    optim.step()    ◁── 更新参数
    optim.zero_grad()  ◁── 重置梯度
```

可以看到，利用 Adam 优化器，图 A.4 中的损失函数现在变得较为平滑，极大地提高了神经网络分类的准确率。

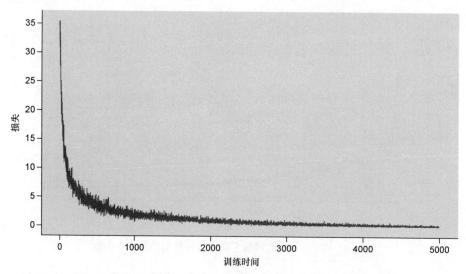

图 A.4　利用 PyTorch 内置的 Adam 优化器在 MNIST 上训练的神经网络损失函数

参考资料

我们已经尽最大努力引用在各个章节中所使用的项目和论文，但我们使用的大量方法和想法都受到这里所列资料的启发——即使没有直接使用它们。例如，我们大量使用的线图并不是借用自他处，而是受到此处列举的一些论文的启发，包括一篇关于量子力学的论文（Coecke 和 Kissinger，2017）。虽然我们列出这些参考文献主要是因为它们"知名度"很高，但当你深入钻研深度强化学习和邻近领域时，你会发现这些资料非常有用。

[1] Andrew A M. Reinforcement learning: An introduction. Kybernetes 27, 1998.

[2] Battaglia P W, Hamrick J B, et al. Relational inductive biases, deep learning, and graph networks, 2018.

[3] Bellemare M G, Naddaf Y, Veness J, et al. The arcade learning environ ment: An evaluation platform for general agents. Journal of Artificial Intelligence Research 47:253–279, 2013.

[4] Bonchi F, Holland J, et al. Diagrammatic alge bra: From linear to concurrent systems. Proceedings of the ACM on Programming Lan guages 3:1–28, 2019.

[5] Bonchi F, Piedeleu R, et al. Graphical affine algebra. 34th Annual ACM/IEEE Symposium on Logic in Computer Science, 2019.

[6] Brockman G, Cheung V, et al. OpenAI Gym, 2016.

[7] Coecke B, Kissinger A. Picturing Quantum Processes: A First Course in Quantum The ory and Diagrammatic Reasoning. Cambridge University Press, 2017.

[8] Hessel M, Modayil J, et al. Rainbow: Combining improvements in deep reinforcement learning. 32nd AAAI Conference on Artificial Intelligence, AAAI 2018, 3215–3222, 2018.

[9] Kaiser L, Babaeizadeh M, et al. Model-based reinforcement learning for Atari, 2019.

[10] Kulkarni T D, Narasimhan K R, et al. Hierarchical deep rein forcement learning: Integrating temporal abstraction and intrinsic motivation. Advances in Neural Information Processing Systems 29 (NIPS 2016): 3682–3690.

[11] Kumar N M. Empowerment-driven exploration using mutual information estimation, 2018.

[12] Mnih V, Badia A P, et al. Asyn chronous methods for deep reinforcement learning. 33rd International Conference on Machine Learning (ICML 2016) 4:2850–2869.

[13] Mnih V, Kavukcuoglu K, et al. Human-level control through deep reinforcement learning. Nature 518:529–533, 2015.

[14] Mott A, Zoran D, et al. Towards interpreta ble reinforcement learning using attention augmented agents, 2019.

[15] Mousavi S S, Schukat M, et al. Deep reinforcement learning: An overview. Lecture Notes in Networks and Systems 16:426–440, 2018.

[16] Nardelli N, Kohli P, et al. 2019. Value propaga tion networks. 7th International Conference on Learning Representations, ICLR 2019.

[17] Oh J, Singh S, et al. 2017. Value prediction network. In Guyon I, Luxburg U V, Bengio S, et al, Advances in Neural Information Processing Systems 30 (NIPS 2017): 6119–6129.

[18] Pathak D, Agrawal P, et al. Curiosity-driven exploration by self supervised prediction. 2017 IEEE Conference on Computer Vision and Pattern Recognition Workshops (CVPRW), 488–489.

[19] Salimans T, Ho J, et al. Evolution strategies as a scalable alternative to reinforcement learning, 2017.

[20] Schaul T, Quan J, et al. Prioritized experience replay. 4th Inter national Conference on Learning Representations, ICLR 2016—Conference Track Proceedings.

[21] Schulman J, Wolski F, et al. Proximal policy optimi zation algorithms, 2017.

[22] Silver D. Lecture 1: Introduction to Reinforcement Learning Outline, 2015.

[23] Spivak D, Kent R. Ologs: a categorical framework for knowledge representation, 2011.

[24] Stolle M, Precup D. Learning options in reinforcement learning. Lecture Notes in Computer Science (Including Subseries Lecture Notes in Artificial Intelligence and Lecture Notes in Bioinformatics) 2371:212–223, 2002.

[25] Vaswani A, Shazeer N, et al. Attention is all you need. 31st Conference on Neural Information Processing Systems (NIPS 2017).

[26] Weng L. Attention? Attention! Lil'Log, 2018.

[27] Wu Z, Pan S, et al. A comprehensive survey on graph neural networks, 2018.

[28] Yang Y, Luo R, et al. Mean field multi-agent reinforcement learning. 35th International Conference on Machine Learning (ICML 2018) 12:8869–8886.

[29] Zambaldi V, Raposo D, et al. Relational deep reinforcement learning, 2018.

[30] Zambaldi V, Raposo D, et al. Deep reinforcement learning with relational inductive biases. 7th International Conference on Learning Representations, ICLR 2019.

[31] Zhang Z, Cui P, et al. Deep learning on graphs: A survey, 2018.

[32] Zhou M, Chen Y, et al. Factorized Q-learning for large-scale multi-agent systems, 2019.

[33] Ziegel E R. The elements of statistical learning. Technometrics 45, 2003.